高等职业教育系列教材

虚拟化与云计算平台构建

第 2 版

李晨光　朱晓彦　芮坤坤　尹秀兰　编著

机械工业出版社

本书以当前主流的虚拟化和云计算平台为例，介绍虚拟化系统和云计算系统的部署与运维，包括 VMware vSphere 虚拟化平台、Linux KVM 虚拟化平台、oVirt 虚拟化平台、Docker 容器平台、Kubernetes 容器管理平台、OpenShift 云计算平台、OpenStack 云计算平台、Ceph 分布式存储。

本书包含 7 个项目，分别为使用 VMware ESXi 6.7 搭建 VMware 虚拟化平台、使用 vCenter Server 搭建高可用 VMware 虚拟化平台、使用 CentOS 搭建企业级虚拟化平台、部署企业级容器云平台、使用 Packstack 快速部署 OpenStack 云计算系统、使用 CentOS 搭建和运维 OpenStack 多节点云计算系统、部署和运维 Ceph 分布式存储。

本书不仅可作为高职院校计算机网络技术、云计算技术应用、大数据技术等专业的教材，还可以作为对 VMware 虚拟化、KVM 虚拟化、Docker 容器虚拟化、OpenStack 云计算技术和 Ceph 存储技术感兴趣的读者的技术参考书。

本书的配套资源包括电子课件、实验指导书和软件资源，需要的教师和学生可访问 https://pan.baidu.com/s/1NVziqFGNNwl3-xsdLqCkSw；也可以关注"身边的职教"公众号，回复 70597 获取下载链接；或联系编辑索取（微信：13261377872，电话：010-88379739）。本书的所有实验操作均录制有视频演示，扫描相应章节的二维码即可观看学习。

图书在版编目（CIP）数据

虚拟化与云计算平台构建 / 李晨光等编著. —2 版. —北京：机械工业出版社，2022.7（2025.1 重印）
高等职业教育系列教材
ISBN 978-7-111-70597-0

Ⅰ.①虚⋯ Ⅱ.①李⋯ Ⅲ.①虚拟技术-高等职业教育-教材 ②云计算-高等职业教育-教材 Ⅳ.①TP391.9 ②TP393.027

中国版本图书馆 CIP 数据核字（2022）第 065952 号

机械工业出版社（北京市百万庄大街 22 号 邮政编码 100037）
策划编辑：王海霞 责任编辑：王海霞 李培培
责任校对：张艳霞 责任印制：张 博

北京建宏印刷有限公司印刷

2025 年 1 月第 2 版·第 6 次印刷
184mm×260mm·17 印张·421 千字
标准书号：ISBN 978-7-111-70597-0
定价：69.00 元

电话服务	网络服务
客服电话：010-88361066	机 工 官 网：www.cmpbook.com
010-88379833	机 工 官 博：weibo.com/cmp1952
010-68326294	金 书 网：www.golden-book.com
封底无防伪标均为盗版	机工教育服务网：www.cmpedu.com

Preface 前　言

服务器虚拟化、网络虚拟化、存储虚拟化技术已经趋于成熟，这些虚拟化技术已经在多个领域得到应用，并且支持企业级应用。服务器虚拟化市场的竞争日趋激烈，VMware、Microsoft、Red Hat、Citrix、Oracle、华为等公司的虚拟化产品不断发展，各有优势。云计算是一种基于互联网的 IT 服务交付和使用模式，其实质是通过互联网访问应用和服务，而这些应用和服务通常不是运行在用户自己的服务器上，而是由第三方提供平台。目前，国内已经有多家公司推出了各种云计算产品，如阿里云、华为云等的 IaaS（基础设施即服务）产品，新浪 SAE 等的 PaaS（平台即服务）产品，金蝶云 ERP 等的 SaaS（软件即服务）产品。

本书面向高职院校云计算技术应用、计算机网络技术、大数据技术等专业的"虚拟化与云计算"课程，主要介绍服务器虚拟化平台和 IaaS 私有云的部署和运维，内容覆盖 VMware vSphere 6.7 虚拟化平台、CentOS 7 KVM 虚拟化平台、oVirt 4.3.8 虚拟化平台、Docker 容器平台、Kubernetes 容器云平台、OpenShift 3.11 云计算平台、OpenStack Rocky 云计算平台、Ceph Nautilus 分布式存储平台等。

党的二十大报告指出，培养造就大批德才兼备的高素质人才，是国家和民族长远发展大计。为了更好地满足社会及教学需要，依据高等职业教育人才培养目标的要求，本书以企业虚拟化和云计算典型案例为背景划分为 7 个项目，每个项目包含多个任务。本书理论内容以够用为原则，突出项目实战，在实践中加深学生对理论知识的理解。本书内容接轨全国职业院校技能大赛高职组"云计算"项目中的"私有云""容器云"模块以及 1+X"云计算平台运维与开发"初、中级的部分内容。

本书还在每个项目最后提供了练习题（含综合实战题），以巩固学生的虚拟化与云计算知识和技能。建议实行教学做一体化教学，课堂教学 96 学时，实训教学 1 周。

本书项目 1 由山东电子职业技术学院的尹秀兰编写，项目 2 由山东电子职业技术学院的李晨光编写，项目 3、4、7 由安徽工业经济职业技术学院的朱晓彦编写，项目 5、6 由安徽商贸职业技术学院的芮坤坤编写，全书由李晨光统稿。

由于编者水平有限，书中难免存在不妥和疏漏之处，敬请广大读者批评指正。

编　者

目录 Contents

前言

项目 1　使用 VMware ESXi 6.7 搭建 VMware 虚拟化平台 ……………………………… 1

任务 1.1　认识虚拟化与云计算 ………… 2

1.1.1　什么是服务器虚拟化 ………………… 2
1.1.2　服务器虚拟化的类型 ………………… 3
1.1.3　为什么使用服务器虚拟化 …………… 3
1.1.4　流行的企业级虚拟化解决方案 ……… 4
1.1.5　云计算变革 …………………………… 5
1.1.6　云计算兴起的推动力 ………………… 6
1.1.7　什么是云计算 ………………………… 7
1.1.8　云计算的三大服务模式 ……………… 8
1.1.9　云计算的部署模式 …………………… 8

任务 1.2　安装配置 ESXi 服务器 ……… 9

1.2.1　VMware vSphere 虚拟化架构 ……… 9
1.2.2　ESXi 主机硬件要求 ………………… 12
1.2.3　在 VMware Workstation 中创建 VMware ESXi 虚拟机 ……………… 13
1.2.4　安装 VMware ESXi ………………… 15
1.2.5　VMware ESXi 的基本设置 ………… 16
1.2.6　配置 VMware Workstation 虚拟网络 …… 18

任务 1.3　使用 VMware ESXi Web Client 管理虚拟机 …………… 19

1.3.1　使用 VMware ESXi Web Client 连接到 VMware ESXi ……………… 19
1.3.2　在 VMware ESXi 中创建虚拟机 …… 20
1.3.3　安装虚拟机操作系统 ………………… 25
1.3.4　为虚拟机创建快照 …………………… 27
1.3.5　配置虚拟机跟随 ESXi 主机自动启动 … 28

任务 1.4　管理 ESXi 虚拟网络 ………… 29

1.4.1　认识 ESXi 虚拟网络组件 …………… 29
1.4.2　配置 ESXi 中虚拟机与物理网络连通 … 31
1.4.3　将 ESXi 主机的管理流量与虚拟机数据流量分开 ………………………… 34

任务 1.5　配置 ESXi 主机使用 iSCSI 网络存储 …………………… 38

1.5.1　VMware vSphere 存储概述 ………… 38
1.5.2　iSCSI SAN 的基本概念 …………… 39
1.5.3　安装部署 Starwind iSCSI 目标服务器 …… 42
1.5.4　配置 ESXi 主机连接并使用 iSCSI 网络存储 ……………………………… 47

项目总结 ……………………………………… 53

练习题 ………………………………………… 53

项目 2 使用 vCenter Server 搭建高可用 VMware 虚拟化平台 ……55

任务 2.1 部署 VMware vCenter Server ……57
- 2.1.1 VMware vCenter Server 体系结构 ……57
- 2.1.2 vCenter Server 的软硬件要求 ……59
- 2.1.3 安装 VMware vCenter Server ……59
- 2.1.4 安装 VMware ESXi ……63
- 2.1.5 配置 iSCSI 共享存储 ……64

任务 2.2 部署 VMware vCenter Server Appliance ……64
- 2.2.1 准备 ESXi 主机 ……65
- 2.2.2 安装 VMware vCenter Server Appliance ……65

任务 2.3 使用 vSphere Client 管理虚拟机 ……72
- 2.3.1 创建数据中心、添加主机 ……72
- 2.3.2 将 ESXi 连接到 iSCSI 共享存储 ……75
- 2.3.3 使用共享存储创建虚拟机 ……81

任务 2.4 使用模板批量部署虚拟机 ……89
- 2.4.1 将虚拟机转换为模板和创建自定义规范 ……89
- 2.4.2 从模板部署新的虚拟机和将模板转换为虚拟机 ……93
- 2.4.3 批量部署 CentOS 7 虚拟机 ……96

任务 2.5 使用 vSphere vMotion 实现虚拟机在线迁移 ……98
- 2.5.1 实时迁移的作用和原理 ……98
- 2.5.2 vMotion 实时迁移的要求 ……101
- 2.5.3 配置 VMkernel 接口支持 vMotion ……102
- 2.5.4 使用 vMotion 迁移正在运行的虚拟机 ……103

任务 2.6 使用 vSphere DRS 实现分布式资源调度 ……106
- 2.6.1 分布式资源调度的作用 ……106
- 2.6.2 EVC 介绍 ……108
- 2.6.3 创建 vSphere 群集 ……109
- 2.6.4 启用 vSphere DRS ……111
- 2.6.5 配置 vSphere DRS 规则 ……112

任务 2.7 使用 vSphere HA 实现虚拟机高可用性 ……115
- 2.7.1 虚拟机高可用性的作用 ……115
- 2.7.2 vSphere HA 的工作原理 ……116
- 2.7.3 实施 vSphere HA 的条件 ……119
- 2.7.4 启用 vSphere HA ……119
- 2.7.5 验证 vSphere HA ……121

任务 2.8 使用 vSphere FT 实现虚拟机容错 ……123

项目总结 ……123

练习题 ……123

项目 3　使用 CentOS 搭建企业级虚拟化平台 …125

任务 3.1　使用 CentOS 搭建 Linux KVM 虚拟化平台 …126
- 3.1.1　KVM 虚拟化技术简介 …126
- 3.1.2　安装带 KVM 组件的 CentOS 7 操作平台 …128
- 3.1.3　在 CentOS 7 中安装 KVM …131
- 3.1.4　使用 virt-manager 管理虚拟机 …131
- 3.1.5　使用命令行工具管理虚拟机 …138

任务 3.2　部署和使用 oVirt 4.3.8 …142

项目总结 …142

练习题 …143

项目 4　部署企业级容器云平台 …144

任务 4.1　Docker 容器简介 …145

任务 4.2　Docker 容器的安装和使用 …147
- 4.2.1　Docker 的安装 …147
- 4.2.2　Docker 镜像的使用 …148
- 4.2.3　Docker 容器的使用 …149

任务 4.3　Docker 仓库的安装和使用 …150

任务 4.4　Docker 容器集群与编排 …153

任务 4.5　容器集群管理系统 Kubernetes …153
- 4.5.1　Kubernetes 简介 …153
- 4.5.2　原生 Kubernetes 云平台部署 …155
- 4.5.3　使用 kubectl 运行容器 …162

任务 4.6　开源容器云平台 OpenShift …164

项目总结 …164

练习题 …164

项目 5　使用 Packstack 快速部署 OpenStack 云计算系统 …165

任务 5.1　OpenStack 架构介绍 …166
- 5.1.1　OpenStack 云计算平台概述 …166
- 5.1.2　OpenStack 的主要项目和架构关系 …167

5.1.3	OpenStack 部署工具简介	167

任务 5.2　使用 RDO 的 ALLINONE 功能快速安装单个节点的 OpenStack ……………… 170

5.2.1	准备 CentOS 7 最小化操作系统	170
5.2.2	OpenStack 的安装准备工作	173
5.2.3	安装 OpenStack	175

任务 5.3　OpenStack 的基础使用 …… 176

5.3.1	配置网卡、上传镜像	176
5.3.2	创建外部网络、内部网络和路由器	178
5.3.3	运行云主机	184
5.3.4	云硬盘管理	190
5.3.5	云存储管理	192

项目总结 ………………………………… 194

练习题 …………………………………… 194

项目 6　使用 CentOS 搭建和运维 OpenStack 多节点云计算系统 ……………………………………… 195

任务 6.1　OpenStack 双节点环境准备 ………………………………… 196

6.1.1	控制节点系统安装	196
6.1.2	计算节点系统安装	196
6.1.3	节点网络配置	197
6.1.4	配置 NTP 服务	199
6.1.5	配置 OpenStack 源	201
6.1.6	配置 SQL 数据库	202
6.1.7	配置消息队列、Memcached 和 Etcd 服务	203

任务 6.2　配置认证服务 Keystone …… 204

6.2.1	安装和配置 Keystone	204
6.2.2	创建域、项目、用户和角色	205
6.2.3	验证配置和创建环境脚本	206

任务 6.3　配置镜像服务 Glance ……… 207

6.3.1	创建数据库、Glance 服务用户和 API 端点	207
6.3.2	安装和配置 Glance	208
6.3.3	验证 Glance 镜像服务	209

任务 6.4　配置计算服务 Nova ………… 210

6.4.1	创建数据库、Nova 服务用户和 API 端点	211
6.4.2	在控制节点安装和配置 Nova 服务	212
6.4.3	在计算节点安装和配置 Nova 服务	214
6.4.4	验证 Nova 计算服务	217

任务 6.5　配置网络服务 Neutron ……… 217

6.5.1	创建数据库、服务凭证和 API 端点	217
6.5.2	控制节点安装和配置 Neutron	218
6.5.3	控制节点配置 ML2 插件	219
6.5.4	控制节点配置代理	220
6.5.5	控制节点配置 Metadata 代理、计算服务和完成配置	221
6.5.6	计算节点安装和配置 Neutron	222

6.5.7 计算节点配置 Linux Bridge 代理、计算服务和完成配置 ·········· 223
6.5.8 验证 Neutron 网络服务 ·········· 224
任务 6.6 配置 Dashboard ·········· 225
6.6.1 安装和配置 Dashboard ·········· 225
6.6.2 创建 Provider network、Self-service network 和路由器 ·········· 227
6.6.3 在 Dashboard 中运行云主机 ·········· 228
任务 6.7 配置块存储服务 Cinder ·········· 231
任务 6.8 使用 OpenStack 客户端 ·········· 231
项目总结 ·········· 231
练习题 ·········· 231

项目 7 部署和运维 Ceph 分布式存储 ·········· 232

任务 7.1 Ceph 介绍 ·········· 233
7.1.1 Ceph 的基本概念 ·········· 233
7.1.2 Ceph 的生态系统 ·········· 234
7.1.3 Ceph 的优点 ·········· 235
任务 7.2 Ceph Nautilus 集群部署 ·········· 235
7.2.1 Ceph 集群部署工具 ·········· 235
7.2.2 Ceph 集群部署 ·········· 236
任务 7.3 Ceph 块存储 ·········· 240
7.3.1 Ceph 块存储的基本概念 ·········· 240
7.3.2 Ceph 块存储的部署与使用 ·········· 240
任务 7.4 Ceph 对象存储 ·········· 245
7.4.1 Ceph 对象存储的基本概念 ·········· 245
7.4.2 Ceph 对象存储的部署与使用 ·········· 246
7.4.3 使用 Ceph 和 Owncloud 搭建网盘服务 ·········· 253
任务 7.5 Ceph 文件系统 ·········· 256
任务 7.6 将 Ceph 集成到 OpenStack Rocky ·········· 256
7.6.1 部署 Ceph 集群和 OpenStack 系统 ·········· 256
7.6.2 将 Ceph 集成到 OpenStack Rocky ·········· 257
项目总结 ·········· 263
练习题 ·········· 263

参考文献 ·········· 264

项目 1 使用 VMware ESXi 6.7 搭建 VMware 虚拟化平台

项目导入

某职业院校有 30 余台服务器支撑着全校所有信息化系统的运行,这些服务器经过了 8 年运行,大部分已经达到使用年限,经常出现因为硬件故障导致服务无法访问的情况,急需进行升级更新。如果按照原先的方式,仍然为每一个部门、每一个信息化子系统都购置独立服务器,将面临严重的经费、管理及安全问题。如果采用虚拟化技术、建立云计算平台,则仅需一次投资,即可方便地为现有及未来的每一个需求建立相应的虚拟服务器,避免硬件采购的无序和浪费,保证数字化校园的稳定和高效运行。

经过调研,该职业院校网络中心决定采购若干台高性能服务器,采用 VMware vSphere 6.7 作为虚拟化平台建设学院信息化系统。由于工作人员刚接触虚拟化技术,计划首先使用 VMware ESXi 搭建测试环境,先将一部分网络服务迁移到虚拟化系统中,等熟悉一段时间后,再进行全面迁移。

项目目标

- 了解什么是服务器虚拟化、云计算。
- 安装配置 VMware ESXi 6.7。
- 使用 VMware ESXi Web Client 管理虚拟机。
- 配置和优化 VMware vSphere 虚拟网络。
- 安装部署 iSCSI 目标服务器。
- 配置 VMware ESXi 6.7 主机连接并使用 iSCSI 共享存储。

项目设计

网络中心管理员设计了一个简单的服务器虚拟化测试环境,拓扑设计如图 1-1 所示,该拓扑由 3 个网络组成,分别为管理网络、虚拟机网络和存储网络。VMware ESXi 服务器安装了 4 块网卡,分别连接到这 3 个网络(其中存储网络使用两块网卡)。管理员的计算机使用浏览器通过专用的管理网络对 VMware ESXi 进行管理。VMware ESXi 中的虚拟机数据流量通过专用的虚拟机网络传输到外部网络,保证虚拟机网络具有足够的带宽。使用一台服务器安装 iSCSI Target 服务器作为网络存储,VMware ESXi 通过专用的高速存储网络连接到 iSCSI 共享存储。

对于网络带宽的选择,原则上速度越高越好。从成本及性能两方面综合考虑,推荐管理网络带宽为 1Gbit/s,虚拟机网络带宽为 1Gbit/s,存储网络带宽为 10Gbit/s。为了让读者能够在自己的计算机上完成实验,在本项目中将使用 VMware Workstation 来搭建拓扑,实验拓扑设计如图 1-2 所示。

在本项目中,使用 VMware Workstation 运行一台 VMware ESXi 6.7 服务器,并使用 Starwind 6.0 搭建 iSCSI Target 服务器,通过 VMware ESXi Web Client 对 VMware ESXi 进行管

理。本项目需要使用 vmnet8 虚拟网络作为管理网络，使用 vmnet0 虚拟网络作为虚拟机网络。另外，需要使用虚拟网络编辑器创建 vmnet2 虚拟网络与 vmnet1 虚拟网络共同作为存储网络。

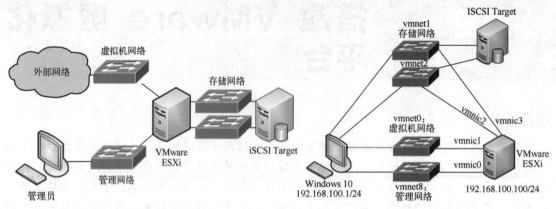

图 1-1　项目 1 拓扑设计　　　　　　　　图 1-2　项目 1 实验拓扑设计

项目所需软件列表如下。
- VMware Workstation 16.1.2。
- VMware ESXi 6.7 U3。
- CentOS 7.7-1908 Minimal ISO。
- Starwind iSCSI SAN & NAS 6.0。

任务 1.1　认识虚拟化与云计算

1.1.1　什么是服务器虚拟化

1. 服务器虚拟化的背景

目前，企业使用的物理服务器一般只能运行单个操作系统，随着服务器整体性能的大幅度提升，服务器的 CPU、内存等硬件资源的利用率变得越来越低。另外，服务器操作系统难以移动和复制，硬件故障会造成服务器停机，无法对外提供服务，导致物理服务器维护工作的难度较大。物理服务器的体系结构如图 1-3 所示。

2. 服务器虚拟化的含义

服务器虚拟化是通过软件应用将物理服务器资源抽象成多台相互隔离的虚拟服务器的过程，使得 CPU、内存、磁盘、I/O 等硬件资源成为可以动态管理的"资源池"，提高资源利用率，降低系统运营成本。

使用服务器虚拟化，可以在一台服务器上运行多个虚拟机，多个虚拟机共享同一台物理服务器的硬件资源。每个虚拟机都是相互隔离的，这样可以在同一台物理服务器上运行多个操作系统以及多个应用程序。服务器的虚拟化体系结构如图 1-4 所示。

虚拟化的工作原理是直接在物理服务器的硬件或主机操作系统上面运行一个称为虚拟机管

理程序（Hypervisor）的虚拟化系统。通过虚拟机管理程序，多个操作系统可以同时运行在单台物理服务器上，共享服务器的硬件资源。

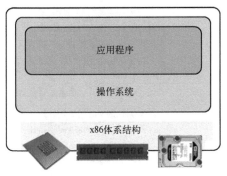

图 1-3　物理服务器的体系结构

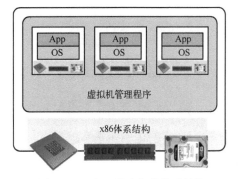

图 1-4　服务器的虚拟化体系结构

1.1.2　服务器虚拟化的类型

1. 全虚拟化与半虚拟化

服务器虚拟化的类型分为全虚拟化和半虚拟化两种。
- 全虚拟化：全虚拟化会使用 Hypervisor，这是一种能够直接与物理服务器的磁盘空间和 CPU 进行通信的软件。Hypervisor 监视着物理服务器的资源，保持每台虚拟服务器的独立性，使之察觉不到其他虚拟服务器的存在。它也会在关联的虚拟服务器运行应用时，将物理服务器的资源中继给该虚拟服务器。在使用全虚拟化方面，最大的限制就是 Hypervisor 有其自身的处理需求。这会降低应用速度，影响服务器性能。
- 半虚拟化：与全虚拟化不同，半虚拟化需要整个网络作为一个有凝聚力的单元来协同工作。在半虚拟化模式下，虚拟服务器上的每个操作系统都能感知到彼此，因此，虽然半虚拟化仍然需要使用 Hypervisor，但其不需要使用与全虚拟化模式同样多的处理能力来管理操作系统。

2. 裸金属架构与寄居架构

虚拟机管理程序 Hypervisor 一般分为两类：类型 1（裸金属架构）和类型 2（寄居架构）。
- 类型 1 虚拟机管理程序直接运行在硬件之上，也因此被称为裸金属架构（Bare Metal Architecture），如 VMware ESXi（见图 1-5）、微软 Hyper-V、开源的 KVM（Linux 内核的一部分）和 Xen 等。
- 类型 2 虚拟机管理程序则需要主机安装有操作系统，由主机操作系统负责提供 I/O 设备支持和内存管理，也被称为寄居架构（Hosted Architecture），如 VMware Workstation（见图 1-6）、Oracle VM Virtualbox 和 QEMU 等。

1.1.3　为什么使用服务器虚拟化

使用服务器虚拟化的原因包含以下几个方面。
（1）提高服务器硬件资源利用率

通过服务器虚拟化，可以使一台服务器同时运行多个虚拟机，每个虚拟机运行一个操作系统。这样，一台服务器可以同时对外提供多种服务。服务器虚拟化可以充分利用服务器的CPU、内存等硬件资源。

图 1-5 VMware ESXi 裸金属架构

图 1-6 VMware Workstation 寄居架构

（2）降低运营成本

使用服务器虚拟化，一台服务器可以提供原先几台物理服务器所能够提供的服务，明显减少了服务器的数量。随着服务器硬件设备的减少，会减少占地空间，电力和散热成本也会大幅度降低，从而降低了运营成本。

（3）方便服务器运维

虚拟机被封装在文件中，不依赖于物理硬件，使得虚拟机操作系统易于移动和复制。一个虚拟机与其他虚拟机相互隔离，不受硬件变化的影响，方便服务器运维。

（4）提高服务可用性

在虚拟化架构中，管理员可以安全地备份和迁移整个架构，不会出现服务中断的情况。使用虚拟机在线迁移可以消除计划内停机，使用 HA 等高级特性可以从计划外故障中快速恢复虚拟机。

（5）提高桌面的可管理性和安全性

通过部署桌面虚拟化，可以在所有台式计算机、笔记本计算机、瘦客户端、平板计算机和手机上部署、管理和监控云桌面，用户可以在本地或远程访问自己的一个或多个云桌面。

1.1.4 流行的企业级虚拟化解决方案

目前流行的企业级虚拟化厂商及其解决方案包括 VMware vSphere、微软 Hyper-V、Red Hat KVM 和 Citrix Virtual Apps and Desktops 等。

1. VMware vSphere

VMware（中文名"威睿"）是全球数据中心虚拟化解决方案的主要厂商。VMware vSphere 是 VMware 公司推出的企业级虚拟化解决方案。vSphere 不是一个单一的软件，而是由多个软件组成的虚拟化解决方案，其核心组件包括 VMware ESXi、VMware vCenter Server 等。除了 VMware vSphere，VMware 公司还有很多其他产品，包括云计算基础架构产品 VMware Cloud Foundation、桌面与应用虚拟化产品 VMware Horizon、个人桌面级虚拟机 VMware Workstation 等。

2. 微软 Hyper-V

Hyper-V 是微软公司推出的企业级虚拟化解决方案，微软在企业级虚拟化领域的地位仅次于 VMware。微软从 Windows Server 2008 开始集成了 Hyper-V 虚拟化解决方案，到 Windows Server 2012 的 Hyper-V 已经是第三代，Hyper-V 是 Windows Server 中的一个服务器角色。微软还推出了免费的 Hyper-V Server，它实际上是仅具备 Hyper-V 服务器角色的 Server Core 版本服务器。微软在 Windows 8 之后的桌面操作系统中也集成了 Hyper-V（专业版和企业版）。

3．Red Hat KVM

KVM（Kernel-based Virtual Machine，基于内核的虚拟机）最初是由以色列 Qumranet 公司开发的，在 2006 年，KVM 模块的源代码被正式接纳进入 Linux Kernel，成为 Linux 内核源代码的一部分。作为开源 Linux 系统领军者的 Red Hat 公司，也没有忽略企业级虚拟化市场。2008 年，Red Hat 收购了 Qumranet 公司，从而拥有了自己的虚拟化解决方案。Red Hat 在 Red Hat Enterprise Linux 6、7、8 中集成了 KVM，另外，Red Hat 还发布了基于 KVM 的 RHEV（Red Hat Enterprise Virtualization）服务器虚拟化平台。

4．Citrix Virtual Apps and Desktops

Xen 是一个开源虚拟机管理程序，于 2003 年公开发布，由剑桥大学在开展"XenoServer 范围的计算项目"时开发。依托于 XenoServer 项目，一家名为 XenSource 的公司得以创立，该公司致力于开发基于 Xen 的商用产品。2007 年，XenSource 被 Citrix 收购。Citrix 即思杰公司，是一家致力于云计算、虚拟化、虚拟桌面和远程接入技术领域的企业。目前，Citrix 公司的桌面和应用虚拟化产品 Citrix Virtual Apps and Desktops 在市场中占有比较重要的地位。

1.1.5 云计算变革

从 20 世纪 80 年代起，IT 产业经历了三次变革：个人计算机变革、互联网变革、云计算变革，如图 1-7 所示。个人计算机变革从 20 世纪 80 年代到 20 世纪 90 年代，互联网变革发生在 20 世纪 90 年代到 21 世纪 10 年代，云计算变革正在发生。

个人计算机（PC）变革将昂贵的、只在特殊行业使用的大型主机发展成为每个人都能负担得起、每个人都会使用的个人计算机。PC 变革提高了个人的工作效率和企业的生产效率。

互联网变革将数亿计的单个信息孤岛汇集成庞大的信息网络，方便了信息的发布、收集、检索和共享，极大提高了人类沟通、共享和协作的效率，极大提高了社会生产力，丰富了人类的社交和娱乐。可以说，当前绝大多数企业、学校的日常工作都依赖于互联网。

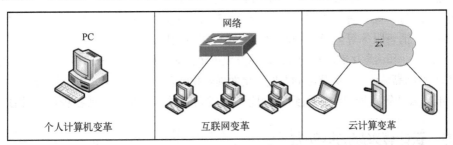

图 1-7 IT 产业的三次变革

什么是云计算？这里先不说云计算的定义，而是从日常生活说起。现在人们每天都在使用自来水、电和天然气，有没有想过这些资源为什么使用起来这么方便？不需要自己去挖井、发电，也不用自己搬蜂窝煤烧炉子。这些资源都是按需收费的，用多少，付多少费用。有专门的企业负责产生、输送和维护这些资源，用户只需要按使用量付费就可以使用了。

如果把计算机、存储、网络这些 IT 基础设施与水电气等资源进行比较的话，IT 基础设施还远远没有达到自来水、电、天然气那样的高效利用。就目前来说，无论是企业还是个人，都是自己购置 IT 基础设施，但使用率相当低，大部分 IT 基础资源没有得到高效利用。产生这种情况的原因在于 IT 基础设施的可流通性不像自来水、电、天然气那样成熟。

科学技术的飞速发展，网络带宽、硬件性能的不断提升，为 IT 基础设施的流通创造了条件。假如有一家公司，其业务是提供和维护企业和个人所需要的计算、存储、网络等 IT 基础资源，而这些 IT 基础资源可以通过互联网传送到最终用户。这样，用户不需要采购昂贵的 IT 基础设施，而是租用计算、存储和网络资源，这些资源可以通过计算机、手机、平板计算机和瘦客户端等设备来访问。这种将 IT 基础设施像自来水、电、天然气一样传输给用户、按需付费的服务就是狭义的云计算。如果将所提供的服务从 IT 基础设施扩展到软件服务、开发服务，甚至所有 IT 服务，就是广义的云计算。

云计算是基于 Web 的服务，以互联网为中心。从 2008 年开始，云计算的概念逐渐流行起来，云计算在近几年受到学术界、商界甚至政府的热捧，一时间，云计算这个词语无处不在，让处于同时代的其他 IT 技术自叹不如。云计算被视为"革命性的计算模型"，囊括了开发、架构和商业模式等。

云计算的简要发展大事件如下。

2006 年 3 月，亚马逊推出弹性计算云（Elastic Compute Cloud）服务。

2006 年 8 月，谷歌首席执行官埃里克·施密特在搜索引擎大会上首次提出"云计算"（Cloud Computing）的概念。

2008 年 2 月，IBM 宣布将在中国无锡太湖新城科教产业园为中国的软件公司建立全球第一个云计算中心（Cloud Computing Center）。

2010 年 7 月，美国国家航空航天局（NASA）与 Rackspace、AMD、Intel、戴尔等支持厂商共同宣布"OpenStack"开源计划。

2010 年，阿里巴巴旗下的"阿里云"正式对外提供云计算商业服务。

2013 年 9 月，华为面向企业和运营商客户推出云操作系统 FusionSphere 3.0。

2015 年 3 月，第十二届全国人民代表大会第三次会议中提出制定"互联网+"行动计划，推动移动互联网、云计算、大数据、物联网等与现代制造业结合，促进电子商务、工业互联网和互联网金融健康发展，引导互联网企业拓展国际市场。

2015 年 5 月，国务院公布"中国制造 2025"战略规划，提出工业互联网、大数据、云计算、生产制造、销售服务等全流程和产业链的综合集成应用。

2017 年，工业和信息化部印发的《云计算发展三年行动计划（2017—2019 年）》中指出，要推动我国云计算产业向高端化、国际化方向发展，全面提升我国云计算产业实力和信息化应用水平。

2021 年，云计算发展已经进入到新阶段，已成为应对公共安全领域各种危机的核心技术。

1.1.6 云计算兴起的推动力

云计算技术兴起的推动力包含以下几个方面。

1. 虚拟化技术的成熟

云计算的基础是虚拟化。服务器虚拟化、网络虚拟化、存储虚拟化在近几年已经趋于成熟，这些虚拟化技术已经在多个领域得到应用，并且开始支持企业级应用。虚拟化市场的竞争日趋激烈，VMware、微软、Red Hat、Citrix、Oracle、华为等公司的虚拟化产品不断发展，各有优势。

虚拟化技术早在20世纪60年代就已经出现，但当时只能在高端系统上使用。在Intel x86架构方面，VMware在1998年推出了VMware Workstation，这是第一个能在x86架构上运行的虚拟机产品。随后，VMware ESX Server、Virtual PC、Xen、KVM、Hyper-V等产品的推出，以及Intel、AMD在CPU中对硬件辅助虚拟化的支持，使得x86体系的虚拟化技术越来越成熟。

2．网络带宽的提升

随着网络技术的不断发展，互联网骨干带宽和用户接入互联网的带宽快速提升。2013年，国家印发《"宽带中国"战略及实施方案》，工业和信息化部、三大运营商均将"宽带中国"列为通信业发展的重中之重。

我国普通家庭的Internet接入带宽已经从十几年前的几十千位每秒（kbit/s）发展到现在的100～200Mbit/s。世界上宽带建设领先国家的家庭宽带速度已经达到300Mbit/s甚至1000Mbit/s，基本实现光纤到户。

3．Web应用开发技术的进步

Web应用开发技术的进步，大大提高了用户使用互联网应用的体验，也方便了互联网应用的开发。这些技术使得越来越多的以前必须在PC桌面环境使用的软件功能变得可以在互联网上通过Web来使用，比如Office办公软件、绘图软件。

4．移动互联网和智能终端的兴起

随着智能手机、平板计算机、可穿戴设备、智能家电的出现，移动互联网和智能终端快速兴起。由于这些设备的本地计算资源和存储资源都十分有限，而用户对其能力的要求却是无限的，因此很多移动应用都依赖于服务器端的资源。而移动应用的生命周期比传统应用更短，对服务架构和基础设施架构提出了更高的要求，从而推动了云计算服务需求的上升。

5．大数据问题和需求

在互联网时代，人们产生、积累了大量的数据，简单地通过搜索引擎获取数据已经不能满足多种多样的应用需求。怎样从海量的数据中高效地获取有用数据，有效地处理并最终得到感兴趣的结果，这就是"大数据"所要解决的问题。大数据由于其数据规模巨大，所需要的计算和存储资源极为庞大，将其交给专业的云计算服务商进行处理是一个可行的方案。

1.1.7 什么是云计算

云计算（Cloud Computing）从狭义上是指IT基础设施的交付和使用模式，即通过网络以按需、易扩展的方式获得所需的IT基础设施资源。广义的云计算是指各种IT服务的交付和使用模式，指通过网络以按需、易扩展的方式获得所需要的各种IT服务。

"云"是一种共享的计算资源池，像自来水、电、天然气一样，云计算是一种资源服务，将云中共享资源作为商品提供给使用者，使用者可以随时获取"云"上的资源，按需求使用，只要按使用量付费即可。

虚拟化是云计算的基础，是构建云服务平台的关键技术，其目标是实现IT资源的充分利用。云计算是一种按需使用、按量计费的服务。

1.1.8 云计算的三大服务模式

1．IaaS（Infrastructure as a Service，基础设施即服务）

IaaS 提供给用户的是计算、存储、网络等 IT 基础设施资源。用户能够部署一台或多台云主机，在其上运行操作系统和应用程序。用户不需要管理和控制底层的硬件设备，但能控制操作系统和应用程序。云主机可以运行 Windows 操作系统，也可以运行 Linux 操作系统，在用户看来，它与一台真实的物理主机没有区别。目前，最具代表性的 IaaS 产品有国外的亚马逊 AWS，国内的阿里云、华为云、腾讯云、百度智能云等。

2．PaaS（Platform as a Service，平台即服务）

PaaS 提供给用户的是应用程序的开发和运营环境，实现应用程序的部署和运行。PaaS 主要面向软件开发者，使开发者能够将精力专注于应用程序的开发，极大地提高了应用程序的开发效率。目前，最具代表性的 PaaS 产品有国外的 Google App Engine、微软 Windows Azure，国内的新浪 SAE 等。

3．SaaS（Software as a Service，软件即服务）

SaaS 提供给用户的是具有特定功能的应用程序，应用程序可以在各种客户端设备上通过浏览器或瘦客户端界面访问。SaaS 主要面向使用软件的最终用户，用户只需要关心软件的使用方法，不需要关注后台服务器和硬件环境。目前，最具代表性的 SaaS 产品有国外的 Salesforce 在线客户管理（CRM），国内的金蝶云 ERP、八百客在线 CRM 等。

1.1.9 云计算的部署模式

按照云计算的部署模式，可以将云分为三种：公有云、私有云和混合云。

1．公有云

公有云是由云计算服务提供商为客户提供的云，如图 1-8 所示，它所有的服务都是通过互联网提供给用户使用的。对于使用者而言，公有云的优点在于所有的硬件资源、操作系统、程序和数据都存放在公有云服务提供商处，自己不需要进行相应的投资和建设，成本比较低。但是缺点在于由于数据都不存放在自己的服务器中，用户会对数据私密性、安全性和不可控性有所顾虑。典型的公有云服务提供商有亚马逊、微软、阿里云等。

2．私有云

私有云是由企业自己建设的云，如图 1-9 所示，它所有的服务只供公司内部部门或分公司使用。私有云的初期建设成本比较高，比较适合有众多分支机构的大型企业或政府部门。可用于私有云建设的云计算系统包括 OpenStack、oVirt 等。

另外，私有云也可以部署在云计算服务提供商上，基于网络隔离等技术，通过 VPN 专线来访问。这种私有云也称为 VPC（Virtual Private Cloud）。

3．混合云

很多企业出于安全考虑，更愿意将数据存放在私有云中，但是同时又希望获得公有云的计算资源，因此这些企业同时使用私有云和公有云，这就是混合云模式。另外，如果企业建设的云既可以给公司内部使用，也可以给外部用户使用，也称为混合云。

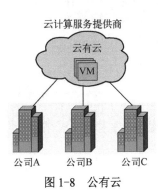

图 1-8　公有云

图 1-9　私有云

任务 1.2　安装配置 ESXi 服务器

了解了虚拟化和云计算的基本概念后，在任务 1.2 中，将在 VMware Workstation 中安装 VMware ESXi 6.7，任务拓扑设计如图 1-10 所示。在实验环境中，ESXi 虚拟机使用的网络类型是 NAT，对应的 VMnet8 虚拟网络的网络地址为 192.168.100.0/24。ESXi 主机的 IP 地址为 192.168.100.100，本机 VMnet8 网卡（运行 VMware Workstation 的宿主机）IP 地址为 192.168.100.1。

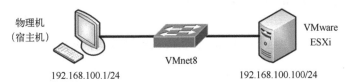

图 1-10　安装 ESXi 服务器实验拓扑

由于 VMware ESXi 6.7 要求主机的内存至少为 4GB，因此需要一台内存至少为 8GB 的计算机。

1.2.1　VMware vSphere 虚拟化架构

1. VMware vSphere 虚拟化架构介绍

VMware vSphere 是 VMware 公司的企业级虚拟化解决方案，图 1-11 为 vSphere 虚拟化架构的构成，下面将对 VMware vSphere 虚拟化架构进行介绍。

VMware vSphere 的两个核心组件是 ESXi 和 vCenter Server。ESXi 是用于创建并运行虚拟机和虚拟设备的虚拟化平台。vCenter Server 是一种服务，充当连接到网络的 ESXi 主机的中心管理员。vCenter Server 可用于将多个主机的资源加入池中并管理这些资源。

（1）私有云资源池

私有云资源池由服务器、存储设备、网络设备等硬件资源组成，通过 vSphere 管理私有云资源池。

（2）公有云

公有云是私有云的延伸，可以对外提供云计算服务。

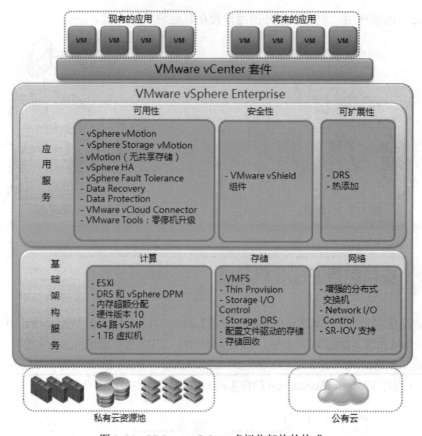

图 1-11　VMware vSphere 虚拟化架构的构成

（3）计算

计算（Compute）包括 ESXi、DRS 和虚拟机等。

VMware ESXi 是在物理服务器上安装的虚拟化管理程序，用于管理底层硬件资源。安装 ESXi 的物理服务器称为 ESXi 主机，ESXi 主机是虚拟化架构的基础和核心，ESXi 可以在一台物理服务器上运行多个操作系统。

DRS（分布式资源调度）是 vSphere 的高级特性之一，能够动态调配虚拟机运行的 ESXi 主机，充分利用物理服务器的硬件资源。

虚拟机在 ESXi 上运行，每个虚拟机运行独立的操作系统。虚拟机对于用户来说就像一台物理机，和物理机一样具有 CPU、内存、硬盘、网卡等硬件资源。虚拟机安装操作系统和应用程序后与物理服务器提供的服务完全一样。VMware vSphere 6.7 支持的虚拟机版本为 14，支持为一个虚拟机配置最多 64 个 vCPU 和 1TB 内存。

（4）存储

存储（Storage）包括 VMFS、Thin Provision 和 Storage DRS 等。

- VMFS（虚拟机文件系统）是 vSphere 用于管理所有块存储的文件系统，是跨越多个物理服务器实现虚拟化的基础。
- Thin Provision（精简配置）是对虚拟机硬盘文件 VMDK 进行动态调配的技术。
- Storage DRS（存储 DRS）可以将运行的虚拟机进行智能部署，并在必要的时候将工作负载从一个存储资源转移到另外一个存储资源，以确保最佳的性能，避免 I/O 瓶颈。

（5）网络

网络（Network）包括分布式交换机、Network I/O Control 等。

- 分布式交换机是 vSphere 虚拟化架构网络的核心之一，是跨越多台 ESXi 主机的虚拟交换机。
- Network I/O Control（网络读写控制）是 vSphere 的高级特性之一，通过对网络读写的控制达到更佳的性能。

（6）可用性

可用性（Availability）包括 vSphere vMotion、vSphere HA、vSphere Fault Tolerance 等。

- vSphere vMotion 能够让正在运行的虚拟机从一台 ESXi 主机迁移到另一台 ESXi 主机，而不中断虚拟机的正常运行。
- vSphere HA（高可用性）能够在 ESXi 主机出现故障时，使虚拟机在其他 ESXi 主机上重新启动，尽量避免由于 ESXi 物理主机故障导致的服务中断，实现高可用性。
- vSphere Fault Tolerance（容错），简称 vSphere FT，能够让虚拟机同时在两台 ESXi 主机上以主/从方式并发运行，也就是虚拟机级别的双机热备。当一台 ESXi 主机出现故障时，另一台 ESXi 主机中的虚拟机仍可以正常工作，用户感觉不到后台已经发生了故障切换。

（7）安全

安全（Security）包括 VMware vShield 组件等。

VMware vShield 是一种安全性虚拟工具，可用于显示和实施网络活动。

（8）可扩展性

可扩展性（Scalability）包括 DRS、热添加等。

热添加能够使虚拟机在不关机的情况下增加 CPU、内存、硬盘等硬件资源。

（9）VMware vCenter 套件

VMware vCenter Server 提供基础架构中所有 ESXi 主机的集中化管理，vSphere 虚拟化架构的所有高级特性都必须依靠 vCenter Server 才能实现。vCenter Server 需要数据库服务器的支持，如 SQL Server、Oracle 等。

2．VMware vSphere 基本管理架构

VMware vSphere 虚拟化架构的核心组件是 ESXi 和 vCenter Server，其基本管理架构如图 1-12 所示。

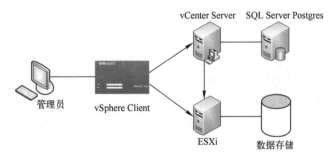

图 1-12　VMware vSphere 基本管理架构

（1）vSphere Client

VMware ESXi 6.7 自带基于 HTML5 的 Web 管理界面，可以创建、管理和监控虚拟机，以及管理 ESXi 主机的配置。在部署 vCenter Server 后，也可以通过 vSphere Client 连接到 vCenter Server，

对多台 ESXi 主机进行集中化管理。vSphere Client 也是基于 HTML5 的 Web 管理界面。

（2）数据存储

ESXi 将虚拟机等文件存放在数据存储中，vSphere 的数据存储既可以是 ESXi 主机的本地存储，也可以是 FC SAN、iSCSI SAN 等网络存储。

1.2.2 ESXi 主机硬件要求

1. VMware ESXi 6.7 主机的硬件要求

ESXi 既可以安装在物理服务器中，又可以安装在虚拟机中，与传统操作系统（如 Windows 和 Linux）相比，ESXi 有着更为严格的硬件限制。ESXi 不一定支持所有的存储控制器和网卡，使用 VMware 网站上的兼容性指南（网址为 https://www.vmware.com/resources/compatibility/search.php）可以检查服务器是否可以安装 VMware ESXi。

VMware ESXi 6.7 的硬件要求如下。
- ESXi 6.7 支持 2006 年 9 月后发布的 64 位 x86 处理器。
- ESXi 6.7 要求主机至少具有两个 CPU 内核。
- ESXi 6.7 需要在 BIOS 中针对 CPU 启用 NX/XD 位。
- ESXi 6.7 需要至少 4GB 的物理内存，建议至少使用 8GB，以便能够充分利用 ESXi 的功能，并在典型生产环境下运行虚拟机。
- 要支持 64 位虚拟机，CPU 必须能够支持硬件辅助虚拟化（Intel VT-x 或 AMD-V）。
- 一个或多个 1Gbit/s 或 10Gbit/s 以太网控制器。
- 一个或多个以下控制器的任意组合。
  - 基本 SCSI 控制器。Adaptec Ultra-160 或 Ultra-320、LSI Logic Fusion-MPT。
  - RAID 控制器。Dell PERC（Adaptec RAID 或 LSI MegaRAID）、HP Smart Array RAID 或 IBM（Adaptec） ServeRAID 控制器。
- SCSI 磁盘或包含未分区空间用于虚拟机的本地（非网络）RAID LUN。
- 对于串行 ATA（SATA），有一个通过支持的 SAS 控制器或支持的板载 SATA 控制器连接的磁盘。

2. 为 VMware ESXi 主机安装多块网卡

对于运行 VMware ESXi 的服务器主机，通常建议安装多块网卡，以支持 8~10 个网络接口，原因如下。
- ESXi 管理网络至少需要 1 个网络接口，推荐增加 1 个冗余网络接口。在项目 2 中，如果没有为 ESXi 主机的管理网络提供冗余网络连接，一些 vSphere 高级特性（如 vSphere HA）会给出警告信息。
- 至少要用两个网络接口处理来自虚拟机本身的流量，推荐使用 1Gbit/s 以上速度的链路传输虚拟机流量。
- 在使用 iSCSI 的部署环境中，至少需要增加 1 个网络接口，最好是两个。必须为 iSCSI 流量配置 1Gbit/s 或 10Gbit/s 的以太网络，否则会影响虚拟机和 ESXi 主机的性能。
- vSphere vMotion 需要使用 1 个网络接口，同样推荐增加 1 个冗余网络接口，这些网络接口至少应该使用 1Gbit/s 的以太网。

- 如果使用 vSphere FT 特性，那么至少需要 1 个网络接口，同样推荐增加 1 个冗余网络接口，这些网络接口的速度应为 1Gbit/s 或 10Gbit/s。

1.2.3 在 VMware Workstation 中创建 VMware ESXi 虚拟机

下面将在 VMware Workstation 中创建用于运行 VMware ESXi 的虚拟机。

1-1 创建 VMware ESXi 虚拟机

1）打开 VMware Workstation，在菜单栏中选择"文件"→"新建虚拟机"选项，如图 1-13 所示。

2）在 VMware Workstation 16 中创建新的虚拟机，选择"典型（推荐）"，如图 1-14 所示。

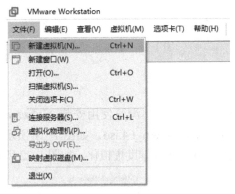

图 1-13 新建虚拟机

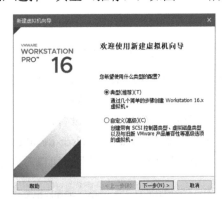

图 1-14 选择虚拟机配置类型

3）在安装客户机操作系统界面中，选择"稍后安装操作系统"，如图 1-15 所示。

4）在选择客户机操作系统界面中，选择"VMware ESX（X）"，版本选择"VMware ESXi 6.x"，如图 1-16 所示。

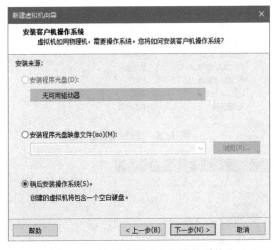

图 1-15 选择"稍后安装操作系统"

图 1-16 选择虚拟机操作系统版本

5）给虚拟机命名，设置保存虚拟机的位置，如图 1-17 所示。指定磁盘容量，如果物理硬盘容量足够大，建议大于 40GB，这里设置为 100GB，选择"将虚拟磁盘拆分成多个文件"，便于在不同计算机之间移动该虚拟机，如图 1-18 所示。

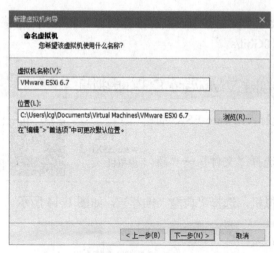
图1-17　给虚拟机命名并设置保存路径

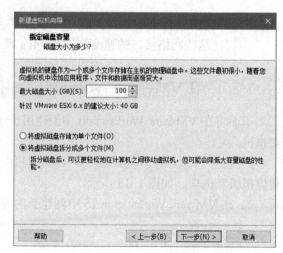
图1-18　虚拟机硬盘参数

6）完成创建VMware ESXi 6.7虚拟机，如图1-19所示。

7）选择"编辑虚拟机设置"选项，如图1-20所示。

8）切换到"CD/DVD"设备，选择"使用 ISO 映像文件"，浏览使用安装 VMware ESXi 6.7 的镜像文件 VMware-VMvisor-Installer-201912001-15160138.x86_64.iso，如图1-21所示。

9）切换到"处理器"设备，可以看到已经自动启用CPU硬件辅助虚拟化，如图1-22所示。

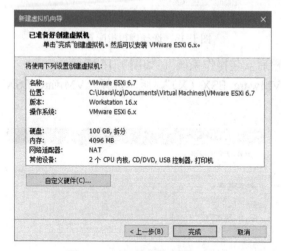
图1-19　完成虚拟机创建

图1-20　编辑虚拟机设置

图1-21　光盘配置

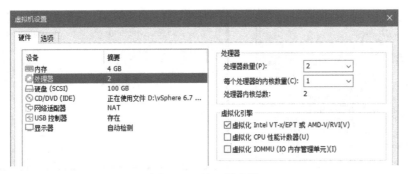

图 1-22　处理器配置

1.2.4　安装 VMware ESXi

如果在物理服务器上安装 VMware ESXi，需要确保服务器硬件型号能够兼容所安装的 VMware ESXi 版本，并在 BIOS 中执行以下设置。

1-2　安装 VMware ESXi

- 在 BIOS 中设置启用所有的 CPU Socket，以及所有 Socket 中的 CPU 核心。
- 如果 CPU 支持 Turbo Boost，应设置为启用 Turbo Boost，将选项"Intel SpeedStep tech""Intel TurboMode tech"和"Intel C-STATE tech"设置为"Enabled"。
- 如果处理器支持 Hyper-threading，应设置为启用 Hyper-threading。
- 在 BIOS 中打开硬件增强虚拟化的相关属性，如 Intel VT-x、AMD-V、EPT、RVI 等。
- 在 BIOS 中将 CPU 的 NX/XD 标志设置为 Enabled。

下面将在 VMware Workstation 虚拟机中安装 VMware ESXi 6.7。

1）将在 1、2、3 节中新建的 VMware ESXi 虚拟机开机启动，在启动菜单处按〈Enter〉键，进入 VMware ESXi 6.7 的安装程序，如图 1-23 所示。

2）经过较长时间的系统加载过程，出现安装界面，按〈Enter〉键开始安装 VMware ESXi 6.7，如图 1-24 所示。

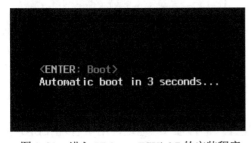

图 1-23　进入 VMware ESXi 6.7 的安装程序

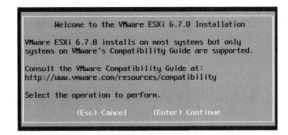

图 1-24　开始安装 VMware ESXi 6.7

3）按〈F11〉键接受授权协议，如图 1-25 所示。

4）VMware ESXi 检测到本地硬盘，按〈Enter〉键选择在这块硬盘中安装 ESXi，如图 1-26 所示。

5）选择键盘布局，按〈Enter〉键选择默认的美国英语键盘，如图 1-27 所示。

6）输入 root 用户的密码，密码至少应包含 7 个字符，且应足够复杂，如图 1-28 所示。

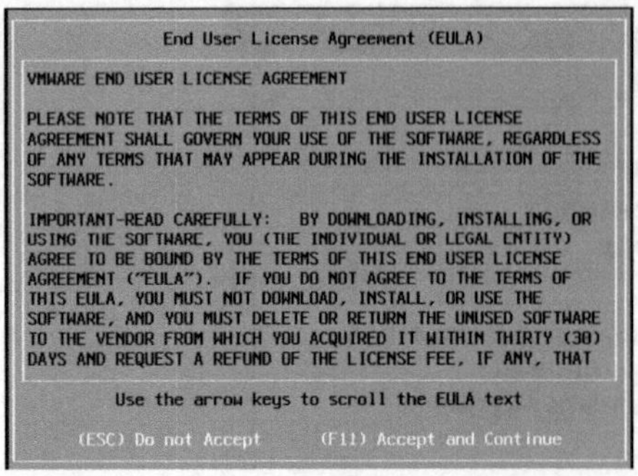

图 1-25 接受授权协议

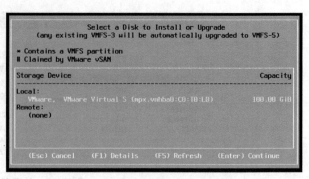

图 1-26 选择安装 ESXi 的设备

图 1-27 选择键盘布局

图 1-28 输入 root 用户的密码

7）按〈F11〉键确认安装 VMware ESXi，选择的硬盘将被重新分区，如图 1-29 所示。

8）VMware ESXi 安装完成后，按〈Enter〉键重新启动，如图 1-30 所示。

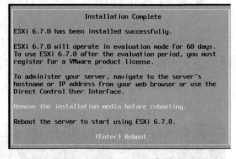

图 1-29 确认安装 VMware ESXi

图 1-30 VMware ESXi 安装完成

1.2.5　VMware ESXi 的基本设置

VMware ESXi 安装完成后，需要为 ESXi 主机配置一个管理 IP 地址，用于管理 ESXi 主机，配置过程如下。

1）VMware ESXi 启动完成后，在主界面按〈F2〉键进行初始配置，输入安装 VMware ESXi 时配置的 root 用户的密码，如图 1-31 所示。

2）选择 "Configure Management Network"（配置管理网络），如图 1-32 所示。

3）选择 "IPv4 Configuration"（IPv4 配置），如图 1-33 所示。

4）按空格键选中 "Set static IPv4 address and network configuration"（设置静态 IPv4 地址和网络配置），配置 IP 地址为 192.168.100.100，子网掩码为 255.255.255.0，默认网关为

192.168.100.2，如图 1-34 所示。

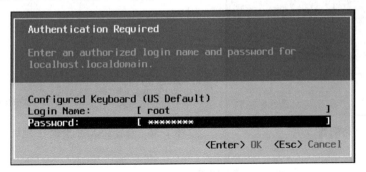

1-3 VMware ESXi 的基本配置

图 1-31　输入 root 用户的密码开始配置 ESXi

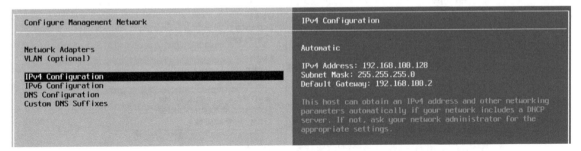

图 1-32　选择配置管理网络

图 1-33　选择 IPv4 配置

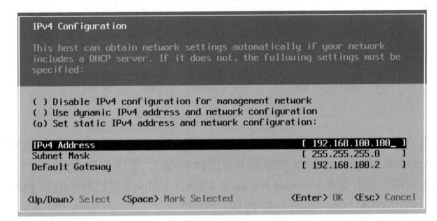

图 1-34　配置 ESXi 的 IP 地址

5）按〈Esc〉键返回主配置界面，按〈Y〉键确认管理网络配置，如图 1-35 所示。
6）按〈Esc〉键返回主界面，可以看到用于管理 VMware ESXi 的 IP 地址，如图 1-36 所示。

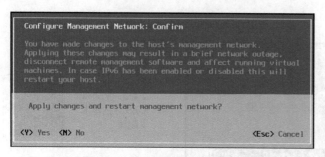

图 1-35　确认管理网络配置 　　　　　　　图 1-36　查看 ESXi 的管理 IP 地址

1.2.6　配置 VMware Workstation 虚拟网络

在 VMware Workstation 中查看 VMware ESXi 虚拟机的网络类型，如图 1-37 所示。在这里，VMware ESXi 虚拟机的网络类型是 NAT 模式。在 VMware Workstation 中，NAT 模式对应的虚拟网络为 VMnet8，仅主机模式对应的虚拟网络为 VMnet1，桥接模式对应的虚拟网络为 VMnet0。在 VMware Workstation 的"虚拟网络编辑器"中，可以看到这三个虚拟网络，以及每个虚拟网络的网络地址，如图 1-38 所示。其中，VMnet8 虚拟网络的网络地址为 192.168.100.0/24。

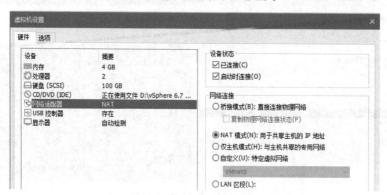

图 1-37　查看 VMware ESXi 虚拟机的网络类型

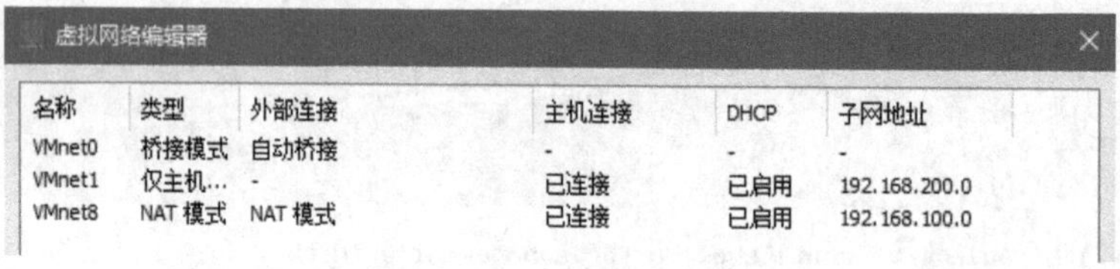

图 1-38　虚拟网络编辑器

网络类型为 NAT 模式的虚拟机，其网卡连接到虚拟交换机 VMnet8，而该虚拟交换机是通过 VMware Network Adapter VMnet8 虚拟网卡连接到本机的，如图 1-39 所示。

在本机的网络连接中查看 VMware Network Adapter VMnet8 虚拟网卡的 IP 地址，在这里，其 IP 地址为 192.168.100.1/24，如图 1-40 所示。

由此可见，当在本机上使用 vSphere Client 管理 ESXi 主机时，本机是通过 VMware Network Adapter VMnet8 虚拟网卡连接到 VMware ESXi 虚拟机的 IP 地址 192.168.100.100。本机与 VMware ESXi 主机之间是通过 VMnet8 虚拟网络连接起来的。

项目 1　使用 VMware ESXi 6.7 搭建 VMware 虚拟化平台

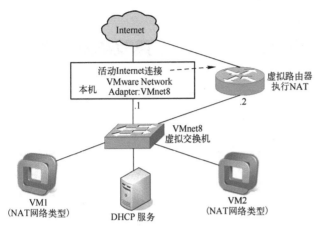

图 1-39　VMnet8 虚拟交换机

图 1-40　虚拟网卡的 IP 地址

任务 1.3　使用 VMware ESXi Web Client 管理虚拟机

安装好 VMware ESXi 后，在本任务中，将使用 VMware ESXi Web Client 连接到 VMware ESXi 主机，创建和管理虚拟机，为虚拟机安装操作系统和 VMware Tools，为虚拟机创建快照，配置虚拟机跟随 ESXi 主机自动启动。任务 1.3 的拓扑图与任务 1.2 的拓扑图相同。

1-4　连接到 VMware ESXi

1.3.1　使用 VMware ESXi Web Client 连接到 VMware ESXi

1）首先测试物理机与 ESXi 服务器的网络连通性。在左下角的搜索框内执行 cmd 命令打开命令行窗口，用 ping 命令测试物理机与 ESXi 服务器的网络连通性，测试结果应该是通的，如图 1-41 和图 1-42 所示。

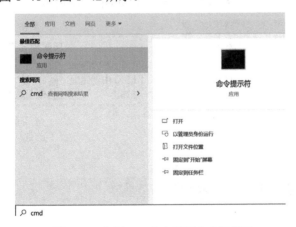

图 1-41　执行 cmd 命令打开命令行窗口

图 1-42　测试物理机与 ESXi 服务器的网络连通性

2）打开物理机上的浏览器，在地址栏输入 ESXi 服务器的 IP 地址 192.168.100.100。在出现的"你的连接不是专用连接"页面中，单击"高级"按钮后，单击"继续访问 192.168.100.100

（不安全）"超链接，如图 1-43 和图 1-44 所示。

图 1-43　在浏览器地址栏中输入 ESXi 服务器 IP 地址（1）　　图 1-44　在浏览器地址栏中输入 ESXi 服务器 IP 地址（2）

3）进入 VMware ESXi 登录界面，如图 1-45 所示。

4）输入 ESXi 服务器的 root 用户名与密码，登录 ESXi，如图 1-46 所示。

图 1-45　VMware ESXi 登录界面　　图 1-46　输入 ESXi 服务器登录信息

5）成功登录 ESXi 服务器后，接下来可对 ESXi 服务器进行管理了，如图 1-47 所示。

图 1-47　成功登录 ESXi 服务器

1-5　在 VMware ESXi 中创建虚拟机

1.3.2　在 VMware ESXi 中创建虚拟机

1. 什么是虚拟机

虚拟机（Virtual Machine，VM）是一个可在其上运行受支持的客户操作系统和应用程序的虚拟硬件集，它由一组离散的文件组成。

虚拟机由虚拟硬件和客户操作系统组成。虚拟硬件由虚拟 CPU（vCPU）、内存、虚拟磁盘、虚拟网卡等组件组成。客户操作系统是安装在虚拟机上的操作系统。虚拟机封装在一系列文件中，这些文件包含了虚拟机中运行的所有硬件和软件的状态。

2．组成虚拟机的文件

组成虚拟机的文件主要包括以下几种。

（1）配置文件（虚拟机名称.vmx）

虚拟机配置文件是一个纯文本文件，包含虚拟机的所有配置信息和参数，如 vCPU 个数、内存大小、硬盘大小、网卡信息和 MAC 地址等。

（2）虚拟磁盘数据文件（虚拟机名称.vmdk）

虚拟磁盘数据文件是虚拟机的虚拟硬盘，包含虚拟机的操作系统、应用程序等。

（3）BIOS 文件（虚拟机名称.nvram）

BIOS 文件包含虚拟机 BIOS 的状态。

（4）内存交换文件（虚拟机名称.vswp）

内存交换文件在虚拟机启动时会自动创建，该文件作为虚拟机的内存交换。

（5）快照数据文件（虚拟机名称.vmsd）

快照数据文件是一个纯文本文件。为虚拟机创建快照时会产生快照数据文件，用于描述快照的基本信息。

（6）快照状态文件（虚拟机名称.vmsn）

如果虚拟机的快照包含内存状态，就会产生快照状态文件。

（7）快照磁盘文件（虚拟机名称-x.vmdk）

使用虚拟机快照时，原虚拟磁盘文件会保持原状态不变，同时产生快照磁盘文件，所有对虚拟机的后续硬盘操作都是在快照磁盘文件上进行的。

（8）日志文件（vmware.log）

虚拟机的日志文件用于跟踪虚拟机的活动。一个虚拟机包含多个日志文件，它们对于诊断问题很有用。

3．虚拟机版本

在创建虚拟机时，需要首先确定使用哪个虚拟机版本。VMware 每次发布新版本的 vSphere，都会同时发布新的虚拟机版本，比如 vSphere 4.x 使用虚拟机版本 7，vSphere 5.0 使用虚拟机版本 8，vSphere 5.1 使用虚拟机版本 9，vSphere 5.5 使用虚拟机版本 10，vSphere 6.0 使用虚拟机版本 11，vSphere 6.5 使用虚拟机版本 12，vSphere 6.7 使用虚拟机版本 14，vSphere 7.0 使用虚拟机版本 16 等。

4．虚拟机硬件组成

默认情况下，VMware ESXi 为虚拟机提供了以下通用硬件。
- Phoenix BIOS。
- Intel 主板。
- Intel PCI IDE 控制器。
- IDE CDROM 驱动器。
- BusLogic 并行 SCSI、LSI 逻辑并行 SCSI 或 LSI 逻辑串行 SAS 控制器。
- Intel 或 AMD 的 CPU（与物理硬件对应）。
- Intel E1000 或 AMD PCNet32 网卡。

- 标准 VGA 显卡。

5．虚拟网卡

在虚拟机中可以使用以下虚拟网卡。

- vlance：模拟 AMD PCNet32 10Mbit/s 网卡，适合 32 位虚拟机操作系统。在虚拟机安装了 VMware Tools 后，这个网卡会变成 100Mbit/s 的 vmxnet 网卡。
- E1000：模拟 Intel 82545EM 千兆以太网卡，适合 64 位虚拟机操作系统。
- E1000e：模拟 Intel 82574L 千兆以太网卡，是 E1000 网卡的改进。
- vmxnet、vmxnet2、vmxnet3：分别为 100Mbit/s、1000Mbit/s、10Gbit/s 的网卡，性能最好，支持超长帧。这些网卡只有在虚拟机安装了 VMware Tools 之后才可以使用。

 提示：在生产环境中，尽量采用 vmxnet3 虚拟网卡，以达到最佳网络性能。

6．虚拟磁盘格式

虚拟磁盘（VMDK 文件）是虚拟机封装磁盘设备的方法。虚拟磁盘有 3 种格式：精简配置、厚置备延迟置零、厚置备提前置零。

（1）精简配置

在这种格式下，数据存储中的 VMDK 文件的大小和虚拟机（在某个时刻）使用的大小相同。例如，如果创建了一个 300GB 的虚拟磁盘，然后在其中保存 100GB 的数据，那么 VMDK 文件的大小就是 100GB，如图 1-48 中上方所示。

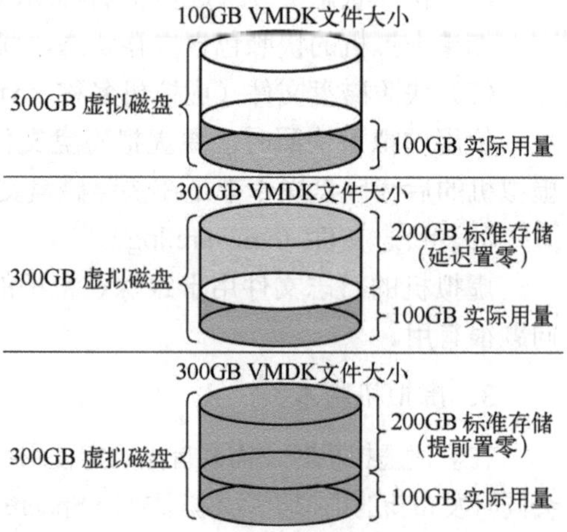

当虚拟机发生磁盘读写时，系统会在存储中整理出所需要的空间，在 VMDK 文件中增加相同大小的空间。然后在虚拟机提交读写之前，系统把要写入的空间置为 0，最后再进行写入。

精简配置磁盘格式适合读写压力低的服务器，如 DNS 服务器、DHCP 服务器等。在测试环境和实验环境中，为了节省磁盘空间，建议采用精简配置磁盘格式。

（2）厚置备延迟置零

在这种格式下，数据存储的 VMDK 文件大小就是创建的虚拟磁盘大小，但是在 VMDK 文件中没有提前置零。例如，如果创建一个 300GB 的虚拟磁盘，然后在其中保存 100GB 数据，那么 VMDK 文件的大小就是 300GB，如图 1-48 中中间所示。

图 1-48 三种虚拟磁盘格式

当虚拟机发生磁盘读写时，系统会在虚拟机提交读写之前把要写入的空间置为 0，然后再进行写入。

厚置备延迟置零磁盘格式适合读写压力中等的服务器，如 Web、E-mail 服务器等。在生产环境中，对于普通用途的服务器建议都采用厚置备延迟置零磁盘格式，这也是默认的磁盘格式。

（3）厚置备提前置零

在这种格式下，数据存储的 VMDK 文件大小就是创建的虚拟磁盘大小，而且文件所占空间是预先置零的，这种虚拟磁盘格式是真正的厚置备磁盘。例如，如果创建一个 300GB 的虚拟磁盘，然后在其中保存 100GB 数据，那么 VMDK 文件的大小就是 300GB，包含 100GB 的数据和 200GB 的置零空间，如图 1-48 中下方所示。

当虚拟机发生磁盘读写时，系统不需要在提交读写之前置零空间。厚置备提前置零可以稍微降低读写的延迟，但是在创建虚拟机时会有较长时间的后台存储读写操作。

厚置备提前置零磁盘格式适合读写压力高的服务器，如数据库、FTP 服务器等。如果准备使用 vSphere FT，则必须使用厚置备提前置零磁盘格式。

7. 在 VMware ESXi 中创建虚拟机

本节任务是在 ESXi 6.7 系统中新建一台虚拟机，并且安装虚拟机操作系统 CentOS 7。

1）在 ESXi 服务器主页面中单击"创建/注册虚拟机"按钮，出现新建虚拟机界面，选择"创建新虚拟机"，如图 1-49 和图 1-50 所示。

图 1-49　ESXi 服务器主页面

图 1-50　创建新虚拟机

2）给虚拟机命名，注意这个虚拟机名在同一 ESXi 服务器中具唯一性，并选择"客户机操作系统系列"和"客户机操作系统版本"，如要安装 CentOS 7 操作系统，就要选择 Linux；若要安装 Windows Server 2016 操作系统，则选择 Windows，如图 1-51 所示。

3）选择虚拟机存储位置，默认情况下只有一个存储，即 ESXi 主机的本地存储，如图 1-52 所示。

图 1-51　设置虚拟机名称等参数

图 1-52 选择虚拟机存储盘

4）将虚拟机操作系统镜像文件从物理机上传到 ESXi 服务器。首先进行自定义设置，选择"CD/DVD 驱动器 1"，选择"数据存储 ISO 文件"，如图 1-53 所示。

5）单击"浏览"按钮，打开"数据存储浏览器"对话框，将存储在物理机中的 CentOS 7 镜像文件上传到 ESXi 主机存储器中，如图 1-54 所示。

图 1-53 设置虚拟机 DVD 驱动器

图 1-54 浏览 ISO 文件

6）在"数据存储浏览器"对话框中，单击"创建目录"按钮，新建一个目录 CentOS7-images，用于存放将要上传的 CentOS 7 操作系统镜像文件，如图 1-55 所示。

7）选择刚刚创建的 CentOS7-images 目录，同时单击"上载"按钮，打开镜像文件在物理机上的存储位置，选择 CentOS-7-x86_64-Minimal-1908.iso 镜像文件并上传，如图 1-56 和图 1-57 所示。

图 1-55 创建目录 CentOS7-images

图 1-56 将 CentOS 7 镜像文件上传到 ESXi 数据存储

图 1-57 完成 CentOS 7 镜像文件上传

8）选中刚刚上传的 CentOS 7 镜像文件 "CentOS-7-x86-64-DVD-1908.iso" 后，单击下方的 "选择" 按钮，如图 1-58 所示。返回自定义设置页面，如图 1-59 所示。

图 1-58 选择虚拟机操作系统镜像文件

图 1-59 返回自定义设置页面

9）虚拟机创建完成，返回主页面，单击左侧的 "虚拟机"，会看到名为 "ESXi-PC1" 的虚拟机，如图 1-60 所示。

图 1-60 创建的虚拟机

1-6 安装虚拟机操作系统和 VMware Tools

1.3.3 安装虚拟机操作系统

1. 安装 CentOS 虚拟机操作系统

1）开启虚拟机 "ESXi-PC1"，如图 1-61 所示。进入 CentOS 7 操作系统安装界面，安装过程与在物理机中安装 CentOS 7 操作系统一样，如图 1-62 所示。

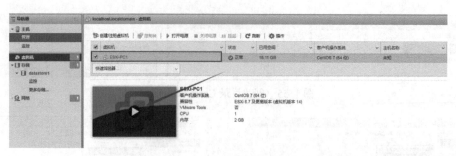

图 1-61　开启虚拟机

2）安装完 CentOS 7 操作系统后，就可以安装 VMware Tools 和应用了。

2. 介绍 VMware Tools

VMware Tools 是 VMware 虚拟机自带的一款工具软件，其中包括虚拟机中的设备驱动、物理宿主机与虚拟机之间的文件夹共享，还有一些开发功能的插件等。

图 1-62　安装 CentOS 7 操作系统

虚拟机安装 VMware Tools 后，就可以打开 DX3D 的支持；想将光标移出虚拟机也不需要反复按〈Ctrl+Alt〉组合键，可以随意地在虚拟机控制台和本机之间切换；也可以用拖拽方式轻松地在物理宿主机与虚拟机之间拖动，以实现文件的复制粘贴功能。安装了 VMware Tools 后，虚拟机的分辨率也会自动跟随窗口调整而变化，拓展了虚拟机的功能，简化了物理宿主机和虚拟机之间的操作。

VMware Tools 有以下功能。

- 设备驱动程序：
  - 增强的显卡和鼠标驱动程序。
  - 经过优化的网卡（vmxnet、vmxnet2、vmxnet3）驱动程序。
  - 经过优化的 SCSI 驱动程序。
  - 用于将 I/O 置于静默状态的同步驱动程序。
- 虚拟机心跳信号。
- 时间同步。
- 增强的内存管理。

依次单击虚拟机的"操作"→"客户机操作系统"→"安装 VMware Tools"，图 1-63 为在 CentOS 7 虚拟机中安装 VMware Tools 的过程。首先安装 perl，然后挂载光盘驱动器、解压 VMware Tools 安装程序，最后运行安装程序，输入"yes"确认开始安装 VMware Tools，之后全部按〈Enter〉键即可。

图 1-63　在 CentOS 7 中安装 VMware Tools

1-7　创建虚拟机快照

1.3.4 为虚拟机创建快照

快照允许管理员创建虚拟机的即时检查点。快照可以捕捉特定时刻的虚拟机状态,管理员可以在虚拟机出现问题时恢复到前一个快照状态,恢复虚拟机的正常工作状态。

快照功能有很多用处,比如在补丁安装出现问题时能够恢复原来的状态。假设要为虚拟机中运行的服务器程序(如 Exchange、SQL Server 等)安装最新的补丁,如果在安装补丁之前创建快照,就可以在补丁安装出现问题时恢复到快照时的状态。

可在虚拟机处于开启、关闭或挂起状态时拍摄快照。快照可捕获虚拟机的状态,包括内存状态、设置状态和磁盘状态。注意,快照不是备份,要对虚拟机进行备份,需要使用其他备份工具,而不能依赖快照备份虚拟机。

1)在实验环境中,建议将虚拟机正常关机后再创建快照,这样快照执行的速度更快,占用的磁盘空间也很小。右击虚拟机 ESXi-PC1,选择"快照"→"生成快照"选项,如图 1-64 所示。

图 1-64 创建快照

2)输入快照名称和描述,如图 1-65 所示。

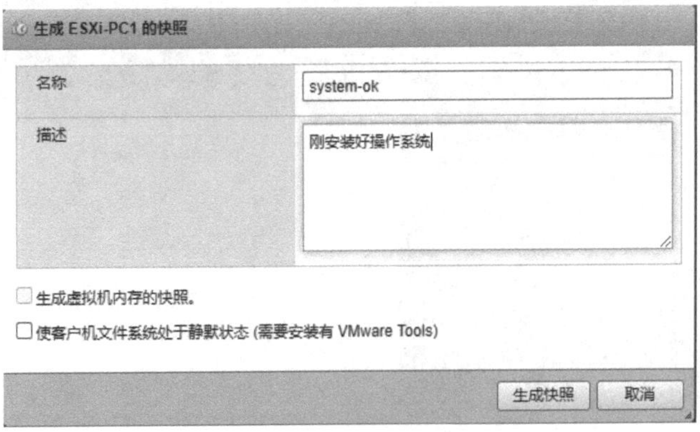

图 1-65 输入快照名称和描述

3)右击虚拟机,选择"快照"→"管理快照"选项,可以看到虚拟机的所有快照。选择一个快照,单击"还原快照"按钮,可以将虚拟机恢复到创建快照时的状态;单击"删除快照"按钮,可以删除快照,如图 1-66 所示。

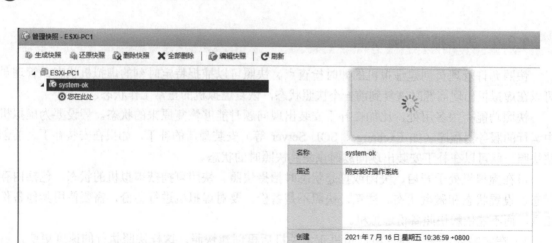

图 1-66　快照管理器

1.3.5　配置虚拟机跟随 ESXi 主机自动启动

ESXi 主机中的虚拟机默认不跟随 ESXi 主机自动启动。在生产环境中，通常需要让虚拟机跟随 ESXi 主机自动启动，配置步骤如下。

1-8　配置虚拟机跟随 ESXi 主机自动启动

1）在 ESXi 主机的"导航器"栏的"主机"下选择"管理"→"系统"→"自动启动"，单击上方的"编辑设置"按钮，打开"更改自动启动配置"对话框，在"已启用"功能中选择"是"，保存即可，如图 1-67 所示。

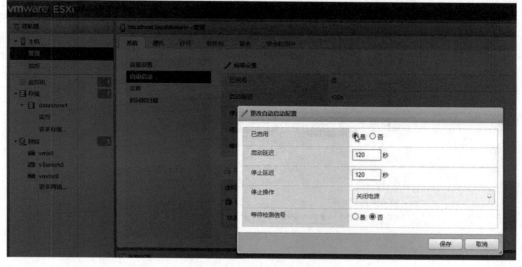

图 1-67　虚拟机的启动/关机

2）如图 1-68 所示，选中虚拟机 ESXi-PC1，单击虚拟机上方的"启用"按钮。对于每个设置为自动启动的虚拟机，可以在启动延迟和关机延迟中配置延迟时间，从而实现按顺序启动或关闭每个虚拟机。"关机操作"建议选择"关机"，即在关闭 ESXi 时正常关闭虚拟机，前提是要在虚拟机中安装 VMware Tools。

图 1-68　配置虚拟机自动启动/关机

任务 1.4　管理 ESXi 虚拟网络

在任务 1.4 中，将在理解 vSphere 虚拟网络基本概念的基础上创建 vSphere 标准交换机、创建虚拟机端口组，将虚拟机数据流量与管理网络流量分开。

1.4.1　认识 ESXi 虚拟网络组件

ESXi 虚拟网络由虚拟交换机、端口组、端口等网络组件构成。

1. vSphere 虚拟交换机

虚拟交换机用来实现 ESXi 主机、ESXi 中虚拟机和外部网络的通信，其功能类似于真实的二层交换机。虚拟交换机在二层网络运行，能够保存 MAC 地址表，基于 MAC 地址转发数据帧，虚拟交换机支持 VLAN 配置，支持 IEEE 802.1Q 中继。但是虚拟交换机没有真实交换机所提供的高级特性，例如，不能远程登录（Telnet）到虚拟交换机上，虚拟交换机没有命令行接口（CLI），也不支持生成树协议（STP）等。ESXi 中默认存在一台虚拟交换机 vSwitch0，如图 1-69 所示。

图 1-69　ESXi 中的默认虚拟交换机 vSwitch0

vSphere 虚拟交换机分为两种：标准交换机和分布式交换机。

（1）标准交换机

标准交换机（vSphere Standard Switch，vSS）是由 ESXi 主机虚拟出来的交换机。在安装 ESXi 之后会自动创建一个标准交换机 vSwitch0。标准交换机只在一台 ESXi 主机内部工作，因此必须在每台 ESXi 上独立管理每个 vSphere 标准交换机。ESXi 管理流量、虚拟机流量等数据通过标准交换机传送到外部网络。当 ESXi 主机的数量较少时，使用标准交换机较为合适。因为每次配置修改都需要在每台 ESXi 主机上进行，所以在大规模的环境中使用标准交换机会增加管理员的工作负担。

（2）分布式交换机

分布式交换机（vSphere Distributed Switch，vDS）是以 vCenter Server 为中心创建的虚拟交换机。分布式交换机可以跨越多台 ESXi 主机，即多台 ESXi 主机上存在同一台分布式交换机。当 ESXi 主机的数量较多时，使用分布式交换机可以大幅度提高管理员的工作效率。

标准交换机与分布式交换机的特性比较如图 1-70 所示。

特性	标准交换机	分布式交换机
L2 switch	√	√
VLAN 划分	√	√
802.1Q	√	√
NIC组合	√	√
出站流量整形	√	√
入栈流量整形		√
端口阻塞		√
Private VLANs		√
负载组合		√
Datacenter-level 管理		√
网络迁移 vMotion		√
vNetwork switch APIs		√
每端口策略设置		√
端口状态监测		√

图 1-70 标准交换机与分布式交换机的特性比较

提示：当数据中心部署的 ESXi 主机数量少于 10 台时，可以只使用标准交换机，不需要使用分布式交换机。当数据中心部署的 ESXi 主机数量多于 10 台时，建议使用分布式交换机，合理的配置会给网络管理带来更高的效率。

2．端口和端口组

端口和端口组是虚拟交换机上的逻辑对象，用来为 ESXi 主机或虚拟机提供特定的服务。ESXi 虚拟机交换的端口组有三种：虚拟机端口组（如 VM Network）、VMkernel 端口（如 Management Network）和上行链路端口（物理适配器）。用户可以根据需要添加端口组。

虚拟机端口组用于为 ESXi 中的虚拟机提供网络连接。VMkernel 端口为 ESXi 主机提供网络连接服务，如图 1-71 所示。

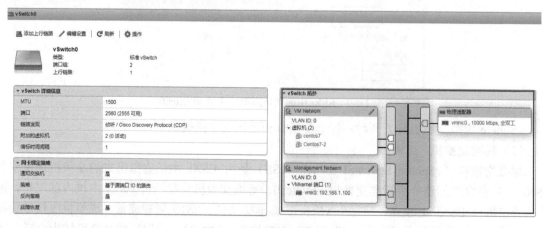

图 1-71 虚拟交换机端口组

一个虚拟交换机上可以包含一个或多个 VMkernel 端口和虚拟机端口组,也可以在一台 ESXi 主机上创建多个虚拟交换机,每个虚拟交换机包含一个端口或端口组。在图 1-72 中,Management、vMotion、iSCSI 为 VMkernel 端口,Production、TestDev 为虚拟机端口组,它们既可以位于同一台虚拟交换机上,也可以分别位于多台虚拟交换机上。

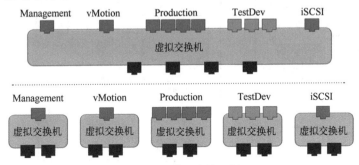

图 1-72 端口和端口组

(1)虚拟机端口组

虚拟机端口组是在虚拟交换机上的具有相同配置的端口组,如图 1-73 所示。虚拟机端口组不需要配置 IP 地址,一个虚拟机端口组可以连接多个虚拟机。虚拟机端口组允许虚拟机之间的互相访问,还能够允许虚拟机访问外部网络,虚拟机端口组上还能配置 VLAN、安全、流量调整、网卡绑定等高级特性。一个虚拟交换机上可以包含多个虚拟机端口组,一台 ESXi 主机也可以创建多个虚拟交换机,每个虚拟交换机上有各自的虚拟机端口组。

(2)VMkernel 端口

VMkernel 端口是一种特定的虚拟交换机端口类型,用来支持 ESXi 管理访问、vMotion 虚拟机迁移、iSCSI 存储访问、vSphere FT 等特性。需要为 VMkernel 端口配置 IP 地址。

 提示:VMkernel 端口是 ESXi 主机自己使用的端口(严格来说应该叫作"接口"),需要配置 IP 地址,工作在第三层。虚拟机端口组是连接虚拟机的端口,不需要配置 IP 地址,工作在第二层。

(3)上行链路端口

虽然虚拟交换机可以为虚拟机提供通信链路,但是它必须通过上行链路与物理网络通信。虚拟交换机必须连接作为上行链路的 ESXi 主机的物理网络适配器(NIC),才能与物理网络中的其他设备通信。一个虚拟交换机可以绑定一个物理 NIC,也可以绑定多个物理 NIC,成为一个 NIC 组(NIC Team)。将多个物理 NIC 绑定到一个虚拟交换机上,可以实现冗余和负载均衡等优点。图 1-74 中的第三个虚拟交换机绑定到了两个物理 NIC 上,形成 NIC 组。

虚拟交换机也可以没有上行链路,如图 1-74 中的第二个虚拟交换机,这种虚拟交换机是只支持内部通信的交换机。虚拟机之间的有些流量不需要发送到外部网络,在仅支持内部通信的虚拟交换机上的虚拟机通信都发生在软件层面,其通信速度取决于 ESXi 主机的处理速度。

1.4.2 配置 ESXi 中虚拟机与物理网络连通

1. 理解 ESXi 虚拟网络

在图 1-69 的"网络"→"虚拟机交换机"下,单击 vSwitch0,查看 vSwitch0 交换机上

ESXi 主机的虚拟网络拓扑图，如图 1-75 所示。

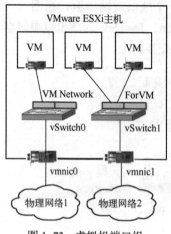

图 1-73　虚拟机端口组

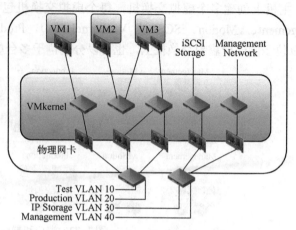

图 1-74　标准交换机组网

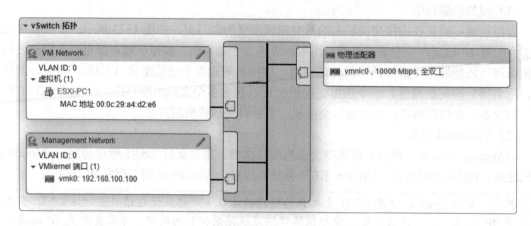

图 1-75　ESXi 主机的虚拟网络拓扑图

其中 vmnic0 为 ESXi 主机的物理网卡，该网卡以 NAT 模式连接到 vmnet8 虚拟交换机，进而通过 VMware Network Adapter VMnet8 与本机相连。

VMkernel 端口 Management Network 为管理端口，管理员通过此端口对 ESXi 主机进行管理，其 IP 地址为 192.168.100.100。

虚拟机端口组 VM Network 用于连接 ESXi 主机中的虚拟机，这个端口组是在安装 ESXi 时自动创建的。虚拟机 ESXi-PC1 连接到虚拟机端口组 VM Network。

标准交换机 vSwitch0 为 vSphere 的虚拟交换机，该虚拟交换机也是在安装 ESXi 时自动创建的。在这里，ESXi 主机只有一个物理网卡，来自 Management Network 的管理流量和来自 VM Network 的虚拟机流量都是通过 vSwitch0 虚拟交换机从 ESXi 主机的物理网卡 vmnic0 到达外部网络的。

VMware ESXi 主机、虚拟机、虚拟机网卡、虚拟交换机、虚拟机端口组与 ESXi 主机物理网卡的连接对应关系如图 1-76 所示。

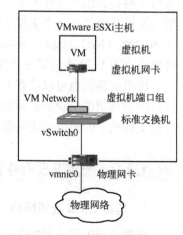

图 1-76　vSphere 虚拟网络

目前，ESXi 主机只有一块物理网卡 vmnic0、一个虚拟交换机 vSwitch0，端口组 VM Network 对应到 vSwitch0 虚拟交换机。虚拟机 ESXi-PC1 的网卡连接到 VM Network 端口组，通过 vSwitch0 虚拟交换机连接到 ESXi 主机的物理网卡 vmnic0，最终连接到外部物理网络。因此从外部网络（也就是本机的 vmnet8 虚拟网络）是可以访问虚拟机的。

2. 测试 ESXi 中虚拟机与物理网络连通性

（1）ESXi 虚拟交换机网络连接

在图 1-77 中，Management Network 是一个 VMkernel 端口，用来为 ESXi 主机提供管理访问。VM Network 是一个虚拟机端口组，虚拟机 ESXi-PC1 连接到这个端口组。Management Network 端口和 VM Network 端口组都在标准交换机 vSwitch0 上。

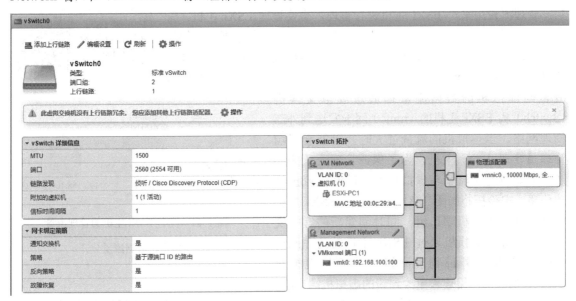

图 1-77　vSphere 网络术语与实际环境的对应关系

（2）测试 ESXi 中虚拟机与物理网络的连通性

在任务 1.3 中已经在 ESXi 服务器中创建了一台 CentOS 7 虚拟机，首先测试一下这台虚拟机与外部网络之间的连通性。打开 CentOS 7 虚拟机的本地控制台，输入"ip addr"查看 IP 地址。在这里，CentOS 7 的 IP 地址为 192.168.100.129，如图 1-78 所示。

在本机打开命令行，ping 虚拟机的 IP 地址，发现是可以 ping 通的，如图 1-79 所示。使用 SecureCRT 也可以通过 SSH 协议连接到 CentOS 7 虚拟机，如图 1-80 所示。

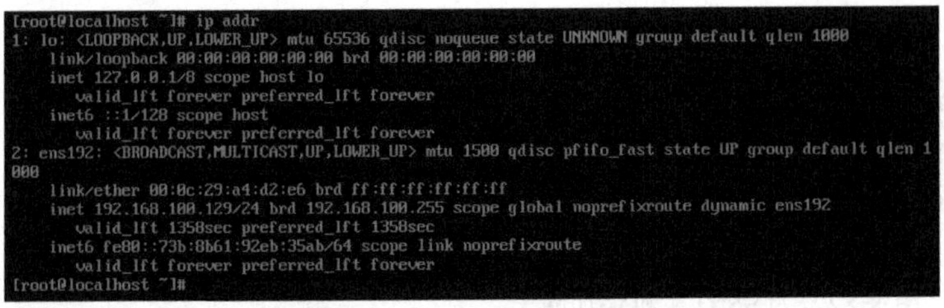

图 1-78　查看 ESXi 服务器中 CentOS 虚拟机的 IP 地址 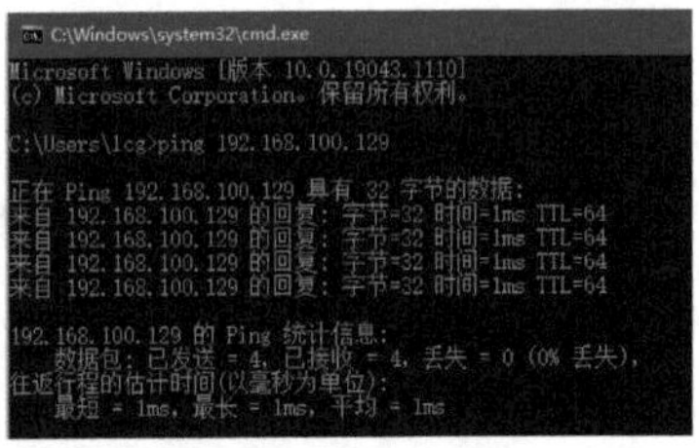　　　图 1-79　从本机测试与虚拟机之间的连通性

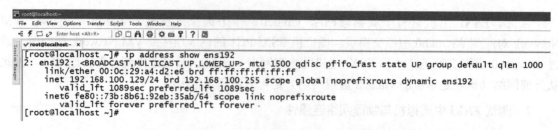

图 1-80　从本机使用 SSH 协议连接到 CentOS 7 虚拟机

1.4.3　将 ESXi 主机的管理流量与虚拟机数据流量分开

管理流量用来对 ESXi 主机进行管理，想要管理 ESXi 主机，管理流量必须畅通。必须配置和运行一个管理网络，才能够通过网络管理 ESXi 主机，因此 ESXi 安装程序会自动创建一个用于管理的 VMkernel 端口 Management Network。在图 1-77 中，ESXi 主机管理流量与虚拟机的数据流量都通过虚拟交换机 vSwitch0 从 ESXi 主机的 vmnic0 网卡发送到外部物理网络。当虚拟机的流量过大时，可能会影响管理员管理 ESXi 主机。为了保证管理流量的畅通，最好将管理流量与虚拟机产生的网络流量物理分离。实验拓扑如图 1-81 所示，在 ESXi 主机中创建新的虚拟机端口组，同时创建新的虚拟交换机。新虚拟交换机通过 ESXi 主机的物理网卡 vmnic1 连接到外部物理网络，最后将虚拟机 CentOS 的虚拟网络连接更改到新的虚拟机端口组。

1-9　将 ESXi 主机的管理流量与虚拟机数据流量分开

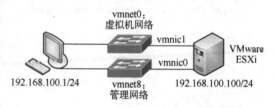

图 1-81　配置 ESXi 主机的管理流量与虚拟机数据流量分开

1）关闭 ESXi 主机，在 VMware Workstation 中为 ESXi 主机添加一块桥接模式的网卡，如图 1-82 所示。

2）在 ESXi 主机中依次单击"网络"→"端口组"选项卡，ESXi 主机默认有两个端口组，分别是 VM Network 和 Management Network，这两个端口组都在虚拟交换机 vSwitch0 上，如图 1-83 所示。

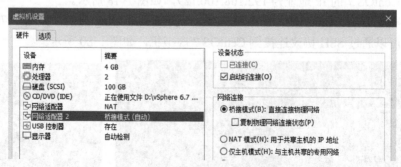

图 1-82　为 ESXi 主机添加网卡

3）在"虚拟交换机"选项卡中，默认有一台虚拟交换机 vSwitch0。单击 vSwitch0，在 vSwitch 拓扑下，看到 ESXi 中创建的虚拟机 ESXi-PC1 连接在 VM Network 端口组，Management

Network 端口组是一个 VMkernel 端口，用来为 ESXi 提供管理访问，IP 地址为 192.168.100.100。VM Network 是一个虚拟机端口组，ESXi 中创建的虚拟机连接到这个端口组。Management Network 端口和 VM Network 端口组都在 vSwitch0 虚拟交换机上，如图 1-84 所示。

图 1-83　端口组列表

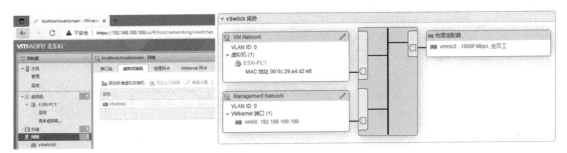

图 1-84　vSwitch0 交换机拓扑图

4）单击"物理网卡"选项卡，可以看到刚才在 ESXi 主机中添加的网卡 vmnic1，如图 1-85 所示。ESXi 主机中所有的物理网卡都会在这里显示。单击"虚拟交换机"选项卡，单击"添加标准虚拟交换机"按钮，如图 1-86 所示。

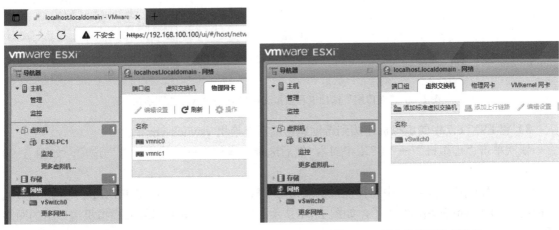

图 1-85　查看添加的网卡 vmnic1　　　　图 1-86　新建虚拟标准交换机

5）新创建一台标准虚拟交换机，修改交换机名为 vswitch-vm，单击"添加"按钮，如图 1-87 所示。

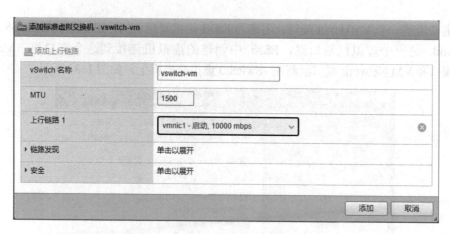

图 1-87 新建标准虚拟交换机 vswitch-vm

6）单击"端口组"选项卡，单击"添加端口组"按钮，修改名称为"ForVM"，选择虚拟交换机 vswitch-vm，单击"添加"按钮，如图 1-88 所示。

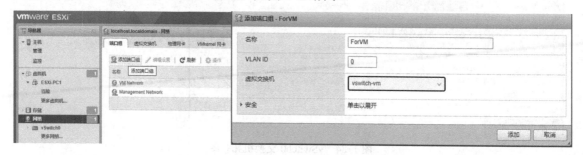

图 1-88 为标准交换机 vswitch-vm 添加端口组

7）图 1-89 是添加完端口组后的"端口组"选项卡和虚拟交换机 vswitch-vm 的网络拓扑。

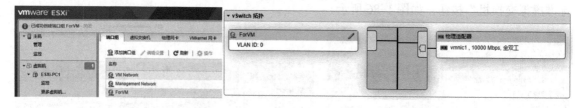

图 1-89 "端口组"选项卡和虚拟交换机 vswitch-vm 的网络拓扑

8）将 ESXi 6.7 中的虚拟机连接到新创建的虚拟交换机 vswitch-vm 上。

依次单击"虚拟机"→"ESXi-PC1"，然后选择"操作"→"编辑设置"选项，如图 1-90 所示。

9）在"网络适配器 1"中选择虚拟机端口组"ForVM"，就将虚拟机 ESXi-PC1 连接到虚拟交换机 vswitch-vm 的端口组上了，如图 1-91 所示。图 1-92 是 vswitch-vm 虚拟机端口组的网络拓扑。

10）测试 ESXi 6.7 中虚拟机与物理宿主机的网络连通性，虚拟机 ESXi-PC1 的 IP 地址为 192.168.0.101，该地址可以手工配置，也可以从桥接的物理网络中自动获取（前提是物理网络中有 DHCP 服务器）。从本机到虚拟机 ESXi-PC1 也是通的，如图 1-93 所示。

图 1-90　编辑虚拟机设置

图 1-91　将虚拟机连接到 ForVM 端口组

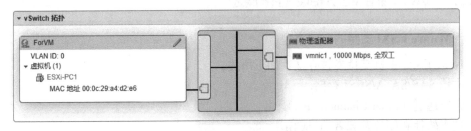

图 1-92　vswitch-vm 虚拟机端口组的网络拓扑

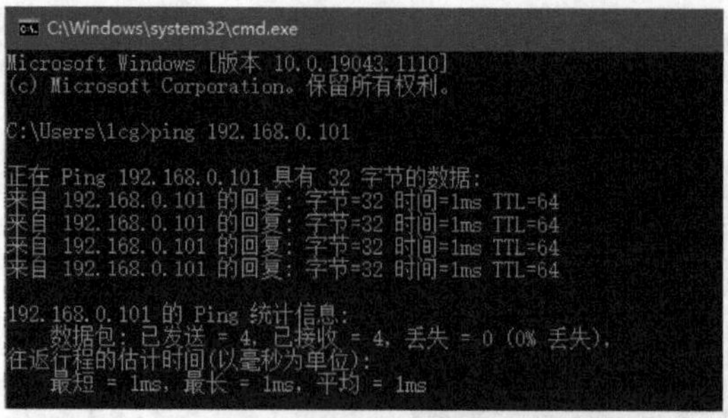

图 1-93　测试物理宿主机与虚拟机的网络连通性

此时，成功完成将 ESXi 主机中的虚拟机流量与管理流量分开的实验。

任务 1.5　配置 ESXi 主机使用 iSCSI 网络存储

无论在传统架构中还是在虚拟化架构中，存储都是重要的设备之一。只有正确配置和使用存储，vSphere 的高级特性（包括 vSphere vMotion、vSphere DRS、vSphere HA、vSphere FT 等）才可以正常运行。在任务 1.5 中，将认识 vSphere 存储的基本概念，了解 iSCSI SAN 的基本概念，使用 Starwind 搭建 iSCSI 目标服务器，配置 ESXi 主机使用 iSCSI 存储。任务 1.5 的实验拓扑如图 1-94 所示。

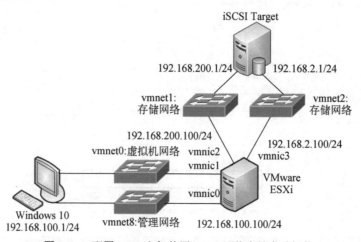

图 1-94　配置 ESXi 主机使用 iSCSI 网络存储实验拓扑

1.5.1　VMware vSphere 存储概述

1. VMware ESXi 支持的存储类型

VMware ESXi 主机支持多种存储，如下所述。
- 本地 SAS/SATA/SCSI 存储。
- 光纤通道（Fiber Channel，FC）。
- 使用软件和硬件发起者的 iSCSI。

- 以太网光纤通道（FCoE）。
- 网络文件系统（NFS）。

其中，本地 SAS/SATA/SCSI 存储也就是 ESXi 主机的内置硬盘，或通过 SAS 线缆连接的磁盘阵列，这些都叫作直连存储（Direct-Attached Storage，DAS）。光纤通道、iSCSI、FCoE、NFS 均为通过网络连接的共享存储，vSphere 的许多高级特性都依赖于共享存储，如 vSphere vMotion、vSphere DRS、vSphere HA 等。各种存储类型对 vSphere 高级特性的支持情况见表 1-1。

表 1-1　各种存储类型对 vSphere 高级特性的支持情况

存储类型	支持 vMotion	支持 DRS	支持 HA	支持裸设备映射
光纤通道	√	√	√	√
iSCSI	√	√	√	√
FCoE	√	√	√	√
NFS	√	√	√	×
直连存储	√	×	×	√

要部署 vSphere 虚拟化系统，不能只使用直连存储，必须选择一种网络存储方式作为 ESXi 主机的共享存储。对于预算充足的大型企业，建议采用光纤通道存储，其最高速度可达 16Gbit/s。对于预算不是很充足的中小型企业，可以采用 iSCSI 存储，速度可达 10Gbit/s。

2．vSphere 数据存储

数据存储是一个可使用一个或多个物理设备磁盘空间的逻辑存储单元。数据存储可用于存储虚拟机文件、虚拟机模板和 ISO 镜像等。vSphere 的数据存储类型包括 VMFS、NFS 和 RDM 三种。

（1）VMFS

vSphere 虚拟机文件系统（vSphere Virtual Machine File System，VMFS）是一个适用于许多 vSphere 部署的通用配置方法，它类似于 Windows 的 NTFS 和 Linux 的 EXT4。如果在虚拟化环境中使用了任何形式的块存储（如硬盘），就一定是在使用 VMFS。VMFS 创建了一个共享存储池，可供一个或多个虚拟机使用。VMFS 的作用是简化存储环境。如果每一个虚拟机都直接访问自己的存储而不是将文件存储在共享卷中，那么虚拟环境会变得难以扩展。VMFS 的最新版本是 VMFS 6。

（2）NFS

NFS（Network File System，网络文件系统），允许一个系统在网络上共享目录和文件。通过使用 NFS，用户和程序可以像访问本地文件一样访问远端系统上的文件。

（3）RDM

RDM（Raw Device Mapping，裸设备映射）可以让运行在 ESXi 主机上的虚拟机直接访问和使用存储设备，以增强虚拟机磁盘性能。

1.5.2　iSCSI SAN 的基本概念

1．iSCSI 简介

iSCSI，即 Internet SCSI，是 IETF 制定的一项标准，用于将 SCSI 数据块映射为以太网数据包。从根本上说，它是一种基于 IP Storage 理论的新型存储技术，该技术将存储行业广泛应用的 SCSI 接口技术与 IP 网络技术相结合，可以在 IP 网络上构建 SAN。简单地说，iSCSI 就是在 IP 网络上运行 SCSI 协议的一种网络存储技术。

iSCSI 的优势主要表现为：iSCSI 沿用 TCP/IP，而 TCP/IP 是在网络方面最通用、最成熟的协议，且 IP 网络的基础建设非常完善，同时，SCSI 技术是被磁盘和磁带等设备广泛采用的存储标准，这两点使 iSCSI 的建设费用和维护成本非常低廉；iSCSI 支持一般的以太网交换机而不是特殊的光纤通道交换机，从而减少了异构网络带来的麻烦；iSCSI 通过 IP 封包传输存储命令，因此可以在整个 Internet 上传输数据，没有距离的限制，可以跨区域和网络共享存储资源。

iSCSI 协议能够把 SCSI 指令和数据封装到 TCP/IP 数据包中，然后封装到以太网帧中。图 1-95 显示了将 iSCSI PDU 封装在 TCP/IP 数据包和以太网帧中的方式。

图 1-95　iSCSI 封装

对于中小企业的存储网络来说，iSCSI 是个非常好的选择。从技术实现上，iSCSI 是基于 IP 的技术标准，它允许网络在 TCP/IP 上传输 SCSI 命令，实现 SCSI 协议和 TCP/IP 的连接，这样用户就可以通过 TCP/IP 网络来构建 SAN，只需要不多的投资，就可以方便、快捷地对信息和数据进行交互式传输和管理。与传统的构建 SAN（存储区域网）的光纤通道技术相比，建设成本大大降低。

目前，iSCSI 和 FC 光纤通道技术都已经成熟，其发展目标主要是提升传输速率，FC 光纤通道在传输速率和性能上占有优势，10Gbit/s 以太网的普及将推动 iSCSI 的发展。

2．iSCSI 存储架构

iSCSI 存储架构主要由 iSCSI 目标、iSCSI 发起者和 IP 网络三部分构成，如图 1-96 和图 1-97 所示。

图 1-96　iSCSI 存储架构

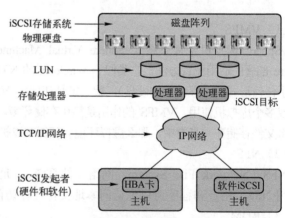

图 1-97　iSCSI 体系结构

（1）iSCSI 目标

iSCSI 目标是一个逻辑目标端设备，相当于 iSCSI 的服务器端。iSCSI 目标既可以使用硬件实现，如支持 iSCSI 的磁盘阵列、磁盘等，也可以使用软件实现，如使用 iSCSI 目标服务器软件可以将 Linux 或 Windows 主机仿真成 iSCSI 目标。iSCSI 目标由一个 iSCSI 限定名称（IQN）标志其身份。iSCSI 目标使用一个包含一个或多个 IP 地址的 iSCSI 网络入口。

常见的 iSCSI 目标服务器软件包括 Starwind、Openfiler、Open-E、Linux iSCSI Target 等，Windows Server 2012 以上的版本内置了 iSCSI 目标服务器，在本任务中，将使用 Starwind 将

Windows 主机仿真成 iSCSI 目标。

（2）iSCSI 发起者

iSCSI 发起者是一个逻辑主机端设备，相当于 iSCSI 的客户端。iSCSI 发起者包括软件发起者（使用普通以太网卡）和硬件发起者（使用硬件 HBA 卡）。iSCSI 发起者用一个 iSCSI 限定名称（IQN）来标志其身份。iSCSI 发起者使用包含一个或多个 IP 地址的网络入口"登录到" iSCSI 目标。

iSCSI 发起者与 iSCSI 目标之间的连接方式有基于软件方式和基于硬件方式两种。

- 第一种方式是基于软件的，即 iSCSI Initiator 软件。在 iSCSI 服务器上安装 Initiator 后，Initiator 软件可以将以太网卡虚拟为 iSCSI 卡，进而接收和发送 iSCSI 数据报文，从而实现主机和 iSCSI 存储设备之间的 iSCSI 协议和 TCP/IP 传输功能。这种方式只需以太网卡和以太网交换机，无需其他设备，因此成本是最低的。但是 iSCSI 报文和 TCP/IP 报文转换需要消耗 iSCSI 服务器的一部分 CPU 资源，只有在低 I/O 和低带宽性能要求的应用环境中才能使用这种方式。

- 第二种方式是基于硬件 iSCSI HBA（Host Bus Adapter）卡的，即 iSCSI Initiator 硬件。这种方式需要先购买 iSCSI HBA 卡，然后将其安装在 iSCSI 服务器上，从而实现 iSCSI 服务器与交换机之间、iSCSI 服务器与存储设备之间的高效数据传输。与第一种方式相比，硬件 iSCSI HBA 卡方式不需要消耗 iSCSI 服务器的 CPU 资源，同时硬件设备是专用的，所以基于硬件的 iSCSI Initiator 可以提供更好的数据传输和存储性能。但是，iSCSI HBA 卡的价格比较高，因此用户要在性能和成本之间进行权衡。

（3）iSCSI LUN

iSCSI LUN（Logical Unit Number，逻辑单元号）是在一个 iSCSI 目标上运行的 LUN，在主机层面上看，一个 LUN 就是一块可以使用的磁盘。一个 iSCSI 目标可以有一个或多个 LUN。

（4）iSCSI 网络入口

iSCSI 网络入口是 iSCSI 发起者或 iSCSI 目标使用的一个或多个 IP 地址。

（5）存储处理器

存储处理器又称阵列控制器，它是磁盘阵列的大脑，主要用来实现数据的存储转发以及整个阵列的管理。

3. iSCSI 发现原理

iSCSI 使用一种发现方法，使 iSCSI 发起者能够查询 iSCSI 目标的可用 LUN。iSCSI 支持两种目标发现方法：静态和动态。静态发现为手工配置 iSCSI 目标和 LUN。动态发现是由发起者向 iSCSI 目标发送一个 iSCSI 标准的 SendTargets 命令，对方会将所有可用目标和 LUN 报告给发起者。

1-10 安装配置 Starwind iSCSI 目标服务器

图 1-98 是 iSCSI 寻址的示意图，iSCSI 发起者和 iSCSI 目标分别有一个 IP 地址和一个 iSCSI 限定名称（IQN）。iSCSI 限定名称是 iSCSI 发起者、目标或 LUN 的唯一标识符。IQN 的格式是："iqn"+"."+"年-月"+"."+"颠倒的域名"+":"+"设备的具体名称"，例如 iqn.2008-08.com.vmware:esxi。之所以颠倒域名，是为了避免可能的冲突。

4. iSCSI SAN 网络设计

虽然光纤通道的性能一般要高于 iSCSI，但是在很多时候，iSCSI SAN 已经能够满足许多用户的需求，而且一个认真规划且支持扩展的 iSCSI 基础架构在大部分情况下都能达到中端光纤通道 SAN 的同等性能。一个良好、可扩展的 iSCSI SAN 拓扑设计如图 1-99 所示，每个 ESXi 主机至少有两个 VMkernel 端口用于 iSCSI 连接，而每一个端口又物理连接到两台以太网交换机上。每台交换机到 iSCSI 阵列之间至少有两个连接（分别连接到不同的阵列控制器）。

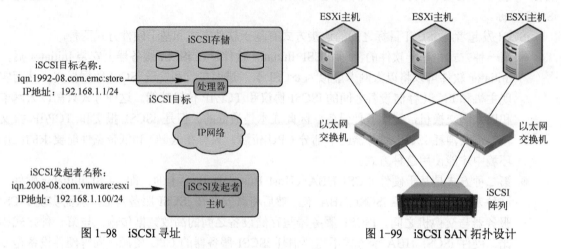

图 1-98　iSCSI 寻址　　　　　　　　图 1-99　iSCSI SAN 拓扑设计

1.5.3　安装部署 Starwind iSCSI 目标服务器

Starwind iSCSI SAN & NAS 6.0 是一个运行在 Windows 操作系统上的 iSCSI 目标服务器软件。Starwind 既能安装在 Windows Server 2008/2012/2016/2019 服务器操作系统上，也能安装在 Windows 7/8/10 桌面操作系统上。在这里，将把 Starwind 安装在本机（运行 Windows 10 操作系统），以节省资源占用。也可以创建一个 Windows Server 2016 虚拟机，在虚拟机中安装 iSCSI 服务。

1．安装 Starwind iSCSI SAN 6.0

1）运行 Starwind 6.0 的安装程序，开始安装 Starwind iSCSI SAN & NAS 6.0。

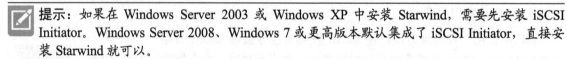

提示：如果在 Windows Server 2003 或 Windows XP 中安装 Starwind，需要先安装 iSCSI Initiator。Windows Server 2008、Windows 7 或更高版本默认集成了 iSCSI Initiator，直接安装 Starwind 就可以。

2）使用"Full Installation"，安装所有组件，如图 1-100 所示。

3）要使用 Starwind，必须要有授权密钥。可以在 Starwind 的官方网站申请一个免费的密钥，然后选择"Thank you，I do have a key already"单选按钮，如图 1-101 所示。

4）浏览找到授权密钥文件，如图 1-102 所示。

5）安装完成后会自动打开 Starwind Management Console，并连接到本机的 Starwind Server，如图 1-103 所示。如果没有连接 Starwind Server，可以选中计算机名，单击"Connect"按钮。

2．创建 iSCSI Software Target

1）右击"Targets"后选择"Add Target"选项，添加 iSCSI 目标，如图 1-104 所示。

2）输入 iSCSI 目标的别名"iSCSI-ESXi6.7"，勾选 "Allow multiple concurrent iSCSI connections (clustering)"，允许多个 iSCSI 发起者连接到这个 iSCSI 目标，如图 1-105 所示。

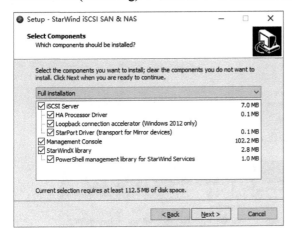

图 1-100　选择所有组件

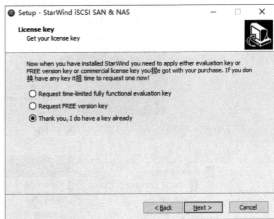

图 1-101　选择已经拥有授权密钥

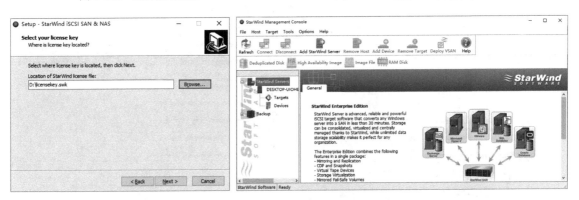

图 1-102　选择授权密钥文件　　　　　图 1-103　Starwind Management Console

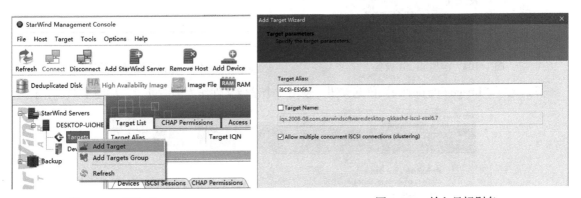

图 1-104　添加 Target　　　　　　　　图 1-105　输入目标别名

3）确认创建 iSCSI 目标，如图 1-106 所示。
4）创建好的 iSCSI 目标如图 1-107 所示。
5）右击"Devices"后选择"Add Device"选项，添加 iSCSI 设备，如图 1-108 所示。
6）选择"Virtual Hard Disk"单选按钮，创建虚拟硬盘，如图 1-109 所示。

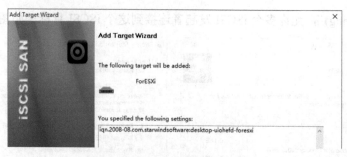

图 1-106　确认创建 iSCSI 目标

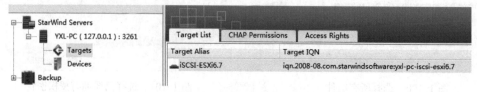

图 1-107　创建好的 iSCSI 目标

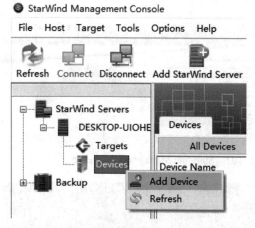

图 1-108　添加 iSCSI 设备

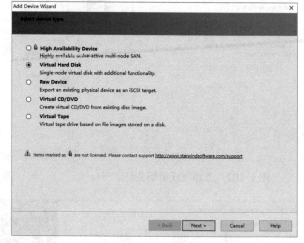

图 1-109　选择创建虚拟硬盘

7）选择"Image File device"单选按钮，使用一个镜像文件作为虚拟硬盘，如图 1-110 所示。

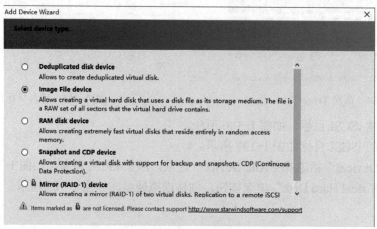

图 1-110　选择镜像文件作为虚拟硬盘

8）选择"Create new virtual disk"单选按钮，创建一个新的虚拟硬盘，如图 1-111 所示。

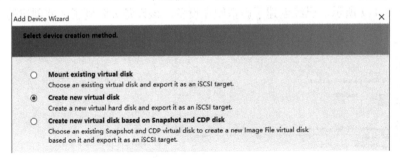

图 1-111 创建新的虚拟硬盘

9）配置虚拟磁盘文件为 C:\iscsi-esxi6.7.img，大小为 50GB，可以选择是否压缩、加密、清零虚拟磁盘文件，如图 1-112 所示。注意，需要确认本机 C 盘的可用空间是否足够。

10）选择刚创建的虚拟磁盘文件，默认使用异步模式，如图 1-113 所示。

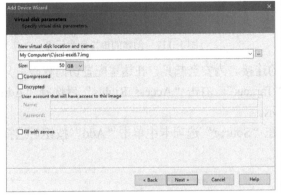 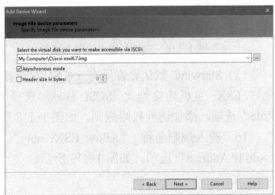

图 1-112 创建虚拟磁盘文件　　　　　图 1-113 选择刚创建的虚拟磁盘文件

11）设置虚拟磁盘文件的缓存参数，一般不需要修改，如图 1-114 所示。

12）选择"Attach to the existing target"选项，将虚拟硬盘关联到已存在的 iSCSI 目标。选中之前创建的 iSCSI 目标"iSCSI-ESXi6.7"，如图 1-115 所示。

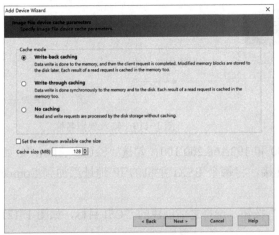 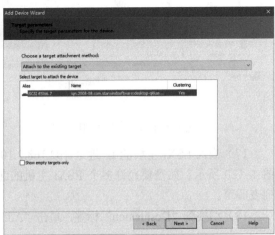

图 1-114 设置虚拟磁盘文件的缓存参数　　　图 1-115 将虚拟硬盘关联到 iSCSI 目标

13）确认创建虚拟硬盘设备，如图 1-116 所示。

14）如图 1-117 所示，已经创建了虚拟硬盘设备，该设备关联到了之前创建的 iSCSI 目标。

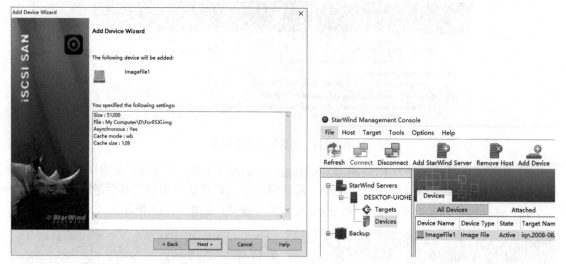

图 1-116　确认创建虚拟硬盘设备　　　　　图 1-117　创建的虚拟硬盘设备

15）Starwind 默认允许所有 iSCSI 发起者的连接。为安全起见，在这里配置访问权限，只允许 ESXi 主机连接到此 iSCSI 目标。选择"Targets"，右击"Access Rights"后选择"Add Rule"选项，添加访问权限规则，如图 1-118 所示。

16）输入规则名称 "Allow ESXi only"，在"Source"选项卡中单击"Add"按钮后选择"Add IP Address"选项，如图 1-119 所示。

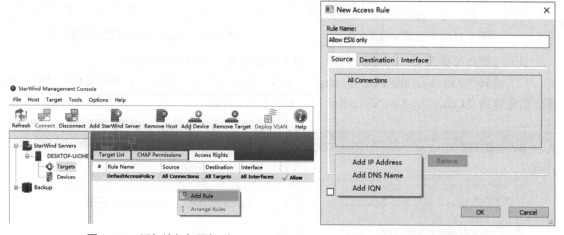

图 1-118　添加访问权限规则　　　　　图 1-119　输入规则名称

17）输入 ESXi 主机的 IP 地址 192.168.2.100 和 192.168.200.100，勾选"Set to Allow"，如图 1-120 所示。如需要允许多个 ESXi 主机的连接，将每个 ESXi 主机的 IP 地址添加到 Source 列表即可。

18）切换到"Destination"标签，单击"Add"按钮，选择之前创建的 iSCSI 目标，如图 1-121 所示。

19）右击规则 DefaultAccessPolicy 后选择"Modify Rule"选项，取消勾选"Set to Allow"，

如图 1-122 所示。

图 1-120　添加允许的 IP 地址　　图 1-121　添加允许的目标　　图 1-122　编辑规则 DefaultAccessPolicy

20）以下为编辑好的访问权限规则，注意默认规则的操作为 Deny，如图 1-123 所示。

图 1-123　访问权限规则列表

1.5.4　配置 ESXi 主机连接并使用 iSCSI 网络存储

1. 在 ESXi 服务器主机中创建 iSCSI 专用网络

1-11　配置 ESXi 主机连接并使用 iSCSI 网络存储

1）在 VMware Workstation 的"虚拟网络编辑器"中添加网络 VMnet2，网络模式为"仅主机模式"，网段为 192.168.2.0/255.255.255.0，如图 1-124 所示。

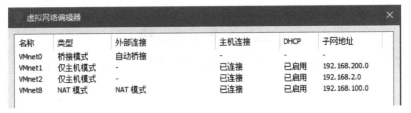

图 1-124　添加 VMnet2

2）在 ESXi 服务器主机中添加两块网卡，网络模式分别设置为仅主机模式、自定义网络 VMnet2，专门用于连接 iSCSI 存储网络，如图 1-125 所示。

3）启动 ESXi 虚拟机，在"物理网卡"选项卡下可以看到刚添加的网卡 vmnic2、vmnic3，如图 1-126 所示。

2. 在 ESXi 服务器主机中新建用于 iSCSI 存储的虚拟交换机

1）创建两个专门用于 iSCSI 存储的虚拟交换机。在"网络"→"虚拟交换机"中单击"添加标准虚拟交换机"按钮，如图 1-127 所示。

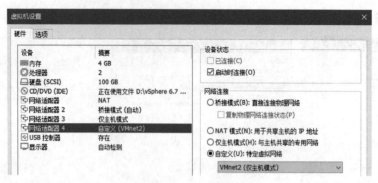

图 1-125 添加网卡

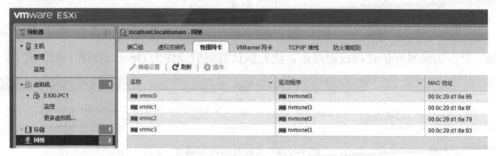

图 1-126 ESXi 虚拟机中添加的物理网卡

图 1-127 添加虚拟交换机

2）将新创建的虚拟交换机命名为"vswitch-iSCSI-1",选中上行链路端口 vmnic2,单击"添加"按钮,如图 1-128 所示。

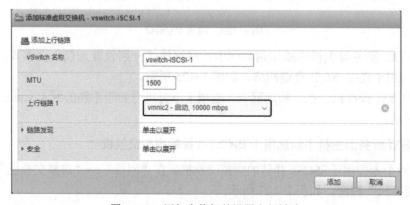

图 1-128 添加交换机并设置上行链路

3）使用相似的方法添加第二个虚拟交换机，命名为 vswitch-iSCSI-2，选中上行链路端口 vmnic3，图 1-129 为添加完成的虚拟交换机。

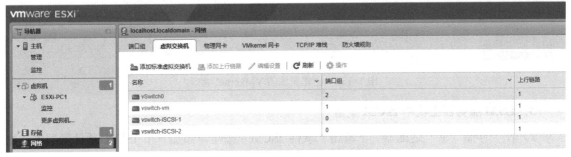

图 1-129　添加完成的虚拟交换机

4）选择"VMkernel 网卡"选项卡，单击"添加 VMkernel 网卡"按钮，端口组为"新建端口组"，输入端口组名称"iSCSI-1"，选择虚拟交换机"vswitch-iSCSI-1"，IPv4 设置为"静态"，输入 IP 地址"192.168.200.100"，子网掩码为"255.255.255.0"，单击"创建"按钮，如图 1-130 所示。

图 1-130　添加 VMkernel 网卡

5）使用相似的方法创建第二个 VMkernel 网卡，端口组为"新建端口组"，输入端口组名称"iSCSI-2"，选择虚拟交换机"vswitch-iSCSI-2"，IPv4 设置为"静态"，输入 IP 地址"192.168.2.100"，子网掩码为"255.255.255.0"，图 1-131 为创建完成的两个 VMkernel 端口。

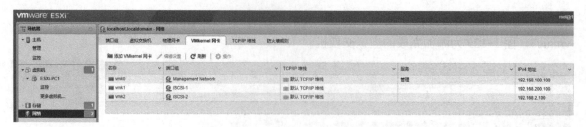

图 1-131　创建完成的 VMkernel 端口

3. ESXi 服务器主机中 iSCSI 配置

1）在"存储"→"适配器"下单击"软件 iSCSI"按钮，添加一个 iSCSI 软件适配器，如图 1-132 所示。

图 1-132　添加 iSCSI 软件适配器

2）在"iSCSI 已启用"中选择"已启用"，如图 1-133 所示。

图 1-133　启用 iSCSI

3）在"网络端口绑定"中单击"添加端口绑定"按钮，依次选中 VMkernel 端口 iSCSI-1 和 iSCSI-2，图 1-134 是添加完成的端口绑定。

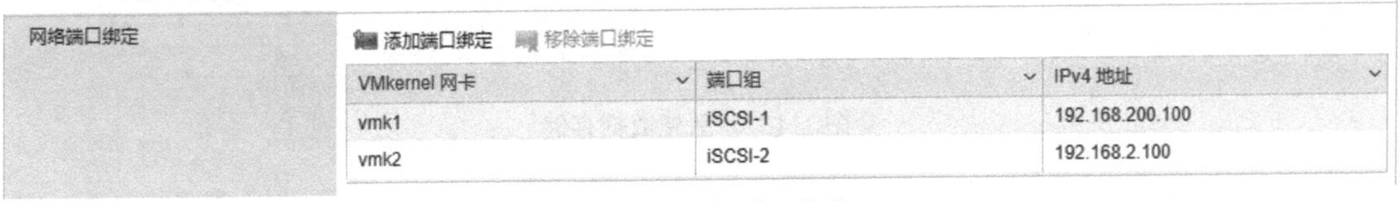

网络端口绑定	添加端口绑定　移除端口绑定		
	VMkernel 网卡	端口组	IPv4 地址
	vmk1	iSCSI-1	192.168.200.100
	vmk2	iSCSI-2	192.168.2.100

图 1-134　添加端口绑定

4）在"动态目标"中单击"添加动态目标"按钮，分别添加 iSCSI 存储服务器的 IP 地址，此处为 192.168.200.1 和 192.168.2.1，如图 1-135 所示。

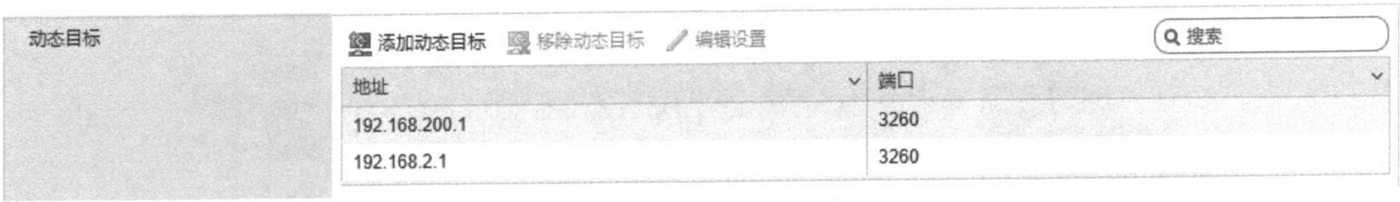

动态目标	添加动态目标　移除动态目标　编辑设置	搜索
	地址	端口
	192.168.200.1	3260
	192.168.2.1	3260

图 1-135　添加动态目标

5）保存配置后，在静态目标中会发现 iSCSI 存储服务器上的存储设备，如图 1-136 所示。

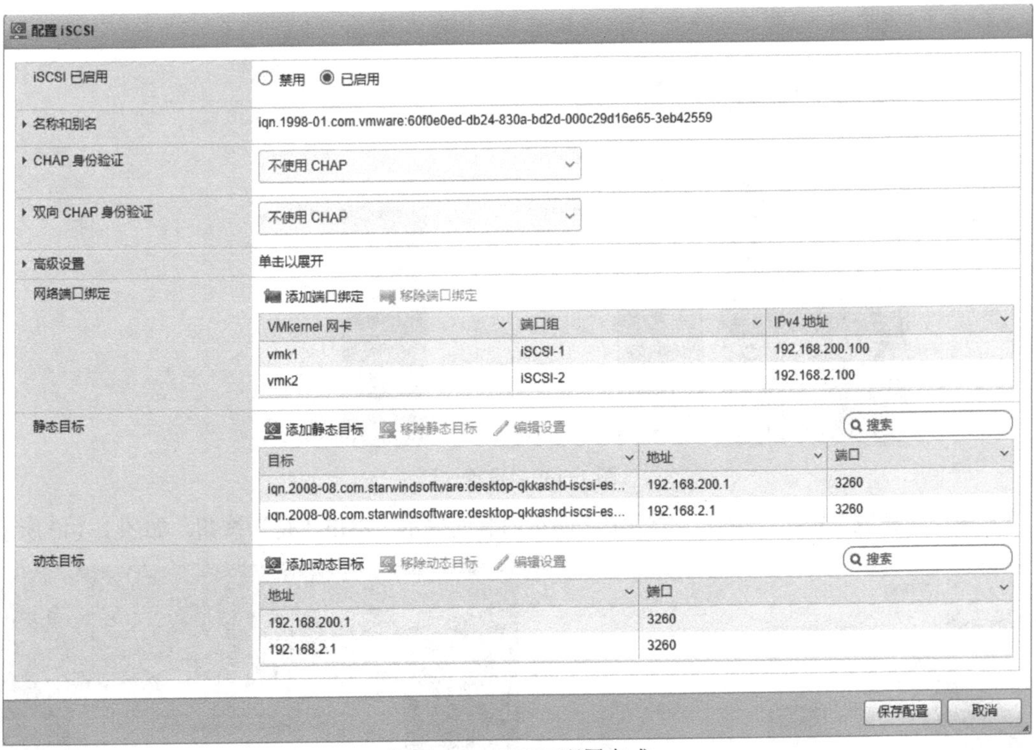

配置 iSCSI			
iSCSI 已启用	○ 禁用　● 已启用		
▶ 名称和别名	iqn.1998-01.com.vmware:60f0e0ed-db24-830a-bd2d-000c29d16e65-3eb42559		
▶ CHAP 身份验证	不使用 CHAP		
▶ 双向 CHAP 身份验证	不使用 CHAP		
▶ 高级设置	单击以展开		
网络端口绑定	添加端口绑定　移除端口绑定		
	VMkernel 网卡	端口组	IPv4 地址
	vmk1	iSCSI-1	192.168.200.100
	vmk2	iSCSI-2	192.168.2.100
静态目标	添加静态目标　移除静态目标　编辑设置		搜索
	目标	地址	端口
	iqn.2008-08.com.starwindsoftware:desktop-qkkashd-iscsi-es...	192.168.200.1	3260
	iqn.2008-08.com.starwindsoftware:desktop-qkkashd-iscsi-es...	192.168.2.1	3260
动态目标	添加动态目标　移除动态目标　编辑设置		搜索
	地址		端口
	192.168.200.1		3260
	192.168.2.1		3260

保存配置　取消

图 1-136　iSCSI 配置完成

4. ESXi 主机使用 iSCSI 存储

1）在"存储"→"数据存储"下单击"新建数据存储"按钮，开始创建 VMFS 数据存储，如图 1-137 所示。

2）为新建存储设置名称，名称下方为 iSCSI 存储服务器中共享的存储列表，选择新建的存储，如图 1-138 所示。选择分区选项，按照默认配置即可，如图 1-139 所示。

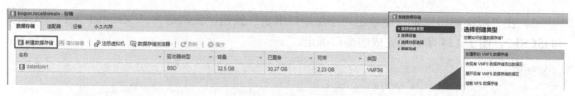

图 1-137 新建数据存储

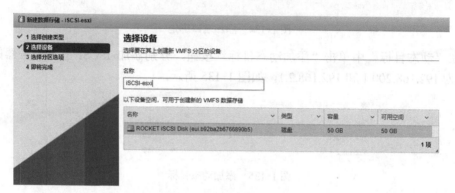

图 1-138 配置存储名称

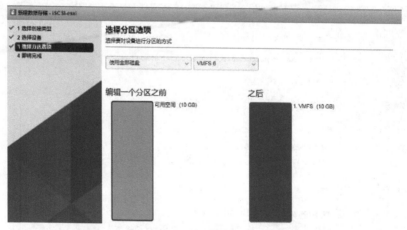

图 1-139 设置分区

3）单击"完成"按钮，会有一个将清除磁盘内容的提示，单击"是"按钮，如图 1-140 所示。

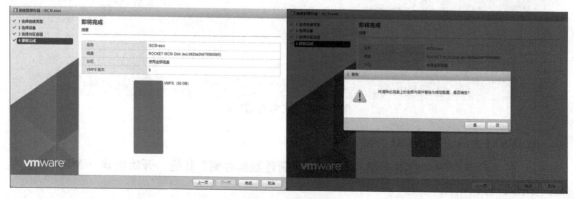

图 1-140 完成存储创建

4）在数据存储中可发现新建的存储，如图 1-141 所示。

项目 1　使用 VMware ESXi 6.7 搭建 VMware 虚拟化平台

图 1-141　存储列表

5）将来再创建虚拟机时，可以选择把虚拟机保存在 iSCSI 存储中，如图 1-142 所示。

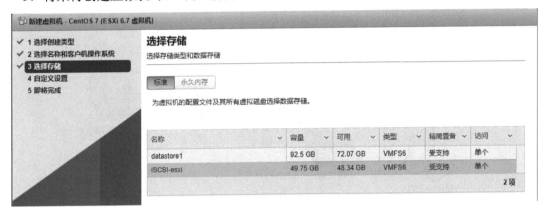

图 1-142　选择存储

将虚拟机文件保存在 iSCSI 存储上后，虚拟机的硬盘就不在 ESXi 主机上保存了。这样，虚拟机的 CPU、内存等硬件资源在 ESXi 主机上运行，而虚拟机的硬盘则保存在网络存储上，实现了计算、存储资源的分离。在项目 2 中所涉及的 vSphere vMotion、vSphere DRS、vSphere HA 和 vSphere FT 等高级特性都需要网络共享存储才能实现。

项目总结

VMware ESXi 是一个虚拟机管理程序，或称为虚拟化引擎（Hypervisor），是 VMware vSphere 虚拟化架构的基础。ESXi 主机应配置多块网卡，创建 VMkernel 端口和虚拟机端口组，配置 vSphere 标准交换机，将管理网络、虚拟机网络和存储网络分开。虚拟机网络与外部网络相连，而管理网络和存储网络通常应该是专用的内部网络。iSCSI SAN 是适合中小企业使用的存储区域网络，iSCSI 目标既可以是磁盘阵列等硬件设备，也可以是安装在 Windows/Linux 操作系统中的服务器软件。vSphere 的许多高级特性，如 vMotion、DRS、HA、FT 等都依赖于网络共享存储。在 VDI（Virtual Desktop Infrastructure，虚拟桌面基础架构）等环境中，也可以考虑采用 VMware VSAN 实现基于服务器端存储的共享分布式存储。

练习题

1．什么是虚拟机？在 VMware vSphere 中组成虚拟机的文件有哪些？

2. 虚拟硬盘有三种置备方式,即厚置备延迟置零、厚置备提前置零和精简配置,它们之间有什么区别?分别适合哪些类型的虚拟机?

3. VMkernel 端口和虚拟机端口组各有什么作用?其主要区别有哪些?

4. VMware vSphere 支持哪些存储方式?

5. iSCSI 系统包含哪些组件?每个组件的具体作用是什么?

6. 综合实战题

在一台内存为 8GB 的 PC 中,一人一组完成。拓扑设计如图 1-143 所示。

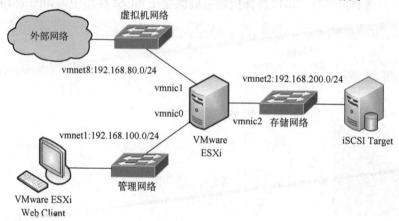

图 1-143 项目 1 综合实战题拓扑设计

1)在 VMware Workstation 的虚拟网络编辑器中,添加 vmnet2 虚拟网络,类型为仅主机模式。将 vmnet1、vmnet2、vmnet8 的网段分别设置为 192.168.100.0/24、192.168.200.0/24、192.168.80.0/24。

2)创建 VMware ESXi 虚拟机,内存为 4GB,为虚拟机配置 3 个网卡,网络类型分别为仅主机模式、NAT 模式、vmnet2 模式。

3)安装 VMware ESXi 6.7,将管理网络的 IP 地址配置为 192.168.100.100(仅主机模式)。

4)使用 VMware ESXi Web Client 连接到 ESXi,添加虚拟机端口组 ForVM,创建标准交换机,绑定 vmnic1 网卡。

5)添加 VMkernel 端口,名称为 iSCSI,创建标准交换机,绑定 vmnic2 网卡,设置 IP 地址为 192.168.200.100。

6)在本机安装的 Starwind 中创建一个 50GB 的 iSCSI 目标。

7)在 ESXi 中添加 iSCSI 软件适配器,绑定 VMkernel 端口 iSCSI,使用动态方式添加 iSCSI 目标服务器。

8)在 ESXi 中添加存储器,使用新发现的 iSCSI 目标,格式化为 VMFS 6 文件系统,使用全部空间,存储名称为 "iSCSI-Starwind"。

9)将安装 CentOS-7.7-Minimal 的镜像文件上传到存储 iSCSI-Starwind。

10)在 ESXi 中创建虚拟机 CentOS 7,放在存储 iSCSI-Starwind 上,内存为 1GB。安装操作系统,将 IP 地址设置为 "192.168.80.200/24",安装完成后,从本机 ping 虚拟机 CentOS 7 的 IP 地址。

项目 2　使用 vCenter Server 搭建高可用 VMware 虚拟化平台

项目导入

在项目 1 中，某职业院校已经使用 VMware ESXi 6.7 搭建了服务器虚拟化测试环境，管理员已经掌握了安装 VMware ESXi、配置 vSphere 虚拟网络、配置 iSCSI 共享存储、创建虚拟机的方法，并将一部分业务系统迁移到了虚拟化系统中。经过一个月的运行，所有虚拟机和业务系统运行正常，该职业院校网络中心决定建设完整的 VMware vSphere 虚拟化架构，将所有 IT 系统部署在虚拟化系统中。管理员将在所有新购置的服务器上安装 VMware ESXi，使用一台单独的服务器安装 VMware vCenter Server，启用 vSphere DRS（分布式资源调度）实现主机资源的负载均衡，启用 vSphere HA（高可用性）实现虚拟机的高可用性，启用 vSphere FT（容错）实现虚拟机的双机热备。

项目目标

- 安装 VMware vCenter Server。
- 安装 VMware vCenter Server Appliance。
- 使用 vSphere Client 管理虚拟机。
- 使用模板批量部署虚拟机。
- 使用 vSphere vMotion 实现虚拟机在线迁移。
- 使用 vSphere DRS 实现分布式资源调度。
- 使用 vSphere HA 实现虚拟机高可用性。
- 使用 vSphere FT 实现虚拟机的双机热备。

项目设计

该职业院校的 vSphere 虚拟化架构拓扑如图 2-1 所示（为简化拓扑，图中只画了两台 ESXi 主机）。

所有 ESXi 主机与 vCenter Server 服务器连接到交换机 S1 表示的管理网络，管理员的 PC 也连接到管理网络。所有 ESXi 主机上的虚拟机通过交换机 S2 表示的虚拟机网络连接到外部网络。所有 ESXi 主机通过交换机 S3 和 S4 表示的存储网络连接到 iSCSI 网络共享存储。iSCSI 存储可以由磁盘阵列提供，也可以是在一台服务器上安装的 iSCSI 目标服务器。交换机 S5 表示的 vMotion 网络用来实现虚拟机的在线迁移。交换机 S6 表示的 FT 网络用来实现虚拟机的容错。

在这里，交换机 S1~S6 既可以是独立的交换机，也可以是同一台交换机上的不同 VLAN，但是建议应该至少两个存储网络使用独立的交换机。管理网络、虚拟机网络和 vMotion 网络的带宽应是 1Gbit/s 或更高。存储网络和 FT 网络的带宽最小应是 1Gbit/s，最好是 10Gbit/s。

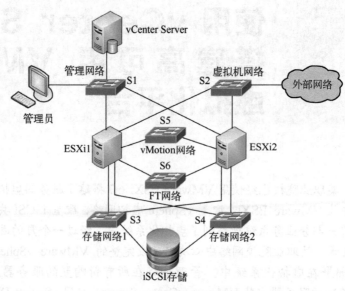

图 2-1 项目 2 拓扑设计

为了让读者能够在自己的计算机上完成实验,在本项目中将使用 VMware Workstation 来搭建拓扑,实验拓扑设计如图 2-2 所示。

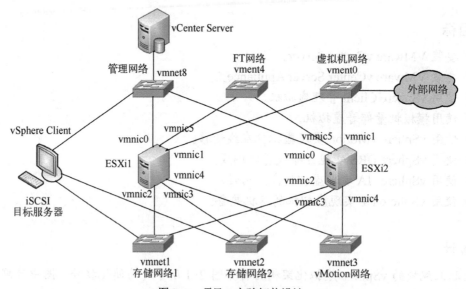

图 2-2 项目 2 实验拓扑设计

其中,管理网络为 vmnet8(NAT 模式),虚拟机网络为 vmnet0(桥接模式),存储网络为 vmnet1 和 vmnet2(仅主机模式),vMotion 网络为 vmnet3(仅主机模式),FT 网络为 vmnet4(仅主机模式)。每台 ESXi 主机有 6 块网卡,分别连接到管理网络、虚拟机网络、存储网络 1、存储网络 2、vMotion 网络和 FT 网络。在本机上安装 Starwind iSCSI SAN 6.0 用来作为 iSCSI 目标服务器,管理员在本机使用 Web 浏览器来管理 VMware vSphere 6.7 虚拟化架构。各个主机的网卡分配和 IP 地址规划如表 2-1 所示。

表 2-1 项目 2 网卡分配和 IP 地址规划

主机	VMkernel 端口	IP 地址	网卡	本机虚拟网络	所在网络
ESXi1	Management Network	192.168.100.67	vmnic0	vmnet8	管理网络
	iSCSI-1	192.168.200.67	vmnic2	vmnet1	存储网络 1
	iSCSI-2	192.168.2.67	vmnic3	vmnet2	存储网络 2
	vMotion	192.168.3.67	vmnic4	vmnet3	vMotion 网络
	FT	192.168.4.67	vmnic5	vmnet4	FT 网络
ESXi2	Management Network	192.168.100.68	vmnic0	vmnet8	管理网络
	iSCSI-1	192.168.200.68	vmnic2	vmnet1	存储网络 1
	iSCSI-2	192.168.2.68	vmnic3	vmnet2	存储网络 2
	vMotion	192.168.3.68	vmnic4	vmnet3	vMotion 网络
	FT	192.168.4.68	vmnic5	vmnet4	FT 网络
vCenter	N/A	192.168.100.70	Ethernet0	vmnet8	管理网络
PC（本机）	N/A	192.168.100.1	VMware Network Adapter VMnet8	vmnet8	管理网络
	N/A	192.168.200.1	VMware Network Adapter VMnet1	vmnet1	存储网络 1
	N/A	192.168.2.1	VMware Network Adapter VMnet2	vmnet2	存储网络 2

由于需要在同一台 PC 上创建 ESXi1、ESXi2 和 vCenter 三个虚拟机，每个 ESXi 虚拟机的内存至少为 4GB，vCenter 虚拟机的内存至少为 8GB，因此推荐在一台配置有 16GB 内存的 PC 上完成本项目的实验。

项目所需软件列表。
- VMware Workstation 16.1.2。
- VMware vCenter Server 6.7 U3。
- VMware ESXi 6.7 U3。
- Windows Server 2016。
- CentOS 7.7-1908 Minimal ISO。
- Starwind iSCSI SAN & NAS 6.0。

任务 2.1　部署 VMware vCenter Server

2.1.1　VMware vCenter Server 体系结构

1. 什么是 vCenter Server

vCenter Server 是 VMware vSphere 虚拟化架构的核心管理工具，vCenter Server 可以集中管理多台 ESXi 主机及虚拟机，如图 2-3 所示。vCenter Server 是整套 VMware 产品核心中的核心，云计算、监控、自动化运维等各种产品都需要 vCenter Server 的支持。vCenter Server 6.7 的 Web 管理界面全面支持 HTML5，整体的操作界面得到优化，与之前的版本相比较，效率得到了大幅度的提高。

2-1　VMware vCenter Server 体系结构

vCenter Server 提供了 ESXi 主机管理、虚拟机管理、模板管理、虚拟机部署、任务调度、统计与日志、警报与事件管理等特性，vCenter Server 还提供了很多适应现代数据中心的高级特性，如 vSphere vMotion（在线迁移）、vSphere DRS（分布式资源调度）、vSphere HA（高可用性）和 vSphere FT（容错）等。

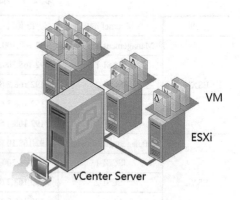

图 2-3　vCenter Server 管理架构

针对不同的应用环境，VMware 在 vSphere 6.7 上提供了两个版本的 vCenter Server：一个是 Windows 版本的 vCenter Server；另一个是 Linux 版本的 vCenter Server Appliance（简称 vCSA）。两个版本在主要功能上几乎没有区别，从官方推荐上来看，使用 Linux 版本的 vCenter Server Appliance 是今后的趋势，推荐在生产环境中使用 Linux 版本的 vCenter Server Appliance。在本项目中，由于安装 Linux 版本的 vCSA 会占用更多的内存空间，因此从方便实验的角度，将使用 Windows 版本的 vCenter Server。在本项目的第 2.2 节中会介绍 Linux 版本的 vCSA 的部署方法。

2．vCenter Server 数据库

为了帮助实现可扩展性，vCenter Server 使用一个外部数据库（包括 SQL Server、Oracle）来存储数据。每个 VM、主机、用户信息等数据都存储在 vCenter Server 数据库中。该数据库可以位于 vCenter Server 的本地主机或远程主机上。

Windows 版本的 vCenter Server 6.7 支持 SQL Server 以及 Oracle 作为其外部数据库。从 vCenter Server 6.0 开始，vCenter Server 自带的数据库不再使用 SQL Server，而是使用 VMware Postgres。

Linux 版本的 vCenter Server Appliance 仅支持 Oracle 作为其外部数据库，而 vCSA 自带的数据库是 VMware Postgres。

3．vCenter Server 体系结构

一个完整的 vCenter Server 部署包括 ESXi 主机、vSphere 客户端、vCenter Server、数据库服务器、SSO（单点登录）和活动目录等几部分组成，其中活动目录不是必需的，如图 2-4 所示。

图 2-4　vCenter Server 体系结构

SSO（Single Sign-On，单点登录）是 vSphere 的身份验证代理和安全令牌交换基础架构。在过去的版本里，当用户在尝试登录到基于活动目录身份认证的 vCenter Server 时，用户输入用户名和密码后，这些数据会直接被发送到活动目录进行校验。这样做的好处是能够优化访问速率，但缺点是 vCenter Server 之类的应用可以直接读取活动目录数据，这可能导致潜在的安全漏洞。另外，由于 vSphere 构建下的周边组件越来越多，每个设备都需要和活动目录进行通信，因此带来的管理工作也较以往更繁重。在这个背景下，SSO 出现了，它要求所有基于 vCenter 或和 vCenter 有关联的组件在访问活动目录之前先访问 SSO。这样，除了解决安全性之外，还降低了用户访问的零散性，变相保证了活动目录的安全性。

PSC（Platform Services Controller，平台服务控制器）可提供 SSO 能够实现的全部功能，此外，它还能提供授权服务、证书服务以及未来可能加入的其他服务。VMware vSphere 6.7 中包含的 PSC 替换了 VMware vSphere 5.×中的 SSO 的功能，并且增加了很多新的重要服务功能。

在少于 8 台 vCenter Server 的环境中，VMware 建议在 vCenter Server 主机中安装 PSC；对于规模更大的环境，VMware 建议在单独的主机上安装 PSC，再将 vCenter Server 连接到 PSC 服务器池。

2.1.2　vCenter Server 的软硬件要求

1．操作系统要求

在 Windows 操作系统中安装 vCenter Server 6.7，需要使用以下版本。
- Windows Server 2012。
- Windows Server 2012 R2。
- Windows Server 2016。

2．CPU 要求

在 Windows 操作系统中安装 vCenter Server 6.7，推荐使用具有 4 核心或以上的 CPU。

3．内存要求

在 Windows 操作系统中安装 vCenter Server 6.7，需要配置 8GB 或以上内存，低于这个要求时，安装会终止。

2.1.3　安装 VMware vCenter Server

本项目将在 VMware Workstation 模拟的 Windows Server 2016 虚拟机中安装 VMware vCenter Server。

1．配置 vCenter Server 基础环境

1）在 VMware Workstation 中创建虚拟机 vCenter Server，运行 Windows Server 2016 操作系统，虚拟机硬件配置如图 2-5 所示。vCenter Server 对 CPU 和内存的要求都比较高，为虚拟机分配的 CPU 核心数至少应为 2 个，内存至少应为 8GB。

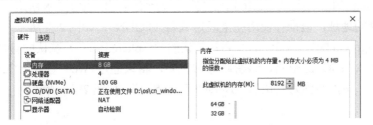

图 2-5　vCenter Server 虚拟机硬件配置

2）在虚拟机中安装好 Windows Server 2016 后，安装 VMware Tools，配置网卡的 IP 地址为 192.168.100.70，子网掩码为 255.255.255.0，默认网关为 192.168.100.2，DNS 服务器为 192.168.100.2。

2. 安装 VMware vCenter Server

下面将在 Windows Server 2016 虚拟机中安装 VMware vCenter Server 6.7。

1）为虚拟机装载 VMware vCenter Server 6.7 的安装光盘，双击光盘盘符，单击"安装"按钮，如图 2-6 所示。

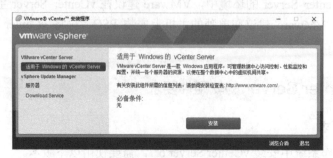

图 2-6　安装 vCenter Server

2）选择部署类型。在这里使用嵌入式部署，将 PSC 和 vCenter Server 安装在同一台主机上，如图 2-7 所示。

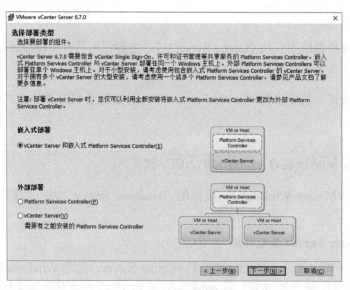

图 2-7　选择部署类型

3）输入 vCenter Server 虚拟机的 IP 地址"192.168.100.70"作为系统名称，如图 2-8 所示。

4）提示 IP 地址是可接受的地址，但推荐使用完全限定域名（FQDN），如图 2-9 所示。

5）进行 vCenter Single Sign-On 配置。SSO 的域名是默认的"vsphere.local"，默认的管理员用户名是"administrator"，输入 SSO 的密码，该密码非常重要，将来通过 Web 登录 vCenter Server 时就需要输入这个密码。站点名称为默认的"Default-First-Site"，如图 2-10 所示。

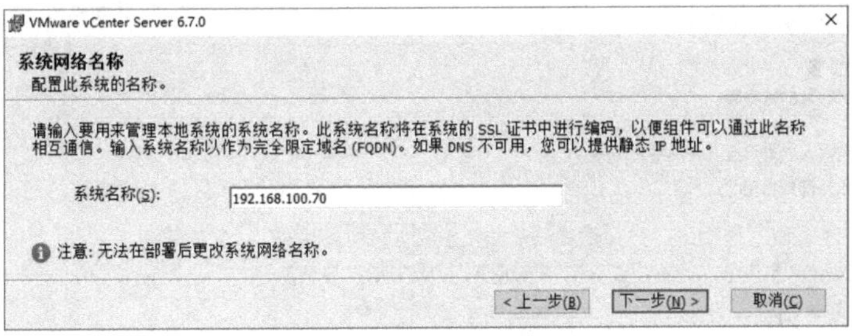

项目 2　使用 vCenter Server 搭建高可用 VMware 虚拟化平台

图 2-8　输入系统名称

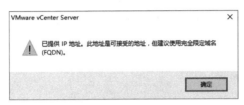

图 2-9　安装提示信息

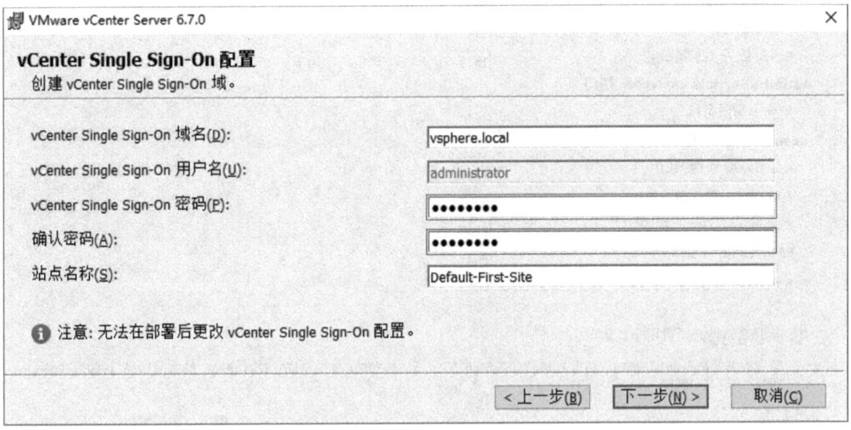

图 2-10　输入 SSO 密码

6）选择使用 Windows 本地系统账户运行 vCenter Server 实例，如图 2-11 所示。

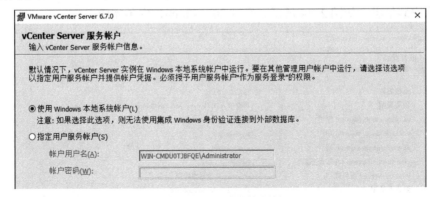

图 2-11　配置服务账户

7）配置数据库。在这里使用嵌入式数据库（VMware Postgres），如图 2-12 所示。

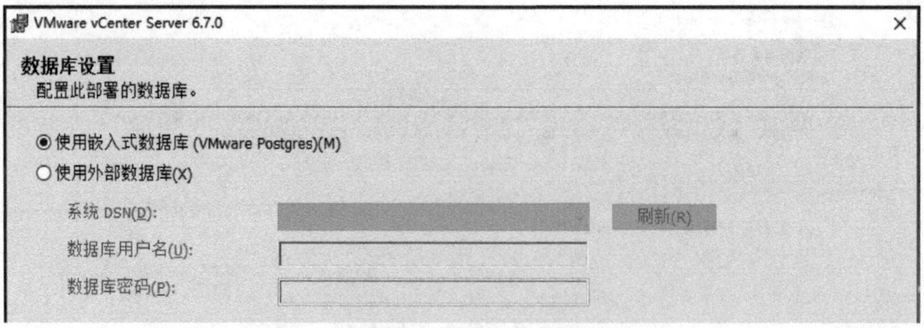

图 2-12 配置数据库

8）配置端口号。在这里全部使用默认端口，如图 2-13 所示。

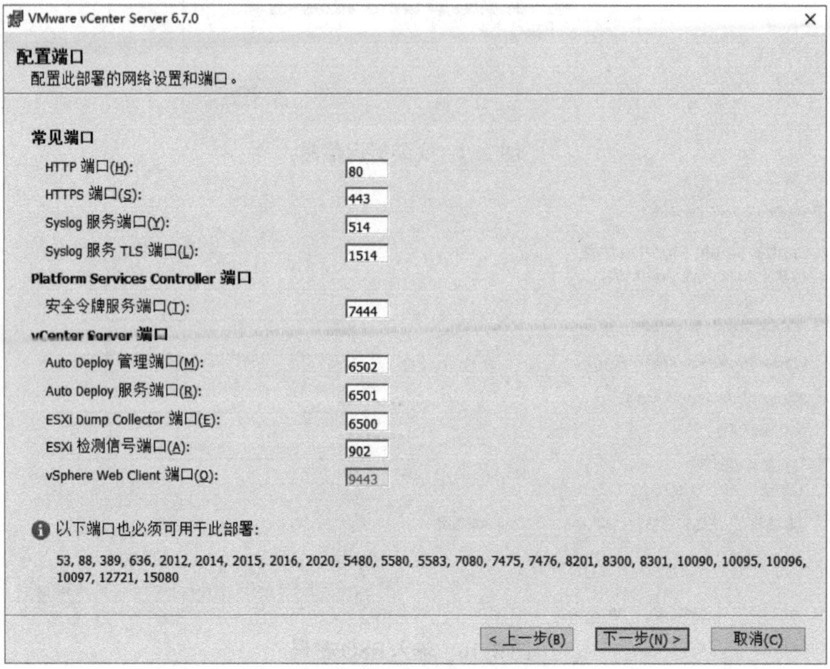

图 2-13 配置端口

9）确认安装信息，如图 2-14 所示。经过 20～40min，安装完成。

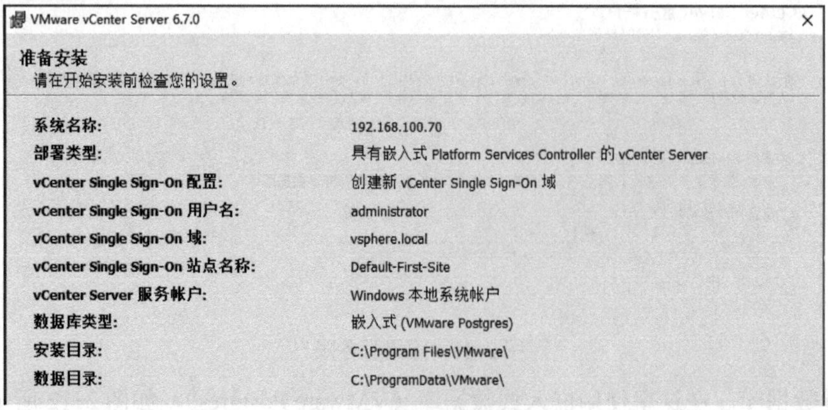

图 2-14 确认安装信息

2.1.4 安装 VMware ESXi

1）在 VMware Workstation 中创建虚拟机 VMware ESXi 6-1，其硬件配置如图 2-15 所示。

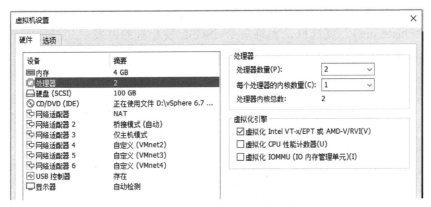

图 2-15　ESXi 虚拟机硬件配置

2）在 VMware Workstation 中创建虚拟机 VMware ESXi 6-2，硬件配置与 VMware ESXi 6-1 相同。

2-3　安装 VMware ESXi

3）为 ESXi1 配置 IP 地址为 192.168.100.67，子网掩码为 255.255.255.0，默认网关为 192.168.100.2，DNS 服务器为 192.168.100.2，如图 2-16 和图 2-17 所示。

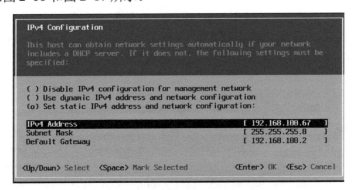

图 2-16　配置 ESXi1 的 IP 地址

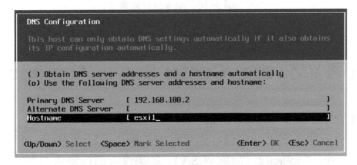

图 2-17　配置 ESXi1 的 DNS 和主机名

4）为 ESXi2 配置 IP 地址为 192.168.100.68，子网掩码为 255.255.255.0，默认网关为 192.168.100.2，DNS 服务器为 192.168.100.2。

2.1.5 配置 iSCSI 共享存储

1）在本机使用 Starwind iSCSI SAN 6.0 创建一个 50GB 的 iSCSI 存储，注意勾选"Allow multiple concurrent iSCSI connections（clustering）"复选框，允许多个 iSCSI 发起者的并发连接，如图 2-18 所示。

2-4 配置 iSCSI 共享存储

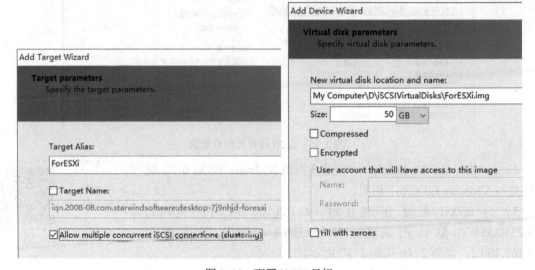

图 2-18 配置 iSCSI 目标

2）配置访问权限，只允许来自 ESXi 主机的 IP 地址 192.168.200.67、192.168.2.67、192.168.200.68、192.168.2.68 的连接，如图 2-19 所示。

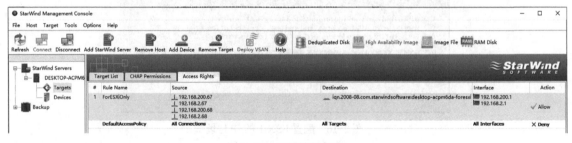

图 2-19 配置访问权限

任务 2.2 部署 VMware vCenter Server Appliance

在任务 2.1 中介绍了基于 Windows 的 vCenter Server 的安装方法，如果读者是在物理服务器上做实验，也可以安装基于 Linux 的 VMware vCenter Server Appliance（简称 vCSA）。如果读者的机器内存为 16GB，则不建议安装 VMware vCenter Server Appliance，使用 Windows 版的 vCenter Server 即可。

2-5 准备 ESXi 主机

2.2.1 准备 ESXi 主机

下面将在 ESXi 主机 192.168.100.71 上安装 VMware vCenter Server Appliance，vCSA 的 IP 地址为 192.168.100.72（ESXi 主机的内存至少需要 12GB）。

1）在 VMware Workstation 中创建虚拟机 VMware ESXi 6.7，配置如图 2-20 所示。

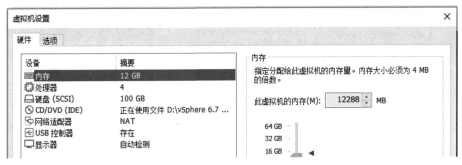

图 2-20　准备 ESXi 主机

2）为 ESXi 主机配置 IP 地址为 192.168.100.71，子网掩码为 255.255.255.0，默认网关为 192.168.100.2，DNS 服务器为 192.168.100.2。

2.2.2 安装 VMware vCenter Server Appliance

1）使用虚拟光驱软件挂载 VMware-VCSA-all-6.7.0-15132721.iso（如果是 Windows 10 系统，可直接双击 ISO 文件进行挂载）。

2）进入 vcsa-ui-installer\win32 目录，双击 installer.exe，"Install" 选项，如图 2-21 所示。

2-6　安装 VMware vCenter Server Appliance

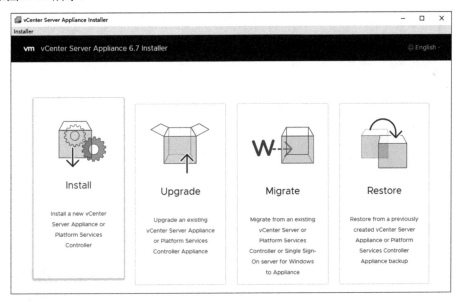

图 2-21　开始安装 vCSA

3）选择 "Embedded Platform Services Controller" 单选按钮，如图 2-22 所示。

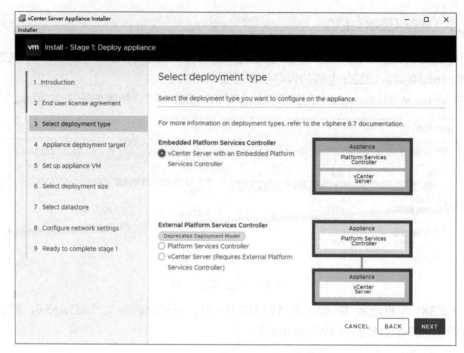

图 2-22 选择安装方式

4）输入 ESXi 主机的 IP 地址、用户名 root 和密码，如图 2-23 所示。

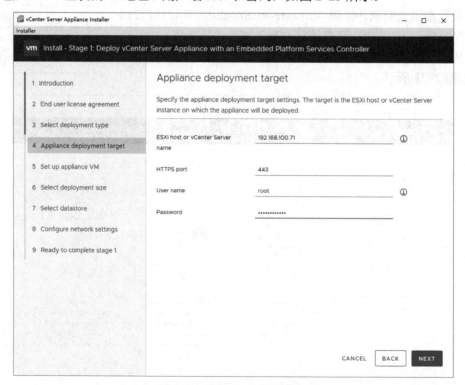

图 2-23 输入 ESXi 主机信息

5）单击"YES"按钮接受 ESXi 主机的身份信息，如图 2-24 所示。

项目2 使用vCenter Server搭建高可用VMware虚拟化平台

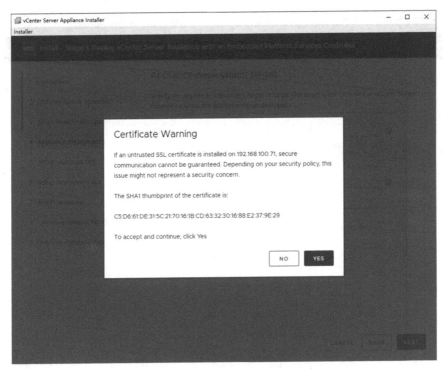

图2-24 接受ESXi主机的身份信息

6）设置vCSA虚拟机的名称，以及root用户的密码，该密码用于vCSA的后台管理，如图2-25所示。

图2-25 设置vCSA的root用户的密码

7）设置部署的大小，在这里使用Tiny尺寸，使用两个vCPU、10GB内存、300GB存储，支持的ESXi主机最大数量为10台，虚拟机数量为100个，如图2-26所示。

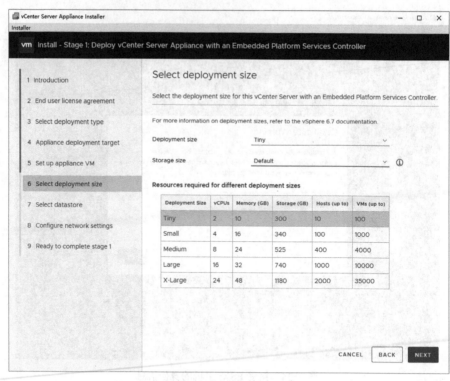

图 2-26　设置部署的大小

8）选择存储为 ESXi 主机的内置存储 datastore1，并勾选 "Enable Thin Disk Mode"（精简置备）复选框，如图 2-27 所示。

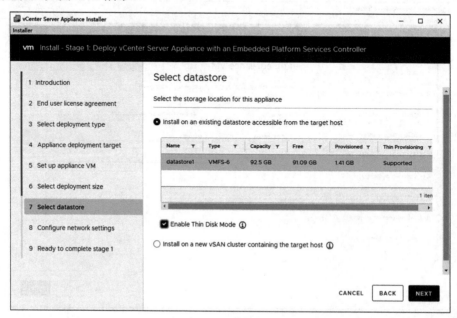

图 2-27　选择存储

9）输入 vCSA 虚拟机的 IP 地址 "192.168.100.72"，子网掩码为 255.255.255.0，默认网关为 192.168.100.2，DNS 服务器为 192.168.100.2，其他选项保持默认设置，如图 2-28 所示。

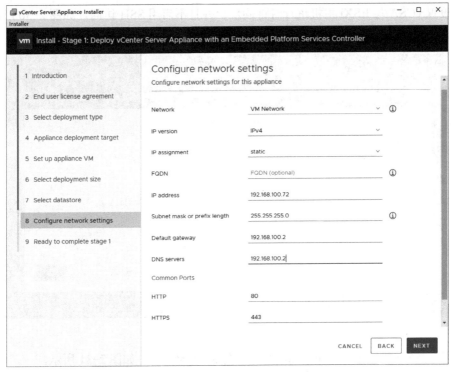

图 2-28　设置 IP 地址

10）确认配置，开始 vCSA 第一阶段的安装。安装大约需要 10～20min，安装完成后，单击"Continue"按钮进入 vCSA 第二阶段的安装，如图 2-29 所示。

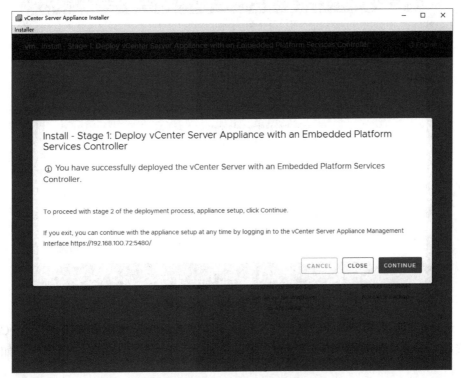

图 2-29　完成第一阶段的安装

11)设置 vCSA 与 ESXi 主机进行时钟同步,并且不启用 SSH 访问,如图 2-30 所示。

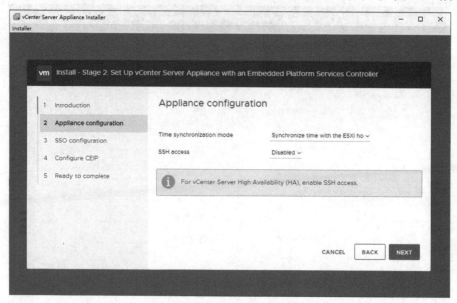

图 2-30 设置时钟同步和 SSH

12)输入 SSO 的域名"vsphere.local",设置 SSO 的密码,如图 2-31 所示。

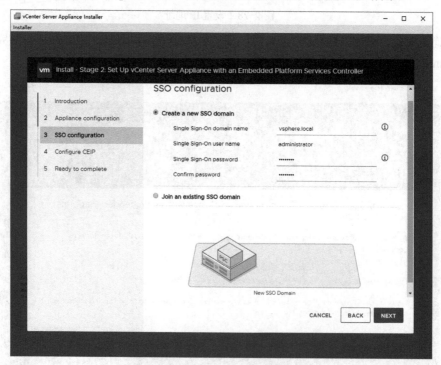

图 2-31 设置 SSO 域名和密码

13)选择是否加入客户体验增强计划,确认安装设置后单击"OK"按钮,开始 vCSA 第二阶段的安装。安装大约需要 10~20min,安装完成后,单击"Close"按钮退出,如图 2-32 所示。

项目 2　使用 vCenter Server 搭建高可用 VMware 虚拟化平台

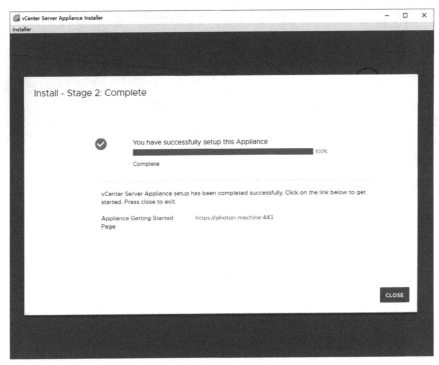

图 2-32　完成 vCSA 安装

14）在本机的浏览器中输入"https://192.168.100.72"，可访问 vCSA 的用户界面，如图 2-33 所示。

15）在本机的浏览器中输入"https://192.168.100.72:5480"，可访问 vCSA 的后台管理界面，如图 2-34 所示。输入用户名"root"，密码为 vCSA 部署第一阶段设置的密码。进入后，在"操作"菜单中可进行 vCSA 的关机或重启。

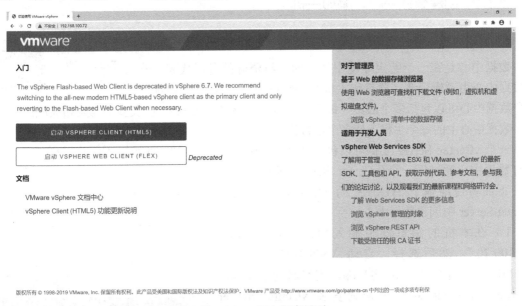

图 2-33　vCSA 用户界面

图 2-34 vCSA 后台管理

任务 2.3　使用 vSphere Client 管理虚拟机

在任务 2.1 和任务 2.2 中分别介绍了 Windows 版的 VMware vCenter Server 和 Linux 版的 VMware vCenter Server Appliance 的安装方法，在任务 2.3 中，将使用 Windows 版 VMware vCenter Server 来管理虚拟机，包括创建数据中心、添加主机、配置虚拟网络、配置存储适配器、新建数据存储、上传操作系统 ISO 镜像文件、配置虚拟机端口组、创建虚拟机等。

2.3.1　创建数据中心、添加主机

1. 创建数据中心

数据中心是在一个特定环境中使用的一组资源的逻辑代表。一个数据中心由逻辑资源（群集和主机）、网络资源和存储资源组成。一个数据中心可以包括多个群集（每个群集可以包含多个主机），以及多个与其相关联的存储资源。数据中心中的每个主机支持多个虚拟机。

2-7　创建数据中心、添加主机

一个 vCenter Server 实例可以包含多个数据中心，所有数据中心通过同一个 vCenter Server 进行统一管理。下面将使用基于 HTML5 的 vSphere 客户端在 vCenter Server 中创建数据中心。

1）在本机的浏览器中输入地址"https://192.168.100.70"，然后选择"启动 VSPHERE CLIENT（HTML5）"访问 vSphere 客户端，用户名为"administrator@vsphere.local"，密码为安装 vCenter Server 时设置的密码，登录到 vCenter Server，如图 2-35 所示。

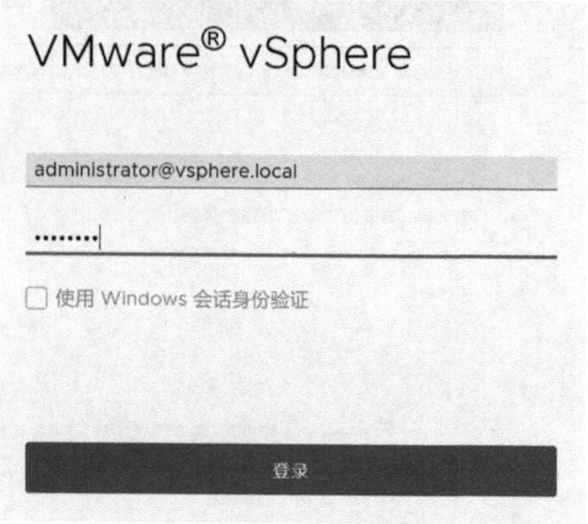

图 2-35　登录到 vCenter Server

2）单击"主机和群集"图标，右击 192.168.100.70，在弹出的快捷菜单中选择"新建数据中心"选项，如图 2-36 所示（vSphere Client 的左上方有 4 个图标，分别是"主机和群集""虚拟机和模板""存储""网络"）。

图 2-36 创建数据中心

3）输入数据中心名称"Datacenter"，如图 2-37 所示。

2. 添加主机

为了让 vCenter Server 管理 ESXi 主机，必须先将 ESXi 主机添加到 vCenter Server。将一个 ESXi 主机添加到 vCenter Server 时，它会自动在 ESXi 主机上安装一个 vCenter 代理，vCenter Server 通过这个代理与 ESXi 主机通信。

图 2-37 输入数据中心名称

1）右击数据中心 Datacenter，在弹出的快捷菜单中选择"添加主机"选项，如图 2-38 所示。

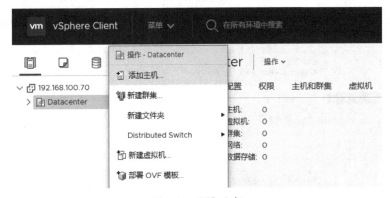

图 2-38 添加主机

2）输入 ESXi1 主机的 IP 地址"192.168.100.67"，如图 2-39 所示。

图 2-39　输入 ESXi1 主机的域名

3）输入 ESXi1 主机的用户名和密码，如图 2-40 所示。单击"YES"按钮确认主机身份信息。

图 2-40　输入 ESXi1 主机的用户名和密码

4）显示 ESXi1 主机的摘要信息，包括名称、供应商、主机型号、版本和主机中的虚拟机列表，如图 2-41 所示。

图 2-41　ESXi1 主机的摘要信息

5）为 ESXi1 主机分配许可证，如图 2-42 所示。如果不分配许可证，可以试用 60 天。

图 2-42　为 ESXi1 主机分配许可证

6）设置是否启用锁定模式，如果启用了锁定模式，管理员就不能够使用 vSphere 客户端直接登录到 ESXi 主机，只能通过 vCenter Server 对 ESXi 主机进行管理。在这里不启用锁定模式，如图 2-43 所示。

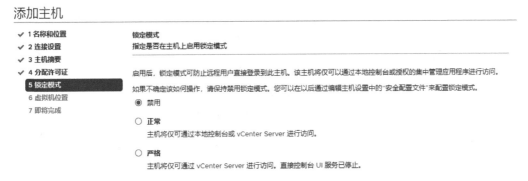

图 2-43　不启用锁定模式

7）选择虚拟机的保存位置为数据中心"Datacenter"，如图 2-44 所示。

8）使用相同的方法添加另一台 ESXi 主机"192.168.100.68"。在图 2-45 中，两台 ESXi 主机都已经添加到 vCenter Server 中。

图 2-44　选择虚拟机的保存位置

图 2-45　添加另一台 ESXi 主机

2.3.2　将 ESXi 连接到 iSCSI 共享存储

下面将 ESXi 主机 192.168.100.67 连接到 iSCSI 共享存储。

1. 配置虚拟网络

1）选中 ESXi 主机"192.168.100.67"，在中间窗格中依次选择"配置"→"网络"→"VMkernel 适配器"，单击"添加网络"按钮，如图 2-46 所示。

2-8　将 ESXi 连接到 iSCSI 共享存储

图 2-46　添加 VMkernel 适配器

2）选择"VMkernel 网络适配器"单选按钮，如图 2-47 所示。

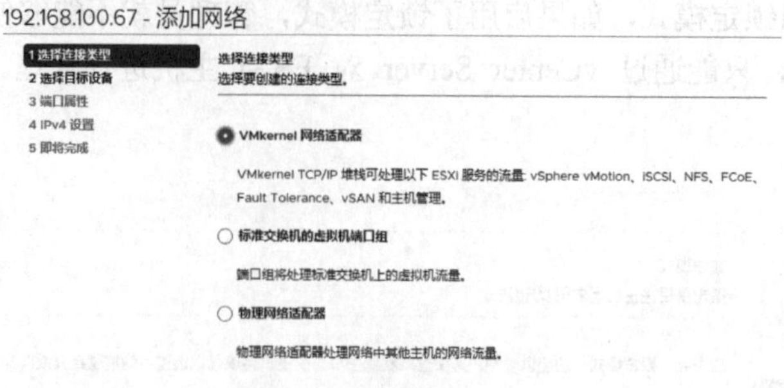

图 2-47　选择连接类型

3）选择"新建标准交换机"单选按钮，如图 2-48 所示。

图 2-48　新建标准交换机

4）单击"添加适配器"按钮，如图 2-49 所示。

图 2-49　添加适配器

5）选中 ESXi 主机的网络适配器 vmnic2，如图 2-50 所示。

图 2-50　添加网络适配器

6）配置 VMkernel 端口的网络标签为"iSCSI-1"，在"可用服务"列表中不需要启用任何服务，如图 2-51 所示。

图 2-51　配置端口属性

7）配置 VMkernel 端口的 IP 地址为 192.168.200.67，子网掩码为 255.255.255.0，如图 2-52 所示。

图 2-52　配置 IP 地址和子网掩码

8）完成 VMkernel 端口添加。

9）再次单击"添加网络"按钮，添加 VMkernel 适配器，新建标准交换机，选择适配器为 vmnic3，配置 VMkernel 端口的网络标签为"iSCSI-2"，配置 VMkernel 端口的 IP 地址为 192.168.2.67，子网掩码为 255.255.255.0，完成添加 VMkernel 端口。

2. 配置存储适配器

1）选中 ESXi 主机"192.168.100.67"，依次选择"配置"→"存储"→"存储适配器"，单击"添加软件适配器"按钮，如图 2-53 所示。

图 2-53　添加软件 iSCSI 适配器-1

2）选择"添加软件 iSCSI 适配器"单选按钮，如图 2-54 所示。

图 2-54　添加软件 iSCSI 适配器-2

3）选中 iSCSI 软件适配器"vmhba65"，选择"网络端口绑定"选项卡，单击"添加"按钮，如图 2-55 所示。

图 2-55　网络端口绑定

4）选中 VMkernel 端口"iSCSI-1"和"iSCSI-2"，如图 2-56 所示。

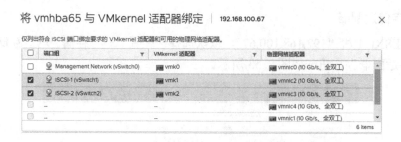

图 2-56　选中 VMkernel 端口

5）切换到"动态发现"选项卡，单击"添加"按钮，如图 2-57 所示。

项目 2　使用 vCenter Server 搭建高可用 VMware 虚拟化平台

图 2-57　添加 iSCSI 目标

6）输入 iSCSI 目标服务器的 IP 地址，在这里为本机 VMware Network Adapter VMnet1 虚拟网卡的 IP 地址"192.168.200.1"，如图 2-58 所示。

7）再次在"动态发现"选项卡中单击"添加"按钮，输入本机 VMware Network Adapter VMnet2 虚拟网卡的 IP 地址"192.168.2.1"，如图 2-59 所示。

图 2-58　输入 iSCSI 目标服务器的 IP 地址-1　　　图 2-59　输入 iSCSI 目标服务器的 IP 地址-2

8）单击"重新扫描适配器"按钮，如图 2-60 所示。

图 2-60　重新扫描主机上的所有存储适配器

3. 新建数据存储

1）右击主机"192.168.100.67"，选择"存储"→"新建数据存储"选项，如图 2-61 所示，开始在主机 192.168.100.67 上创建新的数据存储。

图 2-61　新建数据存储

2）选择数据存储类型"VMFS"，如图 2-62 所示。

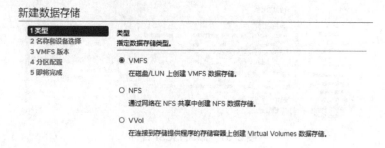

图 2-62　选择数据存储类型

3）输入数据存储名称"iSCSI-Starwind"，选中 iSCSI 目标的 LUN"ROCKET iSCSI Disk"，如图 2-63 所示。

图 2-63　输入数据存储名称

4）选择文件系统版本"VMFS 6"，如图 2-64 所示。

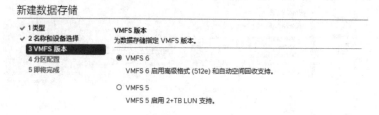

图 2-64　选择 VMFS 版本

5）分区配置选择"使用所有可用分区"选项，如图 2-65 所示。

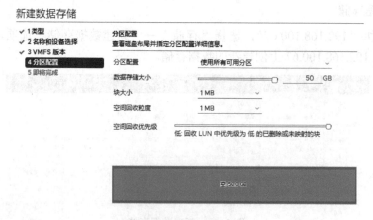

图 2-65　选择分区配置

6)完成新建数据存储。

使用相同的方法为 ESXi 主机 192.168.100.68 配置虚拟网络、添加存储适配器、连接到 iSCSI 存储 iSCSI-Starwind。以下为不同的配置。

配置 VMkernel 端口 iSCSI-1 的 IP 地址为 192.168.200.68,子网掩码为 255.255.255.0,如图 2-66 所示。

图 2-66 配置 IP 地址和子网掩码-1

配置 VMkernel 端口 iSCSI-2 的 IP 地址为 192.168.2.68,子网掩码为 255.255.255.0,如图 2-67 所示。

重新扫描存储适配器后,不需要创建新存储,系统会自动添加 iSCSI 存储,如图 2-68 所示。

2.3.3 使用共享存储创建虚拟机

下面把 Windows Server 2016 的 ISO 安装文件上传到 iSCSI 存储中。创建虚拟机端口组,创建新的虚拟机,并将虚拟机保存在 iSCSI 共享存储中。在虚拟机中安装 Windows Server 2016 操作系统,并为虚拟机创建快照。

2-9 使用共享存储创建虚拟机

图 2-67 配置 IP 地址和子网掩码-2

1. 上传操作系统 ISO 镜像文件

1)单击"存储"图标,选中"iSCSI-Starwind",单击"文件"→"新建文件夹",如图 2-69 所示。

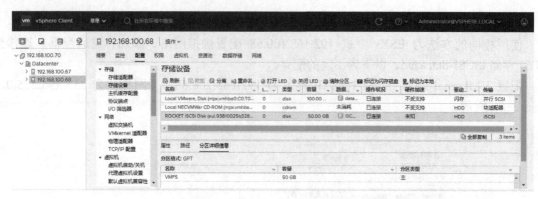

图 2-68　ESXi2 主机的数据存储

图 2-69　创建新的文件夹

2）输入文件夹名称 "ISO"。

3）进入 ISO 目录，单击 "上载文件" 按钮，如图 2-70 所示。

4）浏览找到 Windows Server 2016 的 ISO 安装文件，如图 2-71 所示。

5）出现 "操作失败" 的提示，单击 "详细信息" 链接，信息如图 2-72 所示。

6）重新打开 https://192.168.100.70，单击右下角的 "下载受信任的根 CA 证书" 超链接，如图 2-73 所示（如果不能下载，可以换用其他浏览器下载）。

图 2-70　将文件上载到数据存储。

图 2-71　选择 ISO 文件

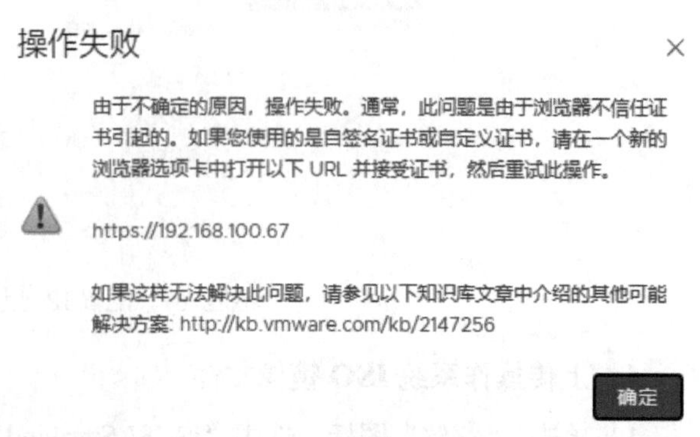

图 2-72　文件上传失败

项目 2　使用 vCenter Server 搭建高可用 VMware 虚拟化平台

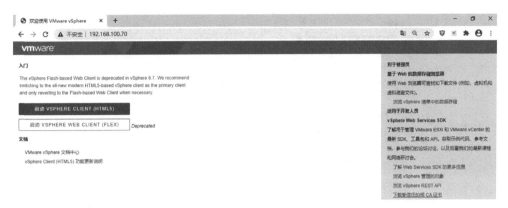

图 2-73　下载证书

7）将证书解压缩，在 win 目录中得到 7252cde7.0.crt 和 7252cde7.r0.crl 两个文件，如图 2-74 所示。

图 2-74　证书文件

8）打开浏览器的设置（以 Chrome 为例），在"安全和隐私设置"中单击"安全"，单击"管理证书"。切换到"受信任的根证书颁发机构"选项卡，单击"导入"按钮，如图 2-75 所示。

9）浏览打开 win 目录中的 7252cde7.0.crt 文件，如图 2-76 所示。

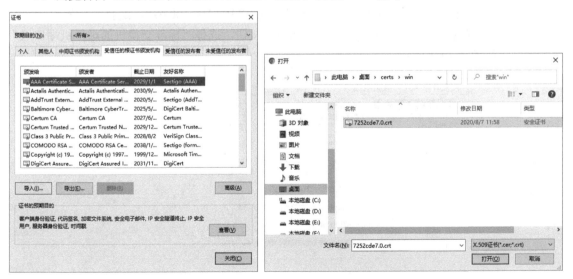

图 2-75　导入证书-1　　　　　　　　图 2-76　导入证书-2

10）将证书放入"受信任的根证书颁发机构"中存储，如图 2-77 所示。

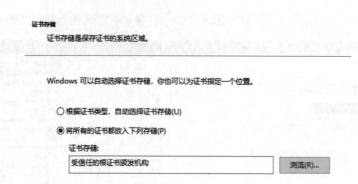

图 2-77 指定证书位置

11）关闭浏览器重新打开 vCenter Server 的用户界面，现在可以正常上传了，如图 2-78 所示。

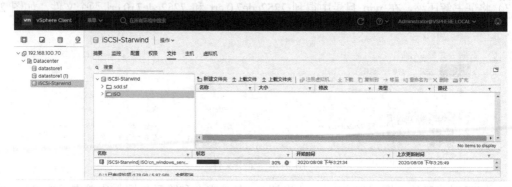

图 2-78 文件上传中

2．配置虚拟机端口组

1）单击"主机和集群"图标，选中 ESXi 主机"192.168.100.67"，选择"配置"→"网络"→"虚拟交换机"，单击右上方的"添加网络"按钮，选择"标准交换机的虚拟机端口组"单选按钮，如图 2-79 所示。

图 2-79 选择连接类型

2）选择"新建标准交换机"单选按钮。

3）将网络适配器 vmnic1 添加到活动适配器，如图 2-80 所示。

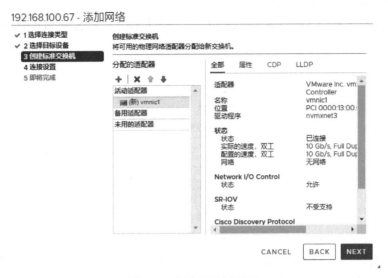

图 2-80　添加网络适配器

4）输入网络标签"ForVM"，如图 2-81 所示。

图 2-81　输入网络标签

至此完成虚拟机端口组创建。

5）在 ESXi 主机 192.168.100.68 中使用相同的方法创建虚拟机端口组 ForVM，绑定到网络适配器 vmnic1，如图 2-82 所示。

图 2-82　ESXi 主机 192.168.100.68 的虚拟机端口组

3. 创建虚拟机

下面将在 ESXi 主机 192.168.100.67 上创建并安装 Windows Server 2016 虚拟机。

1)单击"主机和群集"图标,右击主机"192.168.100.67",在弹出的快捷菜单中选择"新建虚拟机"选项。

2)选择"创建新虚拟机"选项。

3)输入虚拟机名称"WindowsServer2016",虚拟机保存位置选择"Datacenter",如图 2-83 所示。

图 2-83 输入虚拟机名称

4)选择计算资源,选中 ESXi 主机"192.168.100.67",如图 2-84 所示。

5)存储器选择"iSCSI-Starwind",将虚拟机放置在 iSCSI 共享存储中,如图 2-85 所示。

6)兼容性选择"ESXi 6.7 及更高版本"。

7)客户机操作系统系列选择"Windows",客户机操作系统版本为"Microsoft Windows Server 2016 或更高版本"。

8)开始自定义硬件,将 CPU 设置为 1 个,内存设置为 1GB,将磁盘置备方式设置为"精简置备",如图 2-86 所示。

图 2-84 选择计算资源

9)在"新的 CD/DVD 驱动器"中,选择"数据存储 ISO 文件",浏览找到安装 Windows Server 2016 的 ISO 文件,如图 2-87 所示。

10)在"新网络"中选择虚拟机端口组"ForVM",新的 CD/DVD 驱动器选择"连接",如图 2-88 所示。

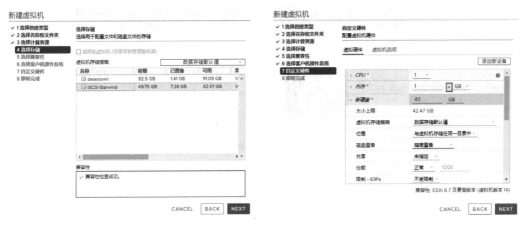

图 2-85　选择存储器　　　　　图 2-86　设置内存大小和硬盘置备方式

图 2-87　选择 ISO 文件

至此完成新虚拟机创建。

4．安装虚拟机操作系统

1）右击虚拟机 WindowsServer2016，在弹出的快捷菜单中选择"启动"→"打开电源"选项。

2）切换到"摘要"选项卡，单击"启动 Remote Console"，如果计算机中已安装 VMware Workstation，则可以在 VMware Workstation 中管理虚拟机，否则可以单击"下载 Remote Console"，使用 Remote Console 操作虚拟机，如图 2-89 所示。

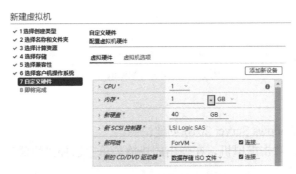

图 2-88　配置虚拟机端口组等

图 2-89　打开远程控制台

3）在虚拟机中安装 Windows Server 2016 操作系统，如图 2-90 所示。

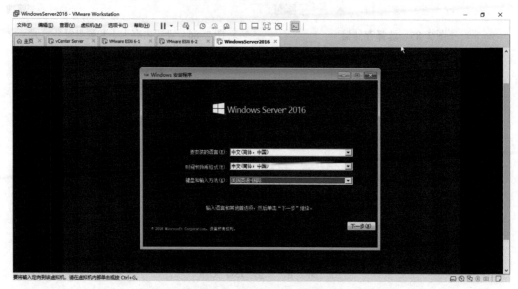

图 2-90　安装客户机操作系统

4）客户机操作系统安装完成后，单击"安装 VMware Tools"超链接，如图 2-91 所示。

5）双击光盘驱动器盘符，开始安装 VMware Tools。安装完 VMware Tools 后，重新启动客户机操作系统。

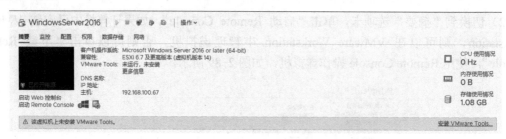

图 2-91　安装 VMware Tools

5．创建快照

下面将为虚拟机 Windows Server 2016 创建快照。

1）将虚拟机关机，右击虚拟机，在弹出的快捷菜单中选择"快照"→"生成快照"选项，如图 2-92 所示。

项目 2　使用 vCenter Server 搭建高可用 VMware 虚拟化平台

2）输入快照名称"system-ok",描述为"刚安装好操作系统",如图 2-93 所示。

图 2-92　生成快照

图 2-93　输入快照名称和描述

任务 2.4　使用模板批量部署虚拟机

如果需要在一个虚拟化架构中创建多个具有相同操作系统的虚拟机（如创建多个操作系统为 Windows Server 2016 的虚拟机），使用模板可以大大减少工作量。模板是一个预先配置好的虚拟机的备份，也就是说，模板是由现有的虚拟机创建出来的。

要使用虚拟机模板，需要首先使用 ISO 文件安装一个虚拟机操作系统。虚拟机操作系统安装完成后，安装 VMware Tools，同时可以安装必要的软件，然后将虚拟机转换或克隆为模板，以便将来随时使用此模板部署新的虚拟机。从一个模板创建出来的虚拟机会具有与原始虚拟机相同的网卡类型和驱动程序，但是会拥有不同的 MAC 地址。

如果需要使用模板部署多台 Windows 虚拟机以加入同一个活动目录域，每个虚拟机的操作系统必须具有不同的 SID。SID（Security Identifier，安全标识符）。SID 是 Windows 操作系统用来标识用户、组和计算机账户的唯一号码。Windows 操作系统会在安装时自动生成唯一的 SID。在从模板部署虚拟机时，vCenter Server 支持使用 sysprep 工具为虚拟机操作系统创建新的 SID。

2.4.1　将虚拟机转换为模板和创建自定义规范

1．将虚拟机转换为模板

下面将把虚拟机 WindowsServer2016 转换成模板。

1）关闭虚拟机 WindowsServer2016，在虚拟机名称处右击，选择"模板"→"转换成模板"选项，如图 2-94 所示。

2-10　将虚拟机转换为模板和创建自定义规范

图 2-94　将虚拟机转换成模板

2）将虚拟机转换成模板之后，在"主机和群集"中就看不到原始虚拟机了，在"虚拟机和模板"中可以看到转换后的虚拟机和模板，如图 2-95 所示。

2. 创建自定义规范

下面将为 Windows Server 2016 操作系统创建新的自定义规范，当使用模板部署虚拟机时，可以调用此自定义规范。

1）在"菜单"→"策略和配置文件"中，选择"虚拟机自定义规范"，单击"新建"按钮，如图 2-96 所示。

图 2-95　虚拟机和模板

图 2-96　创建新规范

2）输入自定义规范名称"Windows Server 2016"，目标客户机操作系统选择"Windows"，注意"生成新的安全身份（SID）"已经默认选中，如图 2-97 所示。

提示：SID 是安装 Windows 操作系统时自动生成的，在活动目录域中，每台成员服务器的 SID 必须不相同。如果部署的 Windows 虚拟机需要加入域，则必须生成新的 SID。

3）配置客户机操作系统的名称和单位，如图 2-98 所示。

图 2-97　输入自定义规范的名称

图 2-98　配置客户机操作系统的名称和单位

项目 2 　使用 vCenter Server 搭建高可用 VMware 虚拟化平台

4）设置计算机名称，在这里选择 "在克隆/部署向导中输入名称" 单选按钮，如图 2-99 所示。

5）输入 Windows 产品密钥，如图 2-100 所示。如果使用 KMS 激活方式，则不需要输入密钥。

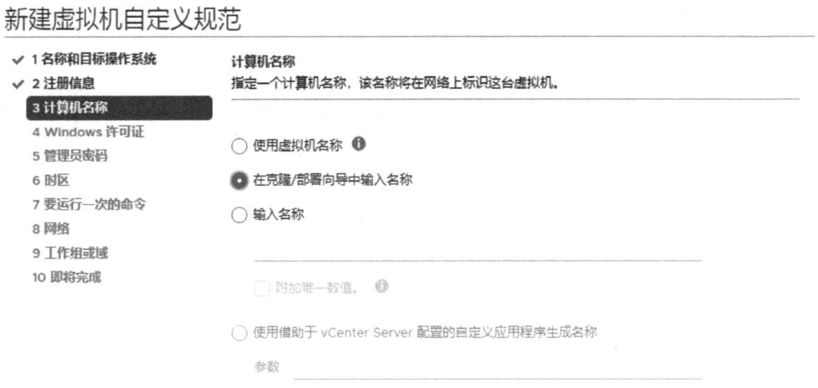

图 2-99　设置计算机名称

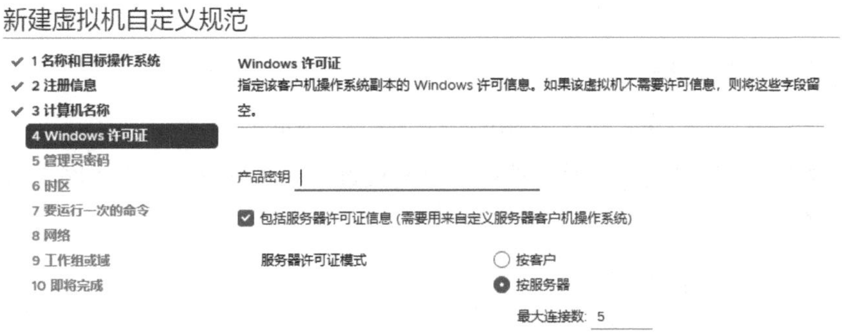

图 2-100　输入产品密钥

6）设置管理员 Administrator 的密码，如图 2-101 所示。

7）设置时区为 "（UTC+08:00）北京，重庆，香港特别行政区，乌鲁木齐"，如图 2-102 所示。

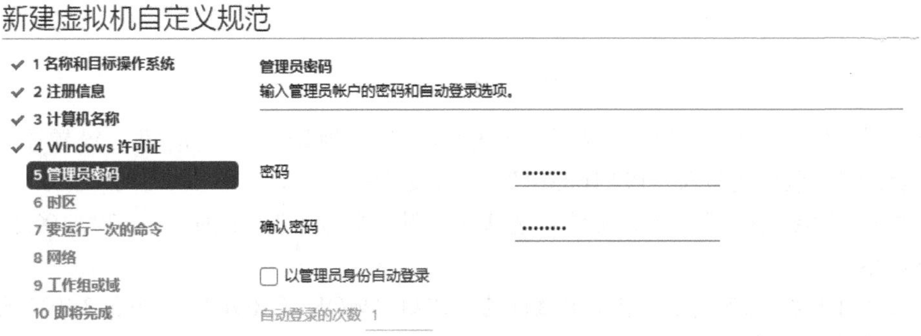

图 2-101　设置管理员的密码

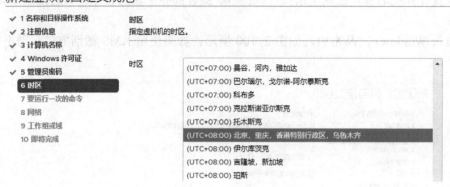

图 2-102　设置时区

8）设置用户首次登录系统时运行的命令，在这里不运行任何命令，如图 2-103 所示。

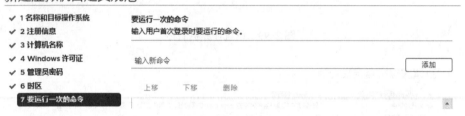

图 2-103　设置用户首次登录系统时运行的命令

9）配置网络，在这里选择"手动选择自定义设置"单选按钮，选中"网卡 1"，单击"编辑"按钮，如图 2-104 所示。

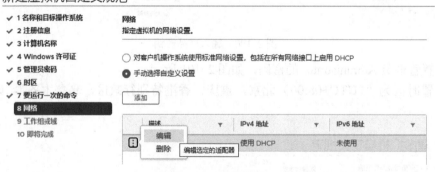

图 2-104　配置网络

10）选择"当使用规范时，提示用户输入 IPv4 地址"单选按钮，设置子网掩码为"255.255.255.0"，默认网关为"192.168.0.1"，如图 2-105 所示。

11）切换到"DNS"选项卡，配置首选 DNS 服务器为运营商的服务器 202.102.128.68，如图 2-106 所示。

12）设置工作组或域，在这里使用默认的工作组"WORKGROUP"，如图 2-107 所示。
完成自定义规范的创建。

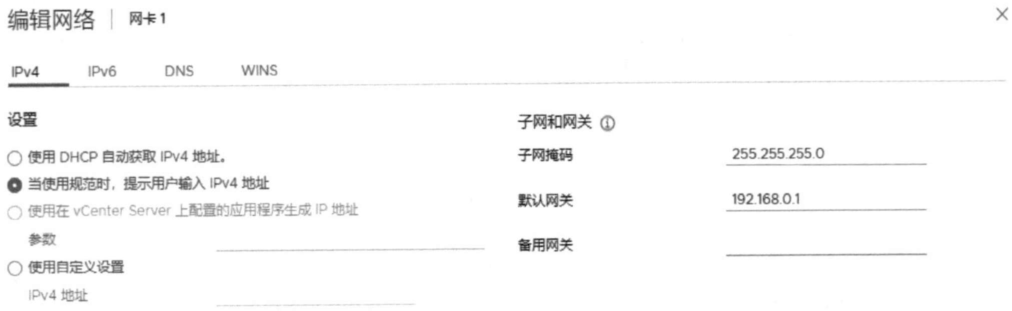

图 2-105　配置 IP 地址

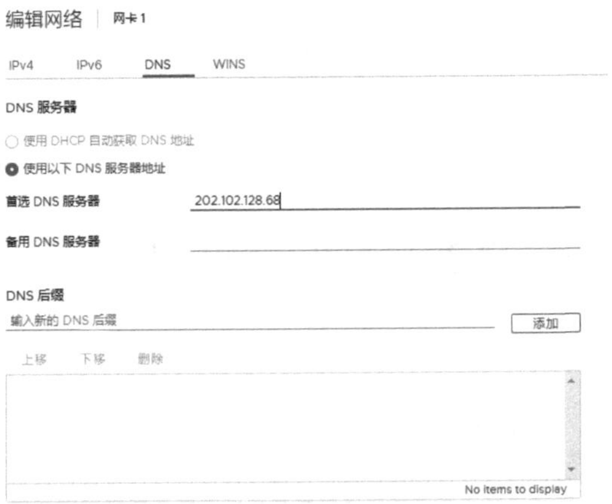

图 2-106　配置 DNS 服务器 　　　　　　　　图 2-107　设置工作组或域

2.4.2　从模板部署新的虚拟机和将模板转换为虚拟机

1. 从模板部署新的虚拟机

下面将从虚拟机模板 WindowsServer2016 部署一个新的虚拟机"Web Server",调用刚创建的自定义规范,并进行自定义。

2-11　从模板部署新的虚拟机和将模板转换为虚拟机

1)单击"虚拟机和模板"图标,右击虚拟机模板"WindowsServer2016",选择"从此模板新建虚拟机"选项,如图 2-108 所示。

图 2-108　从模板部署新的虚拟机

2)输入虚拟机名称"Web Server",虚拟机保存位置选择"Datacenter",如图 2-109 所示。

图 2-109　输入虚拟机名称

3）计算资源选择"192.168.100.68"，如图 2-110 所示。

图 2-110　选择计算资源

4）虚拟磁盘格式选择"与源格式相同"，存储选择"iSCSI-Starwind"，如图 2-111 所示。

图 2-111　选择虚拟磁盘格式和存储器

5）在"选择克隆选项"中，勾选"自定义操作系统"和"创建后打开虚拟机电源"，如图 2-112 所示。

图 2-112　选择克隆选项

6）选中之前创建的自定义规范"Windows Server 2016"，如图 2-113 所示。

图 2-113　选中自定义规范

7）输入虚拟机的计算机名称"WebServer"，网络适配器 1 的 IP 地址为"192.168.0.101"，如图 2-114 所示。

图 2-114　输入计算机名称和网络适配器 1 的 IP 地址

至此完成从模板部署虚拟机。在近期任务中，可以看到正在克隆新的虚拟机，部署完成后，新的虚拟机会自动启动，可以登录操作系统，检查新虚拟机的 IP 地址、主机名等信息是否正确，如图 2-115 所示。

图 2-115　检查新虚拟机的配置

2. 将模板转换为虚拟机

在进行后面的内容之前，在这里先把模板 WindowsServer2016 转换回虚拟机。

1）右击模板"WindowsServer2016"，在弹出的快捷菜单中选择"转换为虚拟机"选项，如图 2-116 所示。

2）计算资源选择"192.168.100.67"，完成将模板转换成虚拟机。

3）在虚拟机设置中，将虚拟机名称改为"Database Server"，如图 2-117 所示。

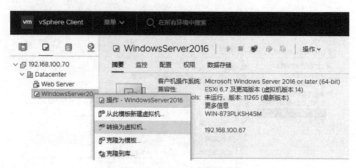

图 2-116　将模板转换为虚拟机

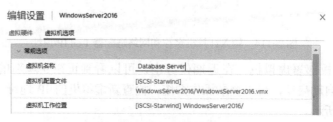

图 2-117　更改虚拟机名称

4）在"主机和群集"中显示两个虚拟机，如图 2-118 所示。这两个虚拟机将在任务 2.5～2.7 中使用。

图 2-118　两个虚拟机 Database Server 和 Web Server

2.4.3　批量部署 CentOS 7 虚拟机

以上介绍了使用模板批量部署 Windows 虚拟机的方法，对于 CentOS 7 虚拟机，必须在将虚拟机转换为模板之前对操作系统进行一系列修改，具体操作如下。

1）首先要在虚拟机中安装 VMware Tools，要启用网卡，并使用 DHCP 地址获取方式。

```
[root@localhost ~]# yum -y install perl        # 如果CentOS 7采用了最小化安装，则需
                                                 要安装perl
[root@localhost ~]# cd vmware-tools-distrib    # 先解压VMware Tools压缩包，然后进入
                                                 安装目录
[root@localhost vmware-tools-distrib]# ./vmware-install.pl  # 安装VMware Tools
[root@localhost ~]# grep -E "ONBOOT|BOOTPROTO" /etc/sysconfig/network-scripts/ifcfg-ens192
BOOTPROTO=dhcp
ONBOOT=yes
```

2）停止日志服务。

```
[root@localhost ~]# service rsyslog stop
[root@localhost ~]# service auditd stop
```

2-12 批量部署 CentOS 7 虚拟机

3）删除旧内核。

```
[root@localhost ~]# yum -y install yum-utils
[root@localhost ~]# package-cleanup --oldkernels --count=1
```

4）清除 YUM 缓存。

```
[root@localhost ~]# yum clean all
```

5）删除日志。

```
[root@localhost ~]# logrotate -f /etc/logrotate.conf
[root@localhost ~]# rm -f /var/log/*-???????? /var/log/*.gz
[root@localhost ~]# rm -f /var/log/dmesg.old
[root@localhost ~]# rm -rf /var/log/anaconda
```

6）缩短审计日志。

```
[root@localhost ~]# cat /dev/null > /var/log/audit/audit.log
[root@localhost ~]# cat /dev/null > /var/log/wtmp
[root@localhost ~]# cat /dev/null > /var/log/lastlog
[root@localhost ~]# cat /dev/null > /var/log/grubby
```

7）删除旧硬件设备规则。

```
[root@localhost ~]# rm -f /etc/udev/rules.d/70*
```

8）删除网卡配置文件中的 UUID。

```
[root@localhost ~]# vi /etc/sysconfig/network-scripts/ifcfg-ens192
```

删除 UUID 这一行：UUID=…

9）清除临时文件。

```
[root@localhost ~]# rm -rf /tmp/*
[root@localhost ~]# rm -rf /var/tmp/*
```

10）删除 SSH 主机密钥。

```
[root@localhost ~]# rm -f /etc/ssh/*key*
```

11）删除 root 用户的 Shell 历史记录。

```
[root@localhost ~]# rm -f ~root/.bash_history
[root@localhost ~]# unset HISTFILE
```

12）删除 root 用户的 SSH 历史记录和 Bash 历史记录。

```
[root@localhost ~]# rm -rf ~root/.ssh/
[root@localhost ~]# rm -f ~root/anaconda-ks.cfg
[root@localhost ~]# history -c
```

13）执行 sys-unconfig 命令准备下次启动时重新配置系统，执行该命令后，CentOS 7 会自动关闭。

```
[root@localhost ~]# sys-unconfig
```

14）将 CentOS 7 虚拟机转换为模板。

15）创建针对 Linux 操作系统的自定义规范，然后从模板部署新的 CentOS 虚拟机即可。

任务 2.5 使用 vSphere vMotion 实现虚拟机在线迁移

迁移是指将虚拟机从一个主机或存储位置移至另一个主机或存储位置的过程，虚拟机的迁移包括关机状态的迁移和开机状态的迁移。为了维持业务的不中断，通常需要在开机状态迁移虚拟机，vSphere vMotion 能够实现虚拟机在开机状态的迁移。在虚拟化架构中，虚拟机的硬盘和配置信息是以文件方式存储的，这使得虚拟机的复制和迁移非常方便。

2.5.1 实时迁移的作用和原理

1. vMotion 实时迁移的作用

2-13 实时迁移的作用和原理

vSphere vMotion 是 vSphere 虚拟化架构的高级特性之一。vMotion 允许管理员将一台正在运行的虚拟机从一台物理主机迁移到另一台物理主机，而不需要关闭虚拟机，如图 2-119 所示。当虚拟机在两台物理主机之间迁移时，虚拟机仍在正常运行，不会中断虚拟机的网络连接。vMotion 是一个适合现代数据中心且被广泛使用的强大特性。VMware 虚拟化架构中的 vSphere DRS 等高级特性必须依赖 vMotion 才能实现。

假设有一台物理主机遇到了非致命性硬件故障，需要修复，管理员可以使用 vMotion 将正在运行的虚拟机迁移到另一台正常运行的物理主机中，然后进行修复工作。当修复工作完成后，管理员可以使用 vMotion 将虚拟机再迁移到原来的物理主机。另外，当一台物理主机的硬件资源占用过高时，使用 vMotion 可以将这台物理主机中的部分虚拟机迁移到其他物理主机，以平衡主机间的资源占用。

vMotion 可以在物理服务器之间重新分配 CPU 和内存等资源，但不能移动存储。要使 vMotion 正常工作，执行迁移的两台物理主机必须连接到同一个共享存储。将虚拟机的文件保存在共享存储中，才能实现 vMotion，以及后面的 DRS、HA 和 FT。在 vSphere 虚拟化架构中，常用的共享存储包括 FC（光纤通道）、FCoE、iSCSI 等。在本项目中使用的共享存储是 iSCSI 存储。

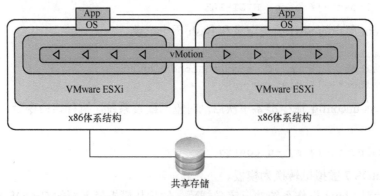

图 2-119 虚拟机实时迁移

2. vMotion 实时迁移的原理

vMotion 实时迁移的工作原理如下。

1）管理员执行 vMotion 操作，将运行中的虚拟机 VM 从主机 esxi1 迁移到主机 esxi2，如图 2-120 所示。

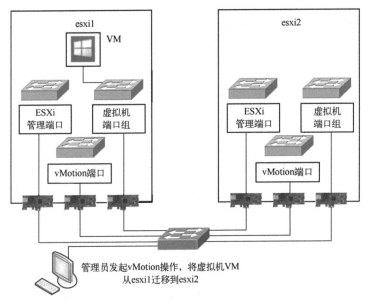

图 2-120　vMotion 的工作原理-1

2）源主机 esxi1 开始通过启用了 vMotion 的 VMkernel 端口将虚拟机 VM 的内存页面复制到目标主机 esxi2，这称为预复制，如图 2-121 所示。在这期间，虚拟机仍然为网络中的用户提供服务。在从源主机向目标主机复制内存的过程中，虚拟机内存中的页面可能会发生变化。ESXi 会在将内存页面复制到目标主机后，对源主机内存中发生的变化生成一个变化日志，这个日志称为内存位图（Memory Bitmap）。

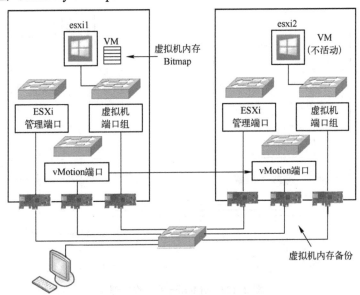

图 2-121　vMotion 的工作原理-2

3）在将待迁移虚拟机 VM 的全部内存都复制到目标主机 esxi2 后，vMotion 会使虚拟机处于静默状态，这意味着虚拟机仍在内存中，但不再为用户的数据请求提供服务。然后内存位图文件被传输到目标主机，如图 2-122 所示。

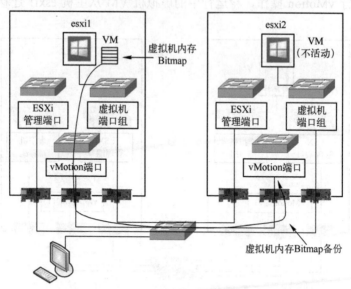

图 2-122　vMotion 的工作原理-3

4）目标主机 esxi2 读取内存位图文件中的地址，并从源主机 esxi1 请求这些地址的内容，即虚拟机 VM 在复制内存期间变化的内存（Dirty Memory），如图 2-123 所示。

5）当将虚拟机 VM 变化的内存全部复制到目标主机后，开始在目标主机上运行虚拟机 VM。目标主机发送一条反向地址解析协议（RARP）消息，在目标主机连接到的物理交换机端口上注册它的 MAC 地址。这个过程使访问虚拟机 VM 的客户端的数据帧能够被转发到正确的交换机端口。

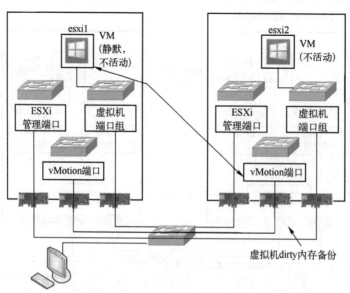

图 2-123　vMotion 的工作原理-4

虚拟机 VM 在目标主机 esxi2 成功运行之后，虚拟机在源主机 esxi1 上使用的内存被删除，如图 2-124 所示。

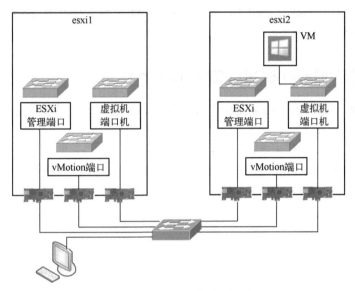

图 2-124　vMotion 的工作原理-5

2.5.2　vMotion 实时迁移的要求

1. vMotion 实时迁移对 ESXi 主机的要求

2-14　vMotion 实时迁移的要求

① 源 ESXi 主机和目标 ESXi 主机必须都能够访问保存虚拟机文件的共享存储（FC、FCoE 或 iSCSI）。

② 源 ESXi 主机和目标 ESXi 主机必须具备千兆以太网卡或更快的网卡。

③ 源 ESXi 主机和目标 ESXi 主机上必须有支持 vMotion 的 VMkernel 端口。

④ 源 ESXi 主机和目标 ESXi 主机必须有相同的标准虚拟交换机，如果使用 vSphere 分布式交换机，源 ESXi 主机和目标 ESXi 主机必须参与同一台 vSphere 分布式交换机。

⑤ 待迁移虚拟机连接到的所有虚拟机端口组在源 ESXi 主机和目标 ESXi 主机上都必须存在。端口组名称区分大小写，所以要在每台 ESXi 主机上创建相同的虚拟机端口组，以确保它们连接到相同的物理网络或 VLAN。

⑥ 源 ESXi 主机和目标 ESXi 主机的处理器必须兼容。
- CPU 必须来自同一厂商（Intel 或 AMD）。
- CPU 必须来自同一 CPU 系列（Xeon 55××、Xeon 56××或 Opteron）。
- CPU 必须支持相同的功能，例如 SSE2、SSE3、SSE4、NX 或 XD。
- 对于 64 位虚拟机，CPU 必须启用虚拟化技术（Intel VT 或 AMD-v）。

2. vMotion 实时迁移对虚拟机的要求

① 虚拟机禁止与只有一台 ESXi 主机能够物理访问的任何设备连接，包括磁盘存储、CD/DVD 驱动器、软盘驱动器、串口、并口。如果要迁移的虚拟机连接了其中任何一个设备，要在违规设备上取消勾选"已连接"复选框。

② 虚拟机禁止连接到只在主机内部使用的虚拟交换机。
③ 虚拟机禁止设置 CPU 亲和性。
④ 虚拟机必须将全部磁盘、配置、日志、NVRAM 文件存储在源 ESXi 主机和目标 ESXi 主机都能访问的共享存储上。

2.5.3 配置 VMkernel 接口支持 vMotion

要使 vMotion 正常工作，必须在执行 vMotion 的两台 ESXi 主机上添加支持 vMotion 的 VMkernel 端口。

1）在 "主机和群集"→"192.168.100.67"→"配置"→"网络"→"VMkernel 适配器"中单击"添加网络"按钮，选择"VMkernel 网络适配器"，选择"新建标准交换机"，将 vmnic4 网卡添加到活动适配器，如图 2-125 所示。

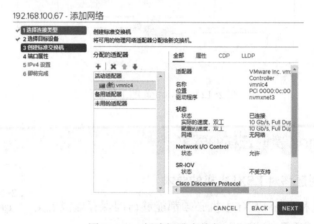

图 2-125　创建标准交换机

> 提示：在生产环境中使用 vMotion 迁移虚拟机，推荐使用单独的虚拟交换机用于 vMotion 迁移，因为 vMotion 迁移会占用大量的网络带宽。如果 vMotion 迁移与 iSCSI 存储共用通信端口，会严重影响 iSCSI 存储的性能。

2）输入网络标签"vMotion"，在"已启用的服务"中选中"vMotion"，如图 2-126 所示。

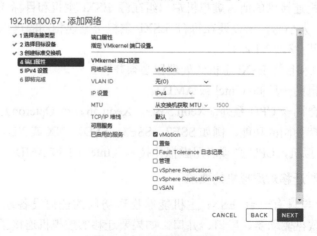

图 2-126　配置端口属性

3)输入 VMkernel 端口的 IP 地址"192.168.3.67",子网掩码为 255.255.255.0,如图 2-127 所示。

4)完成创建 VMkernel 端口。

2-15 配置 VMkernel 接口支持 vMotion

5)使用相同的步骤为 192.168.100.68 主机添加支持 vMotion 的 VMkernel 端口,同样将其绑定到 vmnic4 网卡,IP 地址为 192.168.3.68/24,如图 2-128 所示。

图 2-127 配置 IP 地址-1

图 2-128 配置 IP 地址-2

2.5.4 使用 vMotion 迁移正在运行的虚拟机

下面将把正在运行的虚拟机 Web Server 从一台 ESXi 主机迁移到另一台 ESXi 主机,通过持续 ping 虚拟机的 IP 地址,测试虚拟机能否在迁移的过程中对外提供服务。

1)在虚拟机"Web Server"的"高级安全 Windows 防火墙"的入站规则中启用规则"文件和打印机共享(回显请求 - ICMPv4 In)",如图 2-129 所示。

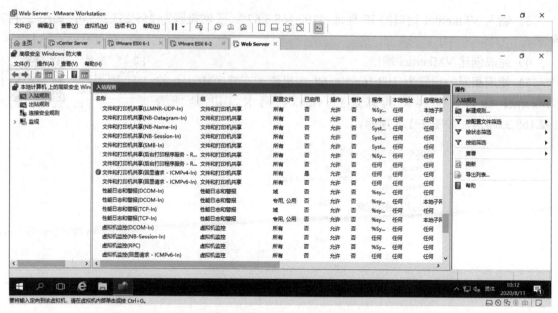

图 2-129　配置服务器使其允许 ping

2）在本机打开命令行，输入"ping 192.168.0.101 -t"持续 ping 服务器 Web Server，如图 2-130 所示。

图 2-130　开始 ping Web 服务器

2-16　使用 vMotion 迁移正在运行的虚拟机

3）右击 Web Server，在弹出的快捷菜单中选择"迁移"选项，如图 2-131 所示。

图 2-131　迁移虚拟机

4）迁移类型选择"仅更改计算资源"，如图 2-132 所示。

图 2-132　选择迁移类型

5）目标资源选择主机 192.168.100.67，如图 2-133 所示。

图 2-133　选择目标资源

6）目标网络选择"ForVM"，如图 2-134 所示。

图 2-134　选择目标网络

7）vMotion 优先级选择默认的"安排优先级高的 vMotion"。

8）单击"完成"按钮开始迁移客户机，在近期任务中可以看到正在迁移虚拟机，如图 2-135 所示。

图 2-135　正在迁移虚拟机

9）等待一段时间，虚拟机 Web Server 已经迁移到主机 192.168.100.67 上，如图 2-136 所示。

10）在迁移期间，虚拟机一直在响应 ping，中间只有一个数据包的请求超时，如图 2-137 所示。

也就是说，在使用 vMotion 迁移正在运行中的虚拟机时，虚拟机一直在正常运行，其上所提供的服务几乎一直处于可用状态，只在迁移将要完成之前中断很短的时间，最终用户感觉不到服务所在的虚拟机已经发生了迁移。

> **提示**：vMotion 不是高可用性功能。虽然 vMotion 确实可以提高正常运行的时间，减少计划内运行中断产生的停机。但在计划外的主机故障期间，vMotion 不会提供任何保护。对于计划外停机，需要使用 vSphere 高可用性（HA）和 vSphere 容错（FT）。

图 2-136　虚拟机已迁移

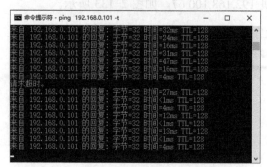

图 2-137　虚拟机迁移过程中 ping 的回复

任务 2.6　使用 vSphere DRS 实现分布式资源调度

某职业院校已经建设了以 VMware vSphere 虚拟化架构为基础的数据中心，数据中心内有多台 ESXi 主机，每台主机中运行了多个虚拟机。在几个月的运行时间内，各个主机和虚拟机工作正常，可以对外提供服务。但是，管理员在日常监控时发现一个问题，在业务负载较重的时间段，经常出现某些 ESXi 主机的 CPU、内存利用率很高，而某些 ESXi 主机的 CPU、内存利用率又很低的问题。虽然管理员可以手动使用 vMotion 将一些资源占用较高的虚拟机迁移到其他主机以平衡资源占用，但是随着数据中心规模的扩大，完全手动迁移是不现实的。对此，VMware 提供了 vSphere DRS 来解决这个问题。通过恰当的参数配置，虚拟机可以在多台 ESXi 主机之间实现自动迁移，使每台 ESXi 主机达到最高的资源利用率。

2.6.1　分布式资源调度的作用

1. DRS 的概念

分布式资源调度（Distributed Resource Scheduler，DRS）是 vCenter Server 在群集中的一项功能，用来跨越多台 ESXi 主机进行负载均衡，vSphere DRS 有以下三个方面的作用。

2-17　分布式资源调度的作用

（1）初始放置

开启 DRS 后，虚拟机在打开电源的时候，vCenter Server 会计算出 DRS 群集内所有 ESXi 主机的负载情况，然后根据优先级给出虚拟机应该在哪台 ESXi 主机上运行的建议。

（2）动态负载均衡

开启 DRS 全自动化模式后，vCenter Server 会计算 DRS 群集内所有 ESXi 主机的负载情况。在虚拟机运行时，系统会根据 ESXi 主机的负载情况自动对虚拟机进行迁移，以实现 ESXi 主机与虚拟机的负载均衡。DRS 会利用前面介绍的 vMotion 动态迁移功能，在不引起虚拟机停机和网络中断的前提下快速执行这些迁移操作。

（3）电源管理

启用 DRS 电源管理后，vCenter Server 会自动计算 ESXi 主机的负载，当某台 ESXi 主机负载很低时，会自动迁移该主机上运行的虚拟机，然后关闭 ESXi 主机的电源；当集群负载高时，ESXi 主机会自动开启电源并加入 DRS 群集继续运行。

要使用 vSphere DRS，必须将多台 ESXi 主机加入到一个群集中。群集是 ESXi 主机的管理分组，一个 ESXi 群集聚集了群集中所有主机的 CPU 和内存资源。一旦将 ESXi 主机加入到群集中，就可以使用 vSphere 的一些高级特性，包括 vSphere DRS、vSphere HA 和 vSphere FT 等。

> 提示：如果一个 DRS 群集中包含两台具有 64GB 内存的 ESXi 主机，那么这个群集对外显示共有 128GB 的内存，但是任何一台虚拟机在任何时候都只能使用不超过 64GB 的内存。

默认情况下，DRS 每 5 分钟执行一次检查，查看群集的工作负载是否均衡，如图 2-138 所示。群集内的某些操作也会调用 DRS，例如，添加或移除 ESXi 主机或者修改虚拟机的资源设置。

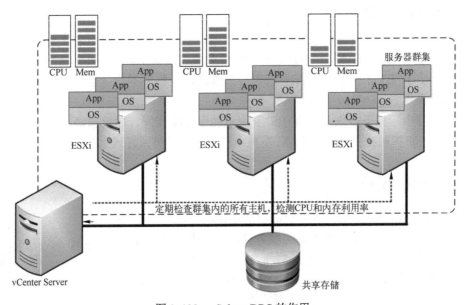

图 2-138 vSphere DRS 的作用

2. DRS 的自动化级别

在 VMware vSphere 中，DRS 自动化级别分为 3 种模式，在生产环境中可根据需要进行选择。

（1）手动

将 DRS 自动化级别设置为手动模式需要人工干预操作。当虚拟机打开电源时，vCenter Server 会自动计算 DRS 群集内所有 ESXi 主机的负载情况，然后给出虚拟机应该运行在哪台 ESXi 主机的建议，手动确认后，虚拟机便在选定的 ESXi 主机上运行。

虚拟机运行时，默认情况下 DRS 群集每隔 5min 检测群集的负载情况，如果群集中的 ESXi 主机负载不均衡，那么 vCenter Server 会对虚拟机给出迁移建议，当管理员确认后，虚拟机立即执行迁移操作。

（2）半自动

将 DRS 自动化级别设置为半手动模式也需要部分人工干预操作。与手动模式不同的是，当虚拟机打开电源时，vCenter Server 会自动计算 DRS 群集内所有 ESXi 主机的负载情况，自动选定虚拟机运行的 ESXi 主机，无须手动确认。

与手动模式相同的是，虚拟机运行时，默认情况下 DRS 群集每隔 5min 检测群集的负载情况，如果群集中的 ESXi 主机负载不均衡，那么 vCenter Server 会对虚拟机给出迁移建议，当管理员确认后，虚拟机立即执行迁移操作。

（3）全自动

将 DRS 自动化级别设置为全自动模式，则不需要人工干预操作。当虚拟机打开电源时，vCenter Server 会自动计算 DRS 群集内所有 ESXi 主机的负载情况，自动选定虚拟机运行的 ESXi 主机，无须手动确认。

与手动模式和半自动模式不同的是，虚拟机运行时，默认情况下 DRS 群集每隔 5min 检测群集的负载情况，如果群集中的 ESXi 主机负载不均衡，那么 vCenter Server 会自动迁移虚拟机，无须手动确认。

3. DRS 自动化级别的选择

由于生产环境中 ESXi 主机的型号可能不同，在使用 vSphere DRS 时需要注意，硬件配置较低的 ESXi 主机中运行的虚拟机自动迁移到硬件配置较高的 ESXi 主机上是没有问题的，但是反过来可能会由于 ESXi 主机硬件配置问题导致虚拟机迁移后不能运行，针对这种情况，建议选择"手动"或"半自动"级别。

在生产环境中，如果群集中所有 ESXi 主机的型号都相同，建议选择"全自动"级别。管理员不需要关心虚拟机究竟在哪台 ESXi 主机中运行，只需要做好日常监控工作就可以了。

2.6.2 EVC 介绍

DRS 会使用 vMotion 实现虚拟机的自动迁移，但是一个虚拟化架构在运行多年后，很可能需要用新的服务器替代，这些服务器会配置最新的 CPU 型号。而 vMotion 有一些相当严格的 CPU 要求。具体来说，CPU 必须来自同一厂商，必须属于同一系列，必须共享一套公共的 CPU 指令集和功能。因此，在新的服务器加入到原有的 vSphere 虚拟化架构后，管理员将可能无法执行 vMotion。VMware 使用称为 EVC（Enhanced vMotion Compatibility，增强的 vMotion 兼容性）的功能来解决这个问题。

2-18 EVC 介绍

EVC 在群集层次上启用，可防止因 CPU 不兼容而导致的 vMotion 迁移失败。EVC 使用 CPU 基准来配置启用了 EVC 功能的群集中包含的所有处理器，基准是群集中每台主机均支持的一个 CPU 功能集，如图 2-139 所示。

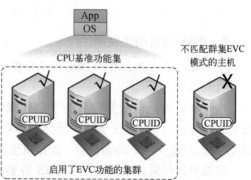

图 2-139 EVC 集群的 CPU 基准

要使用 EVC，群集中的所有 ESXi 主机必须使用来自同一厂商（Intel 或 AMD）的 CPU。EVC 包含 3 种模式。

（1）禁用 EVC

禁用 EVC，即不使用 CPU 兼容性特性。如果群集内所有 ESXi 主机的 CPU 型号完全相同，可以禁用 EVC。

（2）为 AMD 主机启用 EVC

该模式适用于 AMD CPU，只允许使用 AMD 公司 CPU 的 ESXi 主机加入群集。如果群集内所有 ESXi 主机的 CPU 虽然都是 AMD 公司的产品，但是属于不同的年代，则需要使用这种 EVC 模式。

（3）为 Intel® 主机启用 EVC

该模式适用于 Intel CPU，只允许使用 Intel 公司 CPU 的 ESXi 主机加入群集。如果群集内所有 ESXi 主机的 CPU 虽然都是 Intel 公司的产品，但是属于不同的年代，则需要使用这种 EVC 模式。

2.6.3　创建 vSphere 群集

下面将在 vCenter 中创建 vSphere 群集，配置 EVC 等群集参数，并且将两台 ESXi 主机都加入到群集中。

1）在"主机和群集"中右击"Datacenter"，在弹出的快捷菜单中选择"新建群集"选项，如图 2-140 所示。

2）输入群集名称"vSphere"，如图 2-141 所示。在创建群集时，可以选择是否启用 vSphere DRS 和 vSphere HA 等功能，在这里暂不启用。

图 2-140　新建群集

图 2-141　输入群集名称

3）选中群集"vSphere"，单击"配置"→"配置"→"VMware EVC"，在这里 VMware EVC 的状态为"已禁用"，如图 2-142 所示。由于在本实验环境中，两台 ESXi 主机都是通过 VMware Workstation 模拟出来的，硬件配置（特别是 CPU）完全相同，因此可以不启用 VMware EVC。

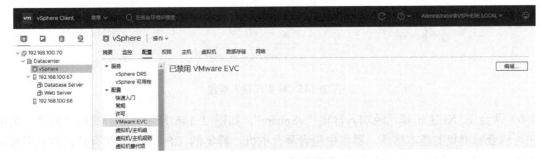

图 2-142　EVC 模式

在生产环境中，如果 ESXi 主机的 CPU 是来自同一厂商不同年代的产品，例如，所有 ESXi 主机的 CPU 都是 Intel 公司 Skylake、Kabylake 系列的产品，则需要将 EVC 模式配置为"为 Intel® 主机启用 EVC"，然后选择"Intel® 'Skylake' Generation"，如图 2-143 所示。

2-19 创建 vSphere 群集

图 2-143 配置 EVC 模式

> 提示：在创建群集时，建议配置好 EVC 后再创建虚拟机，这样可以避免由于 CPU 兼容问题导致迁移失败和 DRS 使用出现问题。

4）选中主机"192.168.100.67"，将其拖动到群集"vSphere"中，如图 2-144 所示。

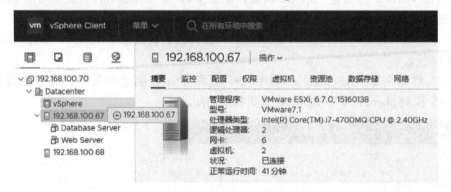

图 2-144 拖动 ESXi 主机到群集中

5）使用相同的方法将主机 192.168.100.68 也加入到群集中，如图 2-145 所示。

图 2-145 将主机移入群集

6）两台 ESXi 主机都已经加入群集"vSphere"，如图 2-146 所示，在群集的"摘要"选项卡中可以查看群集的基本信息。群集中包含两台主机，群集的 CPU、内存和存储资源是群集中所有 ESXi 主机的 CPU、内存和存储资源之和。

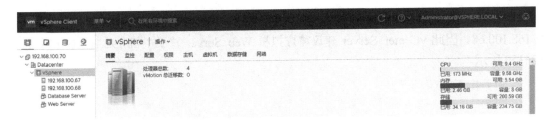

图 2-146　群集摘要

2.6.4　启用 vSphere DRS

下面将在群集中启用 vSphere DRS 并验证配置。

1）选中群集"vSphere",单击"配置"→"服务"→"vSphere DRS",单击"编辑",如图 2-147 所示。

2-20　启用 vSphere DRS

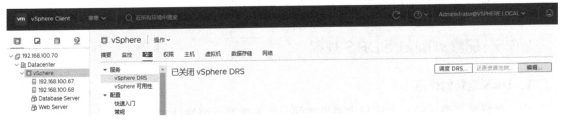

图 2-147　编辑 DRS 设置

2）选中"vSphere DRS",将自动化级别改为"手动",如图 2-148 所示。

图 2-148　修改群集自动化级别

3）打开虚拟机 Database Server 的电源,vCenter Server 会给出虚拟机运行在哪台主机的建议。在这里选择将虚拟机 Database Server 置于主机 192.168.100.67 上,如图 2-149 所示。

图 2-149　打开电源建议-Database Server

4）打开虚拟机 Web Server 的电源，由于主机 192.168.100.67 的可用资源小于主机 192.168.100.68，因此 vCenter Server 建议将虚拟机 Web Server 置于主机 192.168.100.68 上，如图 2-150 所示。

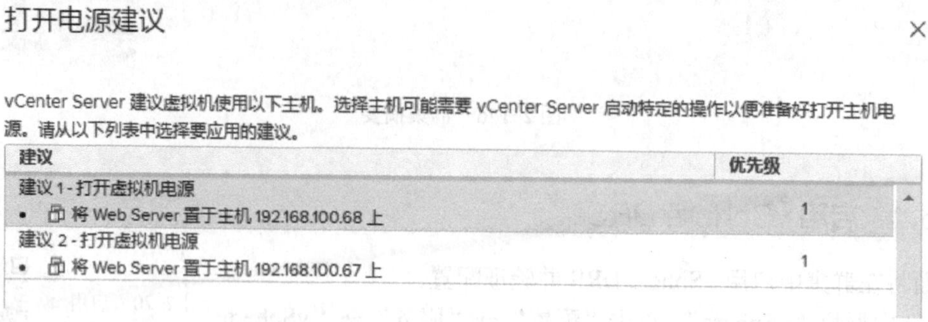

图 2-150　打开电源建议-Web Server

5）将 Database Server 和 Web Server 两个虚拟机关机。

2.6.5　配置 vSphere DRS 规则

1．DRS 规则的作用

2-21　配置 vSphere DRS 规则

为了更好地调整 ESXi 主机与虚拟机之间运行的关系、更好地实现负载均衡，vSphere 还提供了 DRS 虚拟机以及 ESXi 主机规则特性。使用这些规则，可以更好地实现负载均衡以及避免单点故障。DRS 虚拟机和 ESXi 主机规则的主要特性如下。

（1）虚拟机规则——集中保存虚拟机

集中保存虚拟机规则就是让满足这条规则的虚拟机在同一台 ESXi 主机上运行。举个例子，在生产环境中，活动目录服务器使用 Windows Server 2016，邮件服务器使用 Exchange，这两台服务器之间的数据访问会相当频繁。如果希望这两个虚拟机在同一台 ESXi 主机上运行，那么创建针对这两个虚拟机的聚集虚拟机规则即可实现。

（2）虚拟机规则——分别保存虚拟机

分别保存虚拟机规则就是让满足这条规则的虚拟机在不同 ESXi 主机上运行。举个例子，在生产环境中，活动目录服务器使用 Windows Server 2016，由于活动目录服务器有备份和负载均衡的需要，可再创建一台使用 Windows Server 2016 的额外活动目录服务器。如果这两台活动目录服务器运行在同一台 ESXi 主机上的话，就形成了 ESXi 主机单点故障。如果希望这两个虚拟机在不同的 ESXi 主机上运行，创建针对这两个虚拟机的分开虚拟机规则即可实现。

如果虚拟机规则无法满足要求，DRS 还提供了 ESXi 主机规则功能。预先定义好规则，可以控制某个虚拟机在某台 ESXi 主机上运行或不在某台 ESXi 主机上运行等。

2．配置 vSphere DRS 规则

如果想在启用 vSphere DRS 的情况下，让 Web Server 和 Database Server 运行在同一台 ESXi 主机上的话，需要按照以下步骤配置 DRS 规则。

1）选中群集"vSphere"，选择"配置"→"配置"→"虚拟机/主机规则"，单击"添加"按钮，如图 2-151 所示。

图 2-151 添加 DRS 规则

2)在"名称"处输入"Web & Database Servers Together",规则类型为"集中保存虚拟机",单击"添加"按钮,如图 2-152 所示。

3)选中"Database Server"和"Web Server"两个虚拟机,如图 2-153 所示。

图 2-152 创建 DRS 规则

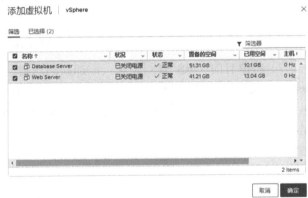

图 2-153 添加规则成员

4)以下为已经配置的 DRS 规则,Database Server 和 Web Server 两个虚拟机将在同一台 ESXi 主机上运行,如图 2-154 所示。

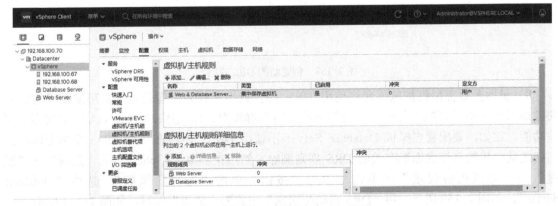

图 2-154 已经配置好的 DRS 规则

5）启动虚拟机 Database Server，选择在主机 192.168.100.67 上运行，如图 2-155 所示。

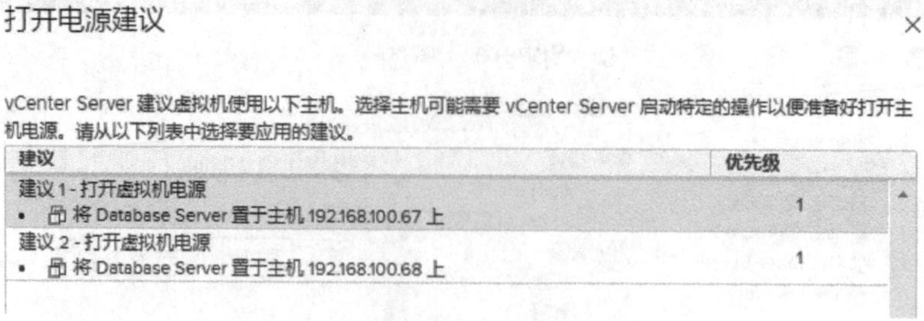

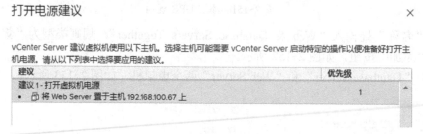

图 2-155　打开电源建议-Database Server

6）当启动虚拟机 Web Server 时，vCenter Server 仍然建议将虚拟机 Web Server 置于主机 192.168.100.67 上，如图 2-156 所示。这是因为 DRS 规则在起作用。

图 2-156　打开电源建议-Web Server

7）将原有的 DRS 规则删除，添加新的规则，名称为"Separate Web Server & Database Server"，规则类型为"分别保存虚拟机"，选中"Database Server"和"Web Server"两个虚拟机，如图 2-157 所示。此规则会使虚拟机 Web Server 和 Database Server 在不同的 ESXi 主机上运行。

图 2-157　创建新的 DRS 规则

8）虽然多数虚拟机都应该允许使用 DRS 的负载均衡行为，但是管理员可能需要特定的关键虚拟机不使用 DRS，然而这些虚拟机应该留在群集内，以利用 vSphere HA 提供的高可用性功能。比如，要配置虚拟机 Database Server 不使用 DRS，始终在一台 ESXi 主机上运行，则将之前创建的与该虚拟机有关的 DRS 规则删除，然后在群集"vSphere"的"配置"→"配置"→"虚拟机替代项"中单击"添加"按钮。单击"选择虚拟机"，选中"Database Server"，如图 2-158 所示。将"DRS 自动化级别"设置为"禁用"即可，如图 2-159 所示。

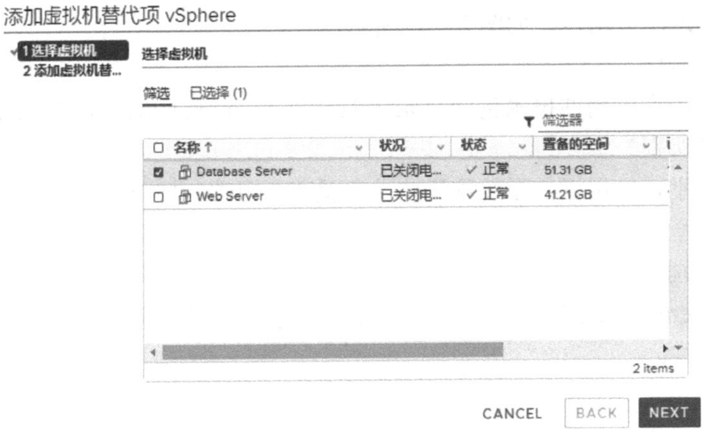

项目 2　使用 vCenter Server 搭建高可用 VMware 虚拟化平台

图 2-158　添加虚拟机替代项-1

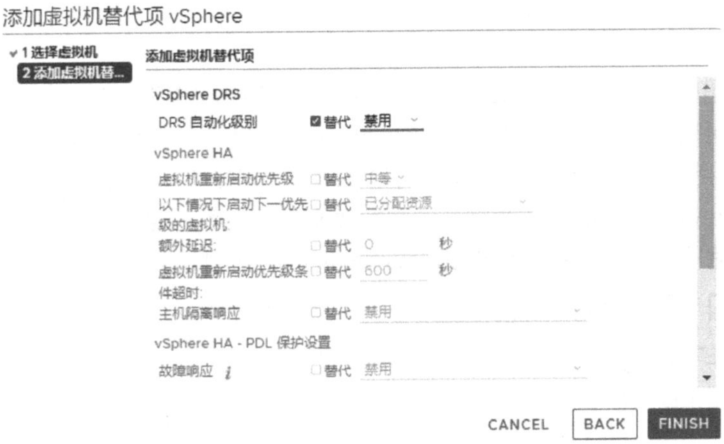

图 2-159　添加虚拟机替代项-2

任务 2.7　使用 vSphere HA 实现虚拟机高可用性

高可用性（High Availability，HA）通常用来描述一个系统为了减少停工时间，经过专门的设计，从而保持其服务的高度可用性。HA 是生产环境中的重要指标之一。实际上，在虚拟化架构出现之前，在操作系统级别和物理级别就已经大规模使用了高可用性技术和手段。vSphere HA 实现的是虚拟化级别的高可用性，具体来说，当一台 ESXi 主机发生故障（硬件故障或网络中断等）时，其上运行的虚拟机能够自动在其他 ESXi 主机上重新启动，虚拟机在重新启动完成之后可以继续提供服务，从而最大限度地保证服务不中断。

2.7.1　虚拟机高可用性的作用

1. 不同级别的高可用性

在应用程序级别、操作系统级别、虚拟化级别、物理级别都有

2-22　虚拟机高可用性的作用

各种技术和手段实现高可用性，如图 2-160 所示。

（1）应用程序级别

应用程序级别的高可用性技术包括 Oracle Real Application Clusters（RAC）等。

（2）操作系统级别

在操作系统级别，使用操作系统群集技术实现高可用性，如 Windows Server 的故障转移群集等。

（3）虚拟化级别

VMware vSphere 虚拟化架构在虚拟化级别提供 vSphere HA 和 vSphere FT 功能，以实现虚拟化级别的高可用性。

（4）物理级别

物理级别的高可用性主要体现在冗余的硬件组件，如多个网卡、多个 HBA 卡、SAN 多路径冗余、存储阵列上的多个控制器以及多电源供电等。

2. vSphere HA 的作用

当 ESXi 主机出现故障时，vSphere HA 能够让该主机内的虚拟机在其他 ESXi 主机上重新启动，如图 2-161 所示。与 vSphere DRS 不同，vSphere HA 没有使用 vMotion 技术作为迁移手段。vMotion 只适用于预先规划好的迁移，而且要求源 ESXi 主机和目标 ESXi 主机都处于正常运行状态。由于 ESXi 主机的硬件故障无法提前预知，因此没有足够的时间来执行 vMotion 操作。vSphere HA 适用于解决 ESXi 主机硬件故障所造成的计划外停机。

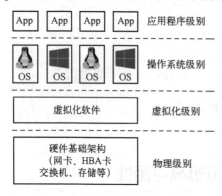

图 2-160 不同级别的高可用性

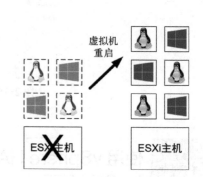

图 2-161 vSphere HA 的作用

2.7.2 vSphere HA 的工作原理

1. vSphere HA 的必备组件

2-23 vSphere HA 的工作原理

从 vSphere 5.0 开始，VMware 重新编写了 HA 架构，使用了 Fault Domain 架构，通过选举方式选出唯一的 Master 主机（也称为首选主机），其余为 Slave 主机（也称为从属主机）。vSphere HA 有以下必备组件。

（1）故障域管理器（Fault Domain Manager，FDM）代理

FDM 代理的作用是与群集内其他主机交流有关主机可用资源和虚拟机状态的信息。它负责心跳机制、虚拟机定位和与 hostd 代理相关的虚拟机重启。

（2）hostd 代理

hostd 代理安装在 Master 主机上，FDM 直接与 hostd 和 vCenter Server 通信。

（3）vCenter Server

vCenter Server 负责在群集 ESXi 主机上部署和配置 FDM 代理。vCenter Server 向选举出的 Master 主机发送群集的配置修改信息。

2. Master 主机和 Slave 主机

当 vSphere 群集启用 HA 时，系统会自动选举出一台 ESXi 主机作为 Master 主机，其余的 ESXi 主机则是 Slave 主机。Master 主机与 vCenter Server 进行通信，并监控所有受保护的 Slave 主机的状态。Master 主机使用管理网络和数据存储检测信号来确定故障的类型。当 ESXi 主机故障时，Master 主机检测并处理故障，让虚拟机重新启动。当 Master 主机本身出现故障时，Slave 主机会重新选举产生新的 Master 主机。Master 主机的选举依据是哪台主机的存储最多，如果存储的数量相等，则比较哪台主机的管理对象 ID 最高。

（1）Master 主机的任务

Master 主机负责在 vSphere HA 的群集中执行下面一些重要任务。

- Master 主机负责监控 Slave 主机，当 Slave 主机出现故障时在其他 ESXi 主机上重新启动虚拟机。
- Master 主机负责监控所有受保护虚拟机的电源状态。如果一个受保护的虚拟机出现故障，Master 主机会重新启动虚拟机。
- Master 主机负责管理一组受保护的虚拟机。它会在用户执行启动或关闭操作之后更新这个列表。即当虚拟机打开电源，该虚拟机就要受保护，一旦主机出现故障就会在其他主机上重新启动虚拟机。当虚拟机关闭电源，就没有必要再保护它了。
- Master 主机负责缓存群集配置。Master 主机会向 Slave 主机发送通知，告诉它们群集配置发生的变化。
- Master 主机负责向 Slave 主机发送心跳信息，告诉它们 Master 主机仍然处于正常激活状态。如果 Slave 主机接收不到心跳信息，则重新选举出新的 Master 主机。
- Master 主机向 vCenter Server 报告状态信息。vCenter Server 通常只和 Master 主机通信。

（2）Master 主机的选举

Master 主机的选举在群集中 vSphere HA 第一次激活时发生，在以下情况下，也会重新选举 Master。

- Master 主机故障。
- Master 主机与网络隔离或者被分区。
- Master 主机与 vCenter Server 失去联系。
- Master 主机进入维护模式。
- 管理员重新配置 vSphere HA 代理。

（3）Slave 主机的任务

Slave 主机执行下面这些任务。

- Slave 主机负责监控本地运行的虚拟机的状态，这些虚拟机运行状态的显著变化会被发送到 Master 主机。
- Slave 主机负责监控 Master 主机的状态。如果 Master 主机出现故障，Slave 主机会参与新 Master 主机的选举。

- Slave 主机负责实现不需要 Master 主机集中控制的 vSphere HA 特性，如虚拟机健康监控。

3．心跳信号

vSphere HA 群集的 FDM 代理是通过心跳信息相互通信的，如图 2-162 所示。

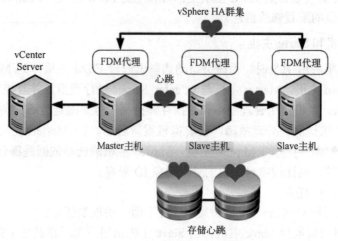

图 2-162　FDM 代理通过心跳通信

心跳是用来确定主机服务器仍然正常工作的一种机制，Master 主机与 Slave 主机之间会互相发送心跳信息，心跳的发送频率为每秒 1 次。如果 Master 主机不再从 Slave 主机接收心跳，则意味着网络通信出现问题，但这不一定表示 Slave 主机出现了故障。为了验证 Slave 主机是否仍在工作，Master 主机会使用两种方法进行检查。

- Master 主机向 Slave 主机的管理 IP 地址发送 ping 数据包。
- Master 主机与 Slave 主机在数据存储级别进行信息交换（称作数据存储心跳），这可以帮助区分 Slave 主机是被在网络上隔离还是完全崩溃。

4．ESXi 主机故障类型

vSphere HA 通过选举产生 Master/Slave 主机，当检测到主机故障时，虚拟机会在其他主机上重新启动。在 vSphere HA 群集中，ESXi 主机故障分为 3 种情况。

（1）主机停止运行

主机停止运行是比较常见的情况，通常是指主机由于物理硬件故障或电源故障而停止响应。在这样的情况下，停止运行的 ESXi 主机上的虚拟机会在 vSphere HA 群集中其他 ESXi 主机上重新启动。

（2）主机与网络隔离

主机与网络隔离是一种比较特殊的现象。vSphere HA 使用管理网络和存储设备进行通信，如果 Master 主机不能通过管理网络与 Slave 主机进行通信，就会通过存储来确认 ESXi 主机是否存活。这样的机制可以让 HA 判断主机是否处于网络隔离状态。在这种情况下，Slave 主机通过心跳存储来通知 Master 主机它是否处于隔离状态。具体来说，Slave 主机使用一个特殊的二进制文件 host-X-poweron 来通知 Master 主机是否应该采取适当的措施来保护虚拟机。当一个 Slave 主机已经检测到自己处于网络隔离状态时，它会在心跳存储上生成一个特殊的二进制文件 host-X-poweron，Master 主机看到这个标志后就知道 Slave 主机已经是隔离状态，然后 Master 主机通过 HA 锁定 datastore 上的其他文件，Slave 主机看到这些文件已经被锁定就知道 Master 主机正在重新启动虚拟机，Slave 主机就可以执行配置过的隔离相应动作（如关机）。

（3）主机与网络分区

主机与网络分区也是一种比较特殊的现象。有时可能出现一个或多个 Slave 主机通过管理网络联系不到 Master 主机，但是它们的网络连接没有问题的情况。在这种情况下，HA 可以通过心跳存储来检测分割的主机是否存活，以及是否要重新启动处于网络分区的 ESXi 主机中的虚拟机。

2.7.3 实施 vSphere HA 的条件

在实施 vSphere HA 时，必须满足以下条件。

（1）群集

vSphere HA 依靠群集实现，需要创建群集，然后在群集上启用 vSphere HA。

2-24 实施 vSphere HA 的条件

（2）共享存储

在一个 vSphere HA 群集中，所有主机都必须能够访问相同的共享存储，这包括 FC 光纤通道存储、FCoE 存储和 iSCSI 存储等。

（3）虚拟网络

在一个 vSphere HA 群集中，所有 ESXi 主机都必须有完全相同的虚拟网络配置。如果在一个 ESXi 主机上添加了一个新的虚拟交换机，那么也必须将该虚拟交换机添加到群集中其他所有 ESXi 主机上。

（4）心跳网络

vSphere HA 通过管理网络和存储设备发送心跳信号，因此管理网络和存储设备最好都有冗余，否则 vSphere 会给出警告。

（5）充足的计算资源

每台 ESXi 主机的计算资源都是有限的，当一台 ESXi 主机出现故障后，该主机上的虚拟机需要在其他 ESXi 主机上重新启动。如果其他 ESXi 主机的计算资源不足，则可能导致虚拟机无法启动或启动后性能较差。vSphere HA 使用接入控制策略来保证 ESXi 主机为虚拟机分配足够的计算资源。

（6）VMware Tools

虚拟机中必须安装 VMware Tools 才能实现 vSphere HA 的虚拟机监控功能。

2.7.4 启用 vSphere HA

下面将在群集中启用 vSphere HA，并检查群集的工作状态。

1）选中群集"vSphere"，选择"配置"→"服务"→"vSphere 可用性"，单击"编辑"按钮，如图 2-163 所示。

2-25 启用 vSphere HA

图 2-163 编辑 vSphere HA

2）选中"打开 vSphere HA"，切换到"检测信号数据存储"选项卡，选择"使用指定列表中的数据存储并根据需要自动补充"，在可用检测信号数据存储中选中共享存储"iSCSI-Starwind"，如图 2-164 所示。

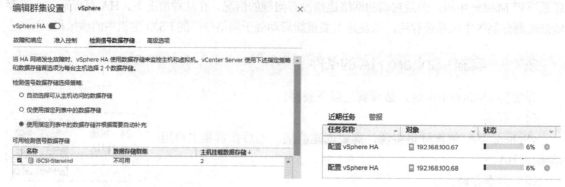

图 2-164　打开 vSphere HA　　　　　　图 2-165　正在配置 vSphere HA

3）在"近期任务"选项卡中可以看到正在配置 vSphere HA 群集，如图 2-165 所示。

4）经过一段时间，vSphere HA 配置完成，在主机 192.168.100.68 的"摘要"选项卡中可以看到其 vSphere HA 状况为"正在运行（主机）"，如图 2-166 所示。

图 2-166　查看主机 192.168.100.68 的 vSphere HA 状况

5）主机 192.168.100.67 的 vSphere HA 状况为"已连接（从属）"，如图 2-167 所示。

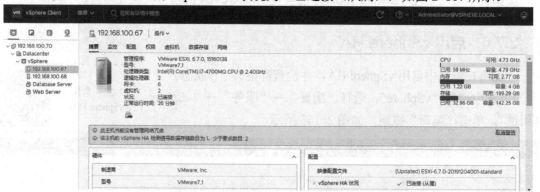

图 2-167　查看主机 192.168.100.67 的 vSphere HA 状况

对于群集中某些重要的虚拟机，需要将其重新启动优先级设置为高。这样，当 ESXi 主机发生故障时，这些重要的虚拟机可以优先在其他 ESXi 主机上重新启动。下面将把虚拟机 Database Server 的重新启动优先级设置为高。

在群集 vSphere 的"配置"→"配置"→"虚拟机替代项"处单击"添加"按钮，选中虚拟机"Database Server"，为虚拟机配置其特有的 DRS 和 HA 选项，如图 2-168 所示。在这里，"DRS 自动化级别"设置为"已禁用"，这可以让 Database Server 始终在一台 ESXi 主机上运行，不会被 vSphere DRS 迁移到其他主机；"虚拟机重新启动优先级"设置为"最高"，可以使该虚拟机所在的主机出现问题时，优先让该虚拟机在其他 ESXi 主机上重新启动。

图 2-168　虚拟机 Database Server 的替代项

> **提示**：建议将提供最重要服务的 VM 的重启优先级设置为"最高"。具有最高优先级的 VM 最先启动，如果某个 VM 的重启优先级为"禁用"，那么它在 ESXi 主机发生故障时不会被重启。如果故障的主机数量超过了容许控制范围，重启优先级为低的 VM 可能无法重启。

2.7.5　验证 vSphere HA

下面将以虚拟机 Database Server 为例，验证 vSphere HA 能否起作用。

2-26　验证 vSphere HA

1）启动虚拟机 Database Server，此时 vCenter Server 不会询问在哪台主机上启动虚拟机，而是直接在其上一次运行的 ESXi 主机 192.168.100.67 上启动虚拟机，如图 2-169 所示。这是因为虚拟机 Database Server 的"DRS 自动化级别"设置为"禁用"。

图 2-169　启动虚拟机 Database Server

2）在本机输入"ping 192.168.0.88 -t"（192.168.0.88 为虚拟机的 IP 地址）持续 ping 虚拟机 Database Server 的 IP 地址，如图 2-170 所示。

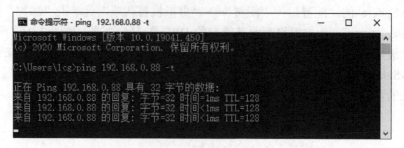

图 2-170　持续 ping 虚拟机的 IP 地址

3）下面将模拟 ESXi 主机 192.168.100.67 不能正常工作的情况。在 VMware Workstation 中将 VMware ESXi 6-1 的电源挂起，如图 2-171 所示。此时，到虚拟机 Database Server 的 ping 会中断。

图 2-171　挂起 VMware Workstation 中的 ESXi 主机

4）此时 vSphere HA 会检测到 ESXi 主机 192.168.100.67 发生了故障，并且将其上的虚拟机 Database Server 在另一台 ESXi 主机 192.168.100.68 上重新启动。经过几分钟，到虚拟机 Database Server 的 ping 又恢复正常，如图 2-172 所示。

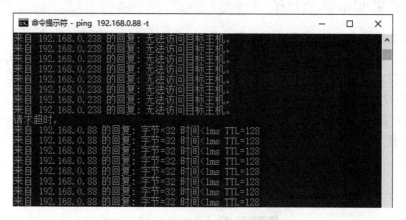

图 2-172　到虚拟机的 ping 又恢复正常

5）在虚拟机 Database Server 的"摘要"选项卡中可以看到虚拟机已经在 192.168.100.68 上重新启动，虚拟机受 vSphere HA 的保护，如图 2-173 所示。

图 2-173　虚拟机已经重新启动

在使用 vSphere HA 时，一定要注意 ESXi 主机故障期间会发生服务中断。如果物理主机出现故障，vSphere HA 会重启虚拟机，而在虚拟机重启的过程中，虚拟机所提供的应用会中止服务。如果用户需要实现比 vSphere HA 更高要求的可用性，可以使用 vSphere FT（Fault Tolerance，容错）。

任务 2.8　使用 vSphere FT 实现虚拟机容错

详细内容扫描二维码即可查看。

项目总结

VMware vCenter Server 用于集中管理 VMware vSphere 虚拟化架构中的所有 ESXi 主机。vCenter Server 有基于 Windows Server 的版本，也有基于 Linux 的版本。本书为了节省内存资源的使用，采用了 Windows 版本的 vCenter Server。读者也可以使用单独的一台 ESXi 主机安装 Linux 版本的 vCSA。从 vSphere 7.0 版本开始，VMware 公司只提供 Linux 版本的 vCSA，所以采用 Linux 版本的 vCSA 是将来的趋势。

如果需要部署大量具有相同操作系统的虚拟机，通常需要使用虚拟机模板，通过自定义规范向导批量部署虚拟机。通过 vSphere vMotion 可以将虚拟机在开机状态下从一台 ESXi 主机迁移到另一台 ESXi 主机。通过 vSphere DRS 可以实现分布式资源调度，平衡各个 ESXi 主机的资源使用。通过 vSphere HA 可以在 ESXi 主机故障或虚拟机失效时重启虚拟机。vSphere HA 主要是为了处理 ESXi 主机故障，但是它也可以处理虚拟机和应用程序的故障。在所有情况下，vSphere HA 通过重启虚拟机来处理检测到的故障，这意味着故障发生时会有一段停机时间。vSphere FT 相当于虚拟机的双机热备，一些虚拟机使用了程序本身自带的冗余技术，可以考虑不启用 vSphere FT。但是当程序自身没有冗余而又要求高可用时，可以使用 vSphere FT。

练习题

1. 安装 vCenter Server 需要哪些服务的支持？请在中小型网络中规划 vCenter Server 的部署

拓扑。

2．通过虚拟机模板部署 Windows 和 Linux 操作系统时，需要进行哪些操作？
3．实现 vSphere vMotion 虚拟机迁移的条件有哪些？
4．请描述 vSphere vMotion 虚拟机迁移的工作过程。
5．请描述 vSphere DRS 三种自动化级别的区别。
6．vSphere HA、Master 主机和 Slave 主机各自的职责是什么？
7．实现 vSphere HA 高可用性的条件有哪些？
8．vSphere FT 对群集的要求有哪些？
9．vSphere FT 对虚拟机的要求有哪些？
10．综合实战题

以 4 台 PC 为一组，每台 PC 中运行一个 VMware Workstation 虚拟机，所有虚拟机通过桥接模式的网卡互相连接，如图 2-193 所示。

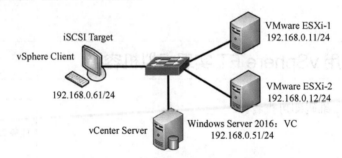

图 2-193　项目 2 综合实战题拓扑图

1）在第 1 台计算机上安装 Starwind iSCSI 目标服务器，使用浏览器连接到 vSphere Client。
2）在第 2 台计算机的虚拟机中安装 Windows Server 2016，安装配置 vCenter Server（VC）。
3）在第 3 台计算机的虚拟机中安装 VMware ESXi，主机名为 ESXi-1。
4）在第 4 台计算机的虚拟机中安装 VMware ESXi，主机名为 ESXi-2。
5）在 vCenter Server 中加入两台 ESXi 主机，连接到 iSCSI 共享存储。
6）使用 iSCSI 共享存储创建 Windows Server 2016 和 CentOS 7 虚拟机。
7）使用虚拟机模板分别部署一个 Windows Server 2016 虚拟机和一个 CentOS 7 虚拟机。
8）启用 vSphere vMotion，使用 vMotion 在线迁移虚拟机。
9）创建群集，启用 vSphere DRS，练习 DRS 规则配置。
10）启用 vSphere HA，模拟 ESXi 主机故障，测试 vSphere HA 是否起作用。

项目 3 使用 CentOS 搭建企业级虚拟化平台

项目导入

某职业院校计划新建一个服务器虚拟化平台，由于预算原因，不能使用 VMware vSphere 这样昂贵的商业软件。经过调研和评估，决定采用开源的服务器虚拟化平台实现各种服务。

项目目标

- 了解 CentOS KVM 虚拟化和 oVirt 虚拟化架构。
- 配置和使用 KVM 虚拟化服务。
- 部署和使用 oVirt 平台。

项目设计

通过调研，管理员综合考虑方案的成本和灵活性，计划基于 Linux 下的 KVM 虚拟化技术构建虚拟化平台。Linux KVM 是开源的，成本低、灵活性强、可定制性高，得到了项目组的一致认可。

管理员计划在实验室中两台服务器上建立基于 Linux KVM 的 oVirt 企业级虚拟化平台，设计实验框架如图 3-1 所示。

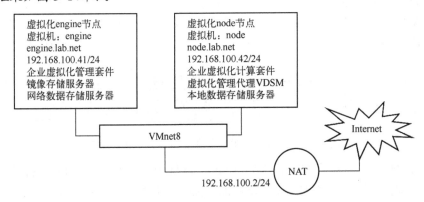

图 3-1 oVirt 虚拟化项目实验拓扑图

项目所需软件列表如下。

- VMware Workstation 16.1.2。
- CentOS 7.9-2009 DVD ISO。
- CentOS 7.7-1908 Minimal ISO。
- ovirt-node-ng-installer-4.3.8 ISO。

- virt-viewer 10.0。
- vnc viewer 4.1.2。

任务 3.1　使用 CentOS 搭建 Linux KVM 虚拟化平台

3.1.1　KVM 虚拟化技术简介

1．KVM 虚拟化技术

KVM 是第一个成为原生 Linux 内核（2.6.20）的 Hypervisor，它是由 Avi Kivity 开发和维护的，现在归 Red Hat 所有，支持的平台有 AMD 64 架构和 INTEL 64 架构。KVM 模块已经集成在 RHEL 6 以上版本的内核里面。其他的一些 Linux 发行版也支持 KVM，只是没有集成在内核里面，需要手动安装 KVM 才能使用。

2．KVM 虚拟化技术对域计算机硬件的需求

CentOS 操作系统下 KVM 虚拟化的启用条件为：64 位 CPU，支持 Inter VT-x（指令集 vmx）或 AMD-V（指令集 svm）的辅助虚拟化技术。

在 Windows 下执行 SecurAble 工具，结果为 YES 时，如图 3-2 所示；在 Linux 下执行命令 "grep -E '(vmx|svm)' /proc/cpuinfo"，结果不为空时，如图 3-3 所示，即可说明 CPU 支持并开启了硬件辅助虚拟化功能。

图 3-2　在 Windows 下用 SecurAble 工具检测 CPU 虚拟化的结果

```
[root@centos ~]# grep -E --color '(vmx|svm)' /proc/cpuinfo
flags       : fpu vme de pse tsc msr pae mce cx8 apic sep mtrr pge mca cmov pat pse36 clflush mmx fxsr sse sse2 ss ht syscall nx pdpe1gb rd
tscp lm constant_tsc arch_perfmon nopl xtopology tsc_reliable nonstop_tsc eagerfpu pni pclmulqdq vmx ssse3 fma cx16 pcid sse4_1 sse4_2 x2apic m
ovbe popcnt tsc_deadline_timer aes xsave avx f16c rdrand hypervisor lahf_lm abm 3dnowprefetch invpcid_single ssbd ibrs ibpb stibp ibrs_enhanced
 tpr_shadow vnmi ept vpid fsgsbase tsc_adjust bmi1 avx2 smep bmi2 invpcid rdseed adx smap clflushopt xsaveopt xsavec xgetbv1 arat pku ospke md_
clear spec_ctrl intel_stibp flush_l1d arch_capabilities
flags       : fpu vme de pse tsc msr pae mce cx8 apic sep mtrr pge mca cmov pat pse36 clflush mmx fxsr sse sse2 ss ht syscall nx pdpe1gb rd
tscp lm constant_tsc arch_perfmon nopl xtopology tsc_reliable nonstop_tsc eagerfpu pni pclmulqdq vmx ssse3 fma cx16 pcid sse4_1 sse4_2 x2apic m
ovbe popcnt tsc_deadline_timer aes xsave avx f16c rdrand hypervisor lahf_lm abm 3dnowprefetch invpcid_single ssbd ibrs ibpb stibp ibrs_enhanced
 tpr_shadow vnmi ept vpid fsgsbase tsc_adjust bmi1 avx2 smep bmi2 invpcid rdseed adx smap clflushopt xsaveopt xsavec xgetbv1 arat pku ospke md_
clear spec_ctrl intel_stibp flush_l1d arch_capabilities
```

图 3-3　在 Linux 下用命令检测 CPU 虚拟化的结果

在后续的实验中，将在 VMware Workstation 软件中开启嵌套的 CPU 硬件辅助虚拟化功能，即在虚拟机中启用 CPU 的虚拟化，以保证在虚拟机中也可以完成虚拟化实验。

3．KVM 虚拟化技术架构分析

（1）KVM 的架构

在 CentOS 中，KVM 可以运行 Windows、Linux、UNIX、Solaris 系统。KVM 是作为内核模块实现的，因此 Linux 只要加载该模块就会成为一个虚拟化层 Hypervisor。可以简单地认为，一个标准的 Linux 内核，只要加载了 KVM 模块，这个内核就成为一个 Hypervisor。但是仅有 Hypervisor 是不够的，毕竟 Hypervisor 还是内核层面的程序，还需要把虚拟化在用户层面体现出来，这就需要模拟器提供用户层面的操作，如 qemu-kvm 程序。

图 3-4 为 KVM 虚拟化的架构示意图。

每个 Guest（通常称为虚拟机）都是通过/dev/kvm 设备映射的，它们拥有自己的虚拟地址空间，该虚拟地址空间映射到 Host 内核的物理地址空间。KVM 使用底层硬件的虚拟化支持来提供完整的（原生）虚拟化。同时，Guest 的 I/O 请求通过主机内核映射到在主机上（Hypervisor）执行的 QEMU 进程。换言之，每个 Guest 的 I/O 请求都是交给/dev/kvm 这个虚拟设备，然后/dev/kvm 通过 Hypervisor 访问到 Host 底层的硬件资源，如文件的读写、网络发送接收等。

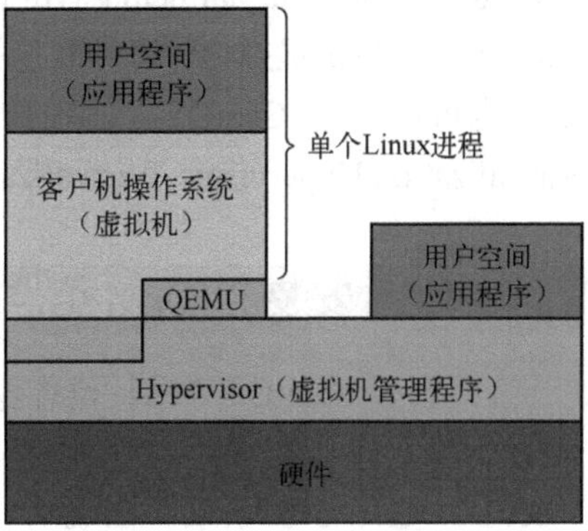

图 3-4　KVM 虚拟化的架构示意图

（2）KVM 的组件

KVM 包括两个组件。

第一个是可加载的 KVM 模块，当 Linux 内核安装该模块之后，它就可以管理虚拟化硬件，并通过/proc 文件系统公开其功能，该功能在内核空间实现。

第二个组件用于平台模拟，它是由修改版的 QEMU 提供的。QEMU 作为用户空间进程执行，并且在 Guest 请求方面与内核协调，该功能在用户空间实现。

当新的 Guest 在 KVM 上启动时（通过一个称为 kvm 的实用程序），它就成为宿主操作系统的一个进程，因此就可以像其他进程一样调度它。但与传统的 Linux 进程不一样，Guest 被 Hypervisor 标识为处于"来宾"模式（独立于内核和用户模式）。每个 Guest 都是通过/dev/kvm 设备映射的，它们拥有自己的虚拟地址空间，该空间映射到主机内核的物理地址空间。如前所述，KVM 使用底层硬件的虚拟化支持来提供完整的（原生）虚拟化。I/O 请求通过主机内核映射到在主机上（Hypervisor）执行的 QEMU 进程。

（3）Libvirt 组件、QEMU 组件与 virt-manager 组件

Libvirt 是一个软件集合，便于使用者管理虚拟机和其他虚拟化功能，如存储和网络接口管理等，KVM 的 QEMU 组件用于平台模拟，它是由修改版 QEMU 提供的，类似 vCenter，但功能没有 vCenter 那么强。可以这样理解：Libvirt 组件是一个工具的集合箱，用来管理 KVM，面向底层管理和操作；QEMU 组件是用来进行平台模拟的，面向上层管理和操作。

以下为各组件的介绍。

- qemu-kvm 包：仅仅安装 KVM 还不是一个完整意义上的虚拟机，只是安装了一个 Hypervisor，类似于将 Linux 系统转化成类似于 VMware ESXi 产品的过程，该软件包必须安装一些管理工具软件包配合才能使用。
- python-virtinst 包：提供创建虚拟机的 virt-install 命令。
- libvirt 包：Libvirt 是一个可与管理程序互动的 API 程序库。Libvirt 使用 virsh 命令行工具管理和控制虚拟机。
- libvirt-python 包：libvirt-python 软件包中含有一个模块，它允许由 Python 编程语言编写的应用程序使用。
- virt-manager 包：virt-manager 也称 Virtual Machine Manager，它可为管理虚拟机提供图形界面工具。它使用 libvirt 程序库作为管理 API。

（4）KVM 所有组件的安装方法

在已经安装好的 CentOS 7 系统中，如果没有包含虚拟化功能，可以在配置好 YUM 的情况

下,使用"yum-y install qemu-kvm qemu-img virt-manager libvirt libvirt-python libvirt-client virt-install virt-viewer"完成虚拟化管理扩展包的安装。这些软件包提供非常丰富的工具来管理 KVM。

也可以使用 CentOS 7 中的软件包组进行安装,软件包组名称为:Virtualization Client、Virtualization Hypervisor、Virtualization Tools。

3.1.2 安装带 KVM 组件的 CentOS 7 操作平台

1)新建 CentOS 7 64 位虚拟机,CPU 核心为 4 个,内存为 4GB,在处理器选项中,选中"虚拟化 Intel VT-x/EPT 或 AMD-V/RVI",如图 3-5 所示。在成功启动虚拟机后,会出现如图 3-6 所示的下面,选择"Install CentOS Linux 7"。

3-1 安装带 KVM 组件的 CentOS 7

图 3-5 选择硬件需求

图 3-6 CentOS 7 安装界面

2)按〈Enter〉键进入安装向导。

3)在创建虚拟机时,需要先设置系统的时区,选择"Date & Time",设置时区为"亚洲/上海",如图 3-7 所示。选择"Software Selection",选择"Server with GUI",勾选右方的"Virtualization Client""Virtualization Hypervisor""Virtualization Tools"选项,如图 3-8 所示。

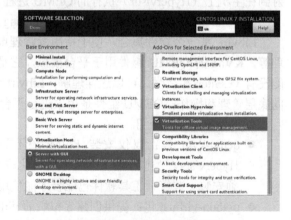

图 3-7 选择系统时区

图 3-8 选择安装软件包类型

4)在安装虚拟机时需要设置系统分区选项,选择"INSTALLATION DESTINATION",如图 3-9 所示,单击左上角的"Done"按钮,使用自动分区。选择"KDUMP",并取消选中"Enable kdump"来设置不启用 Kdump,如图 3-10 所示。

5)在安装虚拟机系统时可以根据自己的需求来设置虚拟机内的主机名,选择"NETWORK & HOST NAME",设置主机名,单击"Apply"按钮保存,如图 3-11 所示。单击"Configure"按钮,切换到"General"选项卡,选中"Automatically connect to this network when it is available",单击"Save"按钮,如图 3-12 所示。

图 3-9 选择分区

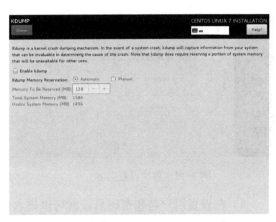

图 3-10 设置关闭 Kdump

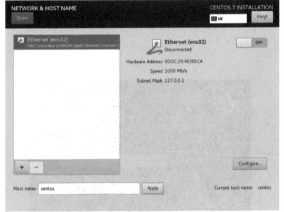

图 3-11 设置主机名

图 3-12 设置网络

6）此时网络是自动获取 IP 地址的，可以看到 CentOS 已经获取到 IP 地址，如图 3-13 所示。开始安装，单击"ROOT PASSWORD"，如图 3-14 所示，设置 root 用户的密码。如果密码简单，需要单击两次"Done"按钮使密码生效。

7）在安装完成之后，需要重新启动虚拟机来更改一些设置，接受 License，单击"FINISH CONFIGURATION"按钮，如图 3-15 所示。在成功启动并进入虚拟机之后，设置 Time Zone 时，输入"shanghai"，选中"Shanghai, Shanghai China"，如图 3-16 所示。

图 3-13 查看获取到的地址

图 3-14 系统软件包安装

图 3-15 首次设置向导

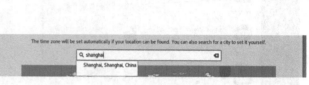
图 3-16 设置时区

8）在设置用户名和密码后，就可以进入 CentOS 7 的桌面模式了，单击"System Tools"→"Virtual Machine Manager"来启动管理界面，如图 3-17 所示。此时需要输入 root 用户的密码才可以进入管理界面，如图 3-18 所示。

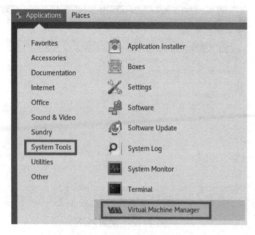

图 3-17 设置图形管理界面　　　　　　　图 3-18 输入 root 用户的密码

9）在输入 root 用户的密码之后，单击"Authenticate"按钮可以进入管理界面，然后开始使用 KVM 的图形界面管理工具 virt-manager，如图 3-19 所示。

10）为防止在后续的任务中增加初学者的难度，通常在系统安装完毕后关闭系统的 SELinux 和防火墙两项功能。

图 3-19 图形界面管理工具

- 禁用 SELinux：在超级用户终端中使用"vim/etc/sysconfig/selinux"命令，将"SELINUX=enforcing"修改为"SELINUX=disabled"。

```
[root@centos ~]# vim /etc/sysconfig/selinux
SELINUX=disabled
```

重新启动系统使设置生效，使用 getenforce 命令进行检查，如果返回 disabled，即为设置成功。

```
[root@centos ~]# getenforce
disabled
```

- 禁用防火墙：在超级用户终端中执行"systemctl stop firewalld"和"systemctl disable firewalld"命令，即可禁用防火墙。

```
[root@centos ~]# systemctl stop firewalld
[root@centos ~]# systemctl disable firewalld
```

3.1.3 在 CentOS 7 中安装 KVM

1）在 CentOS 7 虚拟机关机状态打开"虚拟机设置"对话框，在处理器选项中选中"虚拟化 Intel VT-x/EPT 或 AMD-V/RVI"，如图 3-20 所示。

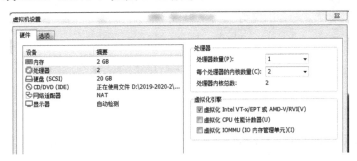

图 3-20 虚拟化设置

2）启动虚拟机，并在命令行中输入如下命令安装 KVM 软件包。

```
[root@centos ~]# yum -y install qemu-kvm qemu-img virt-manager libvirt libvirt-python libvirt-client virt-install virt-viewer
```

3）在命令行中输入以下命令启动 libvirt 服务并设置开机自启动。

```
[root@centos ~]# systemctl start libvirtd
[root@centos ~]# systemctl enable libvirtd
```

3.1.4 使用 virt-manager 管理虚拟机

1. 使用 virt-manager 创建虚拟机

1）通过 SFTP 将 CentOS-7-x86_64-Minimal-1908.iso 上传到 CentOS 的 /iso 目录中，如图 3-21 所示。

3-2 使用 virt-manager 管理虚拟机

```
[root@centos ~]# mkdir /iso
```

图 3-21 上传镜像

```
[root@centos ~]# ll -h /iso
total 942M
-rw-r--r--. 1 root root 942M Mar 11  2020 CentOS-7-x86_64-Minimal-1908.iso
```

2）在 CentOS 图形界面打开"Applications"→"System Tools"→"Virtual Machine Manager"，如图 3-22 所示。在 Virtual Machine Manager 中单击第一个图标开始创建新的虚拟机，如图 3-23 所示。

图 3-22　打开 Virtual Machine Manager　　　　图 3-23　新建虚拟机

3）首先设置安装源，这里选择安装来源"Local install media（ISO image or CDROM）"，如图 3-24 所示。选择使用 ISO 镜像文件安装，浏览找到/iso 目录下的 CentOS-7-x86_64-Minimal-1908.iso，选择操作系统类型 Linux，版本为 CentOS 7，如图 3-25 所示。

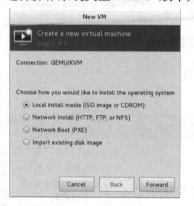

图 3-24　选择安装源　　　　　　　　　　图 3-25　安装设置

4）在创建新的虚拟机时，需要设置虚拟机的内存，这里设置虚拟机内存为 1024MB，虚拟 CPU 为 1 个，如图 3-26 所示。然后设置虚拟机硬盘大小，这里使用默认的 20GB，如图 3-27 所示。

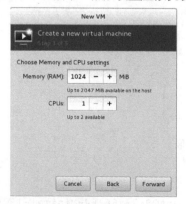

图 3-26　设置虚拟机内存　　　　　　　　图 3-27　设置虚拟机硬盘大小

5）完成创建虚拟机之前，在"Network selection"下拉列表框中，可以看到虚拟网络使用默认的 NAT 类型，也可以根据需要更改其他虚拟网络类型，如图 3-28 所示。单击"Finish"按钮，虚拟机会自动启动，进入光盘引导界面，如图 3-29 所示。

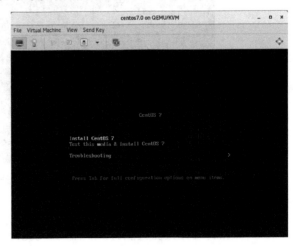

图 3-28　设置 NAT 网络　　　　　　　图 3-29　虚拟机启动后的安装界面

6）在虚拟机中安装 CentOS 的过程与真实机器相同，网卡 eth0 配置为 DHCP 自动获取 IP 地址即可，如图 3-30 所示。安装完成后，使用 root 用户登录虚拟机。并输入命令"ip addr"查看，此时 Linux 系统的 IP 地址为 192.168.122.84，如图 3-31 所示。

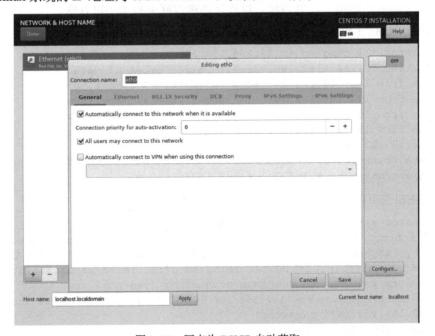

图 3-30　网卡为 DHCP 自动获取

7）在宿主机中查看网卡信息（以下称运行 KVM 虚拟化软件的 CentOS 为宿主机，虚拟机 CentOS 为客户机）。

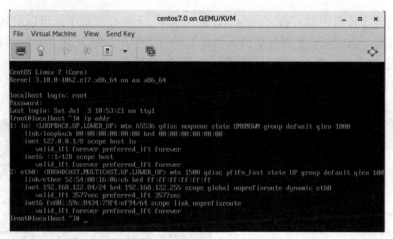

图 3-31　登录虚拟机并查看 IP 地址

```
[root@centos ~]# ifconfig virbr0
virbr0: flags=4163<UP,BROADCAST,RUNNING,MULTICAST>  mtu 1500
        inet 192.168.122.1  netmask 255.255.255.0  broadcast 192.168.122.255
        ether 52:54:00:88:22:97  txqueuelen 1000  (Ethernet)
        RX packets 60  bytes 5106 (4.9KiB)
        RX errors 0  dropped 0  overruns 0  frame 0
        TX packets 41  bytes 5092 (4.9KiB)
        TX errors 0  dropped 0  overruns 0  carrier 0  collisions 0
```

可以看到 virbr0 虚拟网卡，客户机可以通过该虚拟网卡与宿主机互通。

8）此时可以在宿主机上 ping 客户机的 IP 地址，可以 ping 通。

```
[root@centos ~]# ping -c 4 192.168.122.84
PING 192.168.122.84 (192.168.122.84) 56(84) bytes of data.
64 bytes from 192.168.122.84: icmp_seq=1 ttl=64 time=2.16ms
64 bytes from 192.168.122.84: icmp_seq=2 ttl=64 time=1.29ms
64 bytes from 192.168.122.84: icmp_seq=3 ttl=64 time=1.07ms
64 bytes from 192.168.122.84: icmp_seq=4 ttl=64 time=1.25ms
--- 192.168.122.84 ping statistics ---
4 packets transmitted, 4 received, 0% packet loss, time 3034ms
rtt min/avg/max/mdev = 1.073/1.448/2.162/0.420ms
```

9）从宿主机也可以通过 SSH 连接到客户机。

```
[root@centos ~]# ssh -l root 192.168.122.84
The authenticity of host '192.168.122.84 (192.168.122.84)' can't be established.
ECDSA key fingerprint is SHA256:mGXoOxizeRLByc7OOWw6mvHAX8u/Aj1swQiNheNVkTU.
ECDSA key fingerprint is MD5:ac:36:8d:a5:b7:77:1e:8d:93:da:35:73:7d:4c:22:37.
Are you sure you want to continue connecting (yes/no)? yes
Warning: Permanently added '192.168.122.84' (ECDSA) to the list of known hosts.
root@192.168.122.84's password:
Last login: Sat Jul  3 10:53:35 2021
[root@localhost ~]#
```

10）在客户机上输入 exit 退回到宿主机。

```
[root@localhost ~]# exit
logout
Connection to 192.168.122.84 closed.
```

```
[root@centos ~]#
```

11）在本机上 ping 客户机的 IP 地址，可以发现从本机（也就是外部网络）是访问不到的，如图 3-32 所示。客户机只能在宿主机上访问。

C:\Windows\system32\cmd.exe
Microsoft Windows [版本 10.0.19043.1055]
(c) Microsoft Corporation。保留所有权利。
C:\Users\lcg>ping 192.168.122.84
正在 Ping 192.168.122.84 具有 32 字节的数据:
请求超时。
请求超时。
请求超时。
请求超时。
192.168.122.84 的 Ping 统计信息:
数据包: 已发送 = 4, 已接收 = 0, 丢失 = 4 (100% 丢失),
C:\Users\lcg>

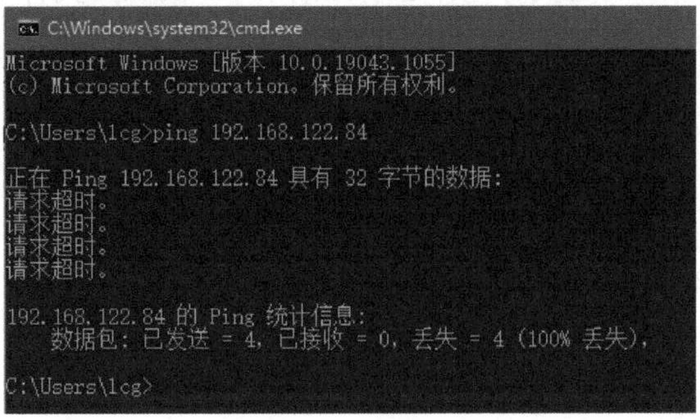

图 3-32　测试访问权限

2．配置 Linux 桥接网卡

1）在宿主机上输入如下命令，查看宿主机的网卡配置文件，如图 3-33 所示。

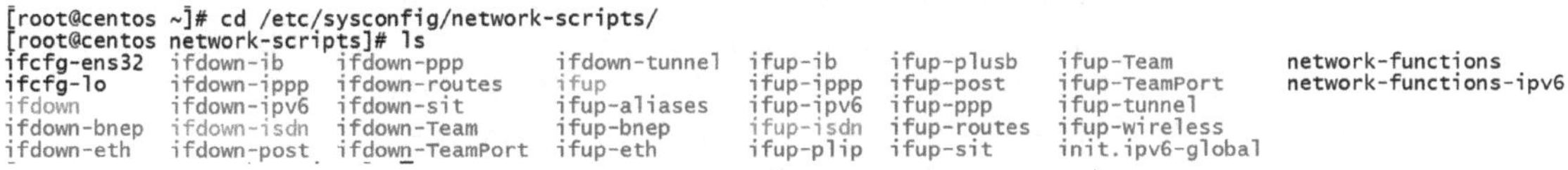

[root@centos ~]# cd /etc/sysconfig/network-scripts/
[root@centos network-scripts]# ls
ifcfg-ens32 ifdown-ib ifdown-ppp ifdown-tunnel ifup-ib ifup-plusb ifup-Team network-functions
ifcfg-lo ifdown-ippp ifdown-routes ifup ifup-ippp ifup-post ifup-TeamPort network-functions-ipv6
ifdown ifdown-ipv6 ifdown-sit ifup-aliases ifup-ipv6 ifup-ppp ifup-tunnel
ifdown-bnep ifdown-isdn ifdown-Team ifup-bnep ifup-isdn ifup-routes ifup-wireless
ifdown-eth ifdown-post ifdown-TeamPort ifup-eth ifup-plip ifup-sit init.ipv6-global

图 3-33　查看宿主机的网卡配置文件

2）文件夹中的文件是用于存放此虚拟机的网络设置的，查看宿主机 ens32 的配置文件。

```
[root@centos network-scripts]# cat ifcfg-ens32
TYPE=Ethernet
BOOTPROTO=dhcp
DEFROUTE=yes
IPV4_FAILURE_FATAL=no
IPV6INIT=yes
IPV6_AUTOCONF=yes
IPV6_DEFROUTE=yes
IPV6_FAILURE_FATAL=no
IPV6_ADDR_GEN_MODE=stable-privacy
NAME=ens32
UUID=f77c1d43-9143-454c-bff2-674efbaa4e0e
DEVICE=ens32
ONBOOT=yes
PEERDNS=yes
PEERROUTES=yes
IPV6_PEERDNS=yes
IPV6_PEERROUTES=yes
IPV6_PRIVACY=no
```

3）可以根据自己的需求编辑网卡 ens32 的配置文件 ifcfg-ens32。

```
[root@centos network-scripts]# vi ifcfg-ens32
TYPE=Ethernet
BOOTPROTO=none
NAME=ens32
```

```
DEVICE=ens32
ONBOOT=yes
BRIDGE=br0
```

4)将一块桥接网卡写入配置文件,添加桥接网卡 br0 的配置文件 ifcfg-br0。

```
[root@centos network-scripts]# vi ifcfg-br0
TYPE=Bridge
BOOTPROTO=static
DEVICE=br0
ONBOOT=yes
IPADDR=192.168.100.128
NETMASK=255.255.255.0
GATEWAY=192.168.100.2
DNS1=192.168.100.2
```

5)重新启动网络服务。

```
[root@centos network-scripts]# systemctl restart network
```

6)再次查看宿主机的网卡信息。

```
[root@centos ~]# ifconfig
br0: flags=4163<UP,BROADCAST,RUNNING,MULTICAST>  mtu 1500
        inet 192.168.100.128  netmask 255.255.255.0  broadcast 192.168.100.255
        inet6 fe80::20c:29ff:fe4e:9ca  prefixlen 64  scopeid 0x20<link>
        ether 00:0c:29:4e:09:ca  txqueuelen 1000  (Ethernet)
        RX packets 77  bytes 8735 (8.5KiB)
        RX errors 0  dropped 0  overruns 0  frame 0
        TX packets 65  bytes 11683 (11.4KiB)
        TX errors 0  dropped 0  overruns 0  carrier 0  collisions 0

ens32: flags=4163<UP,BROADCAST,RUNNING,MULTICAST>  mtu 1500
        ether 00:0c:29:4e:09:ca  txqueuelen 1000  (Ethernet)
        RX packets 1099360  bytes 1589480075 (1.4GiB)
        RX errors 0  dropped 0  overruns 0  frame 0
        TX packets 123876  bytes 11477530 (10.9MiB)
        TX errors 0  dropped 0  overruns 0  carrier 0  collisions 0

lo: flags=73<UP,LOOPBACK,RUNNING>  mtu 65536
        inet 127.0.0.1  netmask 255.0.0.0
        inet6 ::1  prefixlen 128  scopeid 0x10<host>
        loop  txqueuelen 1000  (Local Loopback)
        RX packets 132  bytes 11220 (10.9KiB)
        RX errors 0  dropped 0  overruns 0  frame 0
        TX packets 132  bytes 11220 (10.9KiB)
        TX errors 0  dropped 0  overruns 0  carrier 0  collisions 0

virbr0: flags=4099<UP,BROADCAST,MULTICAST>  mtu 1500
        inet 192.168.122.1  netmask 255.255.255.0  broadcast 192.168.122.255
        ether 52:54:00:88:22:97  txqueuelen 1000  (Ethernet)
        RX packets 150  bytes 13656 (13.3KiB)
        RX errors 0  dropped 0  overruns 0  frame 0
        TX packets 123  bytes 15162 (14.8KiB)
        TX errors 0  dropped 0  overruns 0  carrier 0  collisions 0
```

3．配置虚拟机通过桥接网卡连接到外部网络

1）将客户机关机，关闭并重新打开 Virtual Machine Manager，编辑客户机设置，在"NIC"处，将"Network source"修改为"Bridge br0:Host device ens32"，单击"Apply"按钮，如图 3-34 所示。将客户机开机，此时客户机 CentOS 不再获取 192.168.122.0/24 网段中的 IP 地址，而是获取宿主机所在网段 192.168.100.0/24 中的 IP 地址。如图 3-35 所示。

图 3-34　修改 Network source

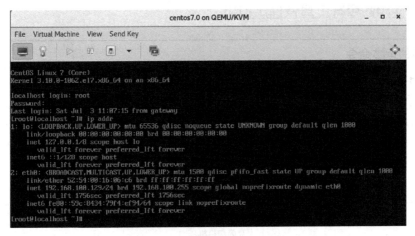

图 3-35　查看获取的新 IP 地址

2）在本机上可以 ping 通客户机，如图 3-36 所示。

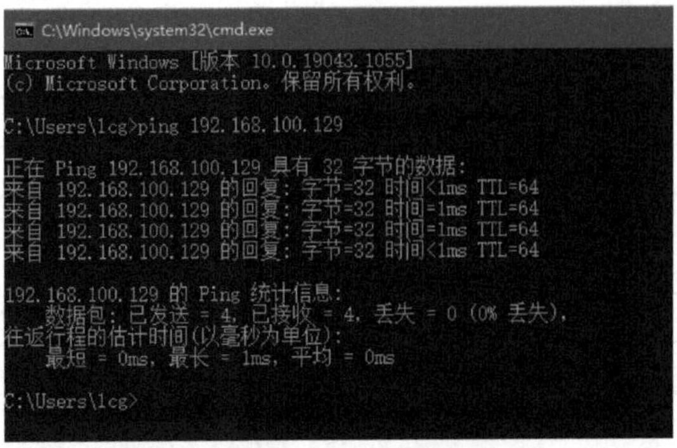

图 3-36　测试本机 ping 客户机

3）检查客户机获取到的默认网关和 DNS 服务器地址。

```
[root@localhost ~]# ip route
default via 192.168.100.2 dev eth0 proto dhcp metric 100
192.168.100.0/24 dev eth0 proto kernel scope link src 192.168.100.129 metric 100
[root@localhost ~]# cat /etc/resolv.conf
# Generated by NetworkManager
search localdomain
nameserver 192.168.100.2
```

4）如果本机能够访问 Internet，那么客户机也是可以访问 Internet 的。

```
[root@localhost ~]# ping -c 4 202.102.128.68
PING 202.102.128.68 (202.102.128.68) 56(84) bytes of data.
64 bytes from 202.102.128.68: icmp_seq=1 ttl=128 time=5.55ms
64 bytes from 202.102.128.68: icmp_seq=2 ttl=128 time=4.99ms
64 bytes from 202.102.128.68: icmp_seq=3 ttl=128 time=5.80ms
64 bytes from 202.102.128.68: icmp_seq=4 ttl=128 time=7.40ms
--- 202.102.128.68 ping statistics ---
4 packets transmitted, 4 received, 0% packet loss, time 3015ms
rtt min/avg/max/mdev = 4.993/5.938/7.403/0.896ms
```

3.1.5 使用命令行工具管理虚拟机

1．常用的运维命令

除了 virt-manager 图形管理工具可以管理 KVM 虚拟化外，还可以使用命令行对 KVM 进行管理，为了能够更好地进行运维和管理，系统提供了 virt 命令组、virsh 命令和 qemu 命令组对虚拟机进行管理和运维。

3-3 使用命令行管理虚拟机

（1）virt 命令组

virt 命令组提供了如下 11 条命令对虚拟机进行管理，见表 3-1。

表 3-1 virt 命令组和功能

命令名	功能
virt-clone	克隆虚拟机
virt-convert	转换虚拟机
virt-host-validate	验证虚拟机主机
virt-image	创建虚拟机镜像
virt-install	创建虚拟机
virt-manager	虚拟机管理器
virt-pki-validate	虚拟机证书验证
virt-top	虚拟机监控
virt-viewer	虚拟机访问
virt-what	探测程序是否运行在虚拟机中，是何种虚拟化
virt-xml-validate	虚拟机 XML 配置文件验证

（2）virsh 命令

virsh 命令是 Red Hat 公司为虚拟化技术封装的一条虚拟机管理命令，有非常丰富和全面的选项和功能，基本相当于 virt-manager 图形界面程序的命令行版本，覆盖了虚拟机的生命周期的全过程，在单个物理服务器虚拟化中起到了重要的虚拟化管理作用，同时也为更为复杂的虚拟化管理提供了坚实的技术基础。

使用 virsh 管理虚拟机，命令行执行效率快，可以进行远程管理，很多机器运行在 runlevel 3 或者使用远程管理工具在无法调用 x-windows 情况下，使用 virsh 能达到高效的管理。

在实际工作中，virsh 命令还有一个优势，该命令可以用于统一管理 KVM、LXC、Xen 等各种 Linux 上的虚拟机管理程序，用统一的命令对不同的底层技术实现相同的管理功能。

virsh 命令主要为以下 12 个功能区域进行了参数划分，见表 3-2。

表 3-2　virsh 命令的功能区域

命令选项功能区域名	功能
Domain Management	域管理
Domain Monitoring	域监控
Host and Hypervisor	主机和虚拟层
Interface	接口管理
Network Filter	网络过滤管理
Networking	网络管理
Node Device	节点设备管理
Secret	安全管理
Snapshot	快照管理
Storage Pool	存储池管理
Storage Volume	存储卷管理
Virsh itself	自身管理功能

（3）qemu 命令组

qemu 是一个虚拟机管理程序，在 KVM 成为 Linux 虚拟化的主流 Hypervisor 之后，底层一般都将 KVM 与 qemu 结合，形成了 qemu-kvm 管理程序，用于虚拟层的底层管理。该管理程序是所有上层虚拟化功能的底层程序，虽然 Linux 系统下几乎所有的 KVM 虚拟化底层都是通过该管理程序实现，但是仍然不建议用户直接使用该命令。CentOS 系统对该命令进行了隐藏，该程序的二进制程序一般放在/usr/libexec/qemu-kvm，不建议用户直接使用该命令对虚拟机进行管理。

表 3-3　qemu 命令组

命令名	功能
qemu-kvm	虚拟机管理
qemu-img	镜像管理
qemu-io	接口管理

2．使用 virt-install 安装虚拟机

（1）使用 virt-install 命令创建新的虚拟机

virt-install 是安装虚拟机的命令，方便用户通过命令行界面安装虚拟机。该命令包含许多配置参数，virt-install 的几个主要参数如下。

```
[root@centos ~]# virt-install --help
usage: virt-install --name NAME --memory MB STORAGE INSTALL [options]
optional arguments:
  -h, --help          show this help message and exit          #显示帮助信息
  -n NAME, --name NAME Name of the guest instance              #虚拟机名称
  --memory MEMORY     Configure guest memory allocation. Ex:
                      --memory 1024 (in MiB)     #以 MB 为单位为客户机分配的内存
                      --memory 512,maxmemory=1024
                      --memory 512,maxmemory=1024,hotplugmemorymax=2048,hotplugmemoryslots=2
  --vcpus VCPUS       Number of vcpus to configure for your guest. Ex:#配置 CPU 的数量
                      --vcpus 5
                      --vcpus 5,maxvcpus=10,cpuset=1-4,6,8
                      --vcpus sockets=2,cores=4,threads=2
  --cdrom CDROM       CD-ROM installation media                #光驱安装介质
  -l LOCATION, --location LOCATION                #安装源（例如：nfs:host:/path）
  --disk DISK         Specify storage with various options. Ex. #存储磁盘
                      --disk size=10 (new 10GiB image in default location)
                      --disk /my/existing/disk,cache=none
                      --disk device=cdrom,bus=scsi
  -w NETWORK, --network NETWORK                               #配置网络
                      Configure a guest network interface. Ex:
                      --network bridge=mybr0
                      --network network=my_libvirt_virtual_net
                      --network network=mynet,model=virtio,mac=00:11...
  --graphics GRAPHICS Configure guest display settings. Ex:   #配置显示协议
                      --graphics vnc
                      --graphics spice,port=5901,tlsport=5902
                      --graphics none
                      --graphics vnc,password=foobar,port=5910,keymap=ja
  --autostart         Have domain autostart on host boot up.  #配置为开机自动启动
```

使用 virt-install 创建虚拟机的命令如下：

```
[root@centos ~]# virt-install --name centos7 --memory 1024 --vcpus 1 --cdrom
/iso/CentOS-7-x86_64-Minimal-1908.iso --os-variant rhel7 --network bridge=br0 --
disk /tmp/centos7.qcow2,size=10 --graphics vnc,listen=0.0.0.0,port=5901
```

该命令将从/iso/CentOS-7-x86_64-Minimal-1908.iso 镜像安装 CentOS 7 虚拟机操作系统，虚拟机名称为 centos7，内存为 1GB，虚拟 CPU 为 1 个，虚拟磁盘的路径为/tmp/centos7.qcow2，大小为 10GB，开启 VNC 访问，监听的 IP 地址为 0.0.0.0，端口为 TCP 5901，使用的网络连接方式为桥接 br0，操作系统类型为 rhel7。

（2）等待虚拟机安装

出现以下提示，不要关闭窗口，也不要按〈Ctrl+C〉组合键。

```
WARNING  Graphics requested but DISPLAY is not set. Not running virt-viewer.
WARNING  No console to launch for the guest, defaulting to --wait -1
Starting install...
Allocating 'centos7.qcow2'                                  |  10GB  00:00:00
Domain installation still in progress. Waiting for installation to complete.
```

3. 连接到虚拟机控制台

1）在使用 VNC 连接虚拟机时一定要关闭防火墙，否则连接不到虚拟机。

```
[root@centos ~]# systemctl stop firewalld
```

2）在本机中打开"VNC Viewer"，输入"宿主机 IP 地址：端口"，然后单击"OK"按钮，就可以登录到虚拟机了，如图 3-37 所示。

3）安装虚拟机操作系统，如图 3-38 所示。

图 3-37　打开 VNC 并输入宿主机 IP 地址

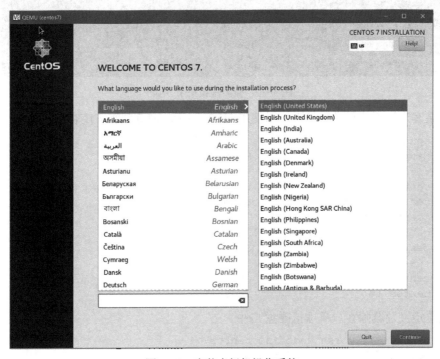

图 3-38　安装虚拟机操作系统

4. 使用 virsh 管理控制台

1）查看运行中的虚拟机。

```
[root@centos ~]# virsh list
 Id    Name                           State
----------------------------------------------------
 4     centos7                        running
```

2）查看所有虚拟机，包括已经关机的虚拟机。

```
[root@centos ~]# virsh list --all
 Id    Name                           State
----------------------------------------------------
 4     centos7                        running
 -     centos7.0                      shut off
```

3）查看虚拟机 VNC 端口。

```
[root@centos ~]# virsh vncdisplay centos7
:1
```

4）客户机安装完毕后，查看其 IP 地址，如图 3-39 所示。该客户机可以从本机 ping 通，也可以通过 SSH 远程访问。输入"shutdown -h now"正常关闭客户机。

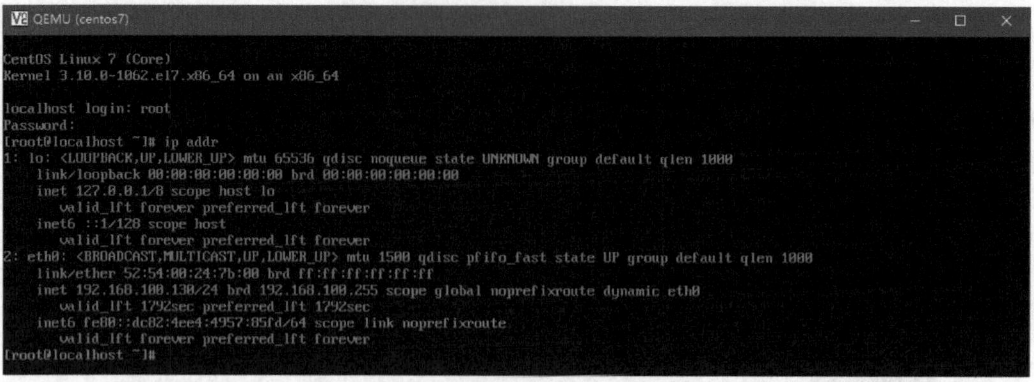

图 3-39 查看虚拟机 IP 地址

5）如果客户机不能正常关机，可以使用 virsh destroy 命令强制关闭客户机。

```
[root@centos ~]# virsh list
 Id    Name                           State
----------------------------------------------------
 5     centos7                        running
[root@centos ~]# virsh destroy centos7
Domain centos7 destroyed
[root@centos ~]# virsh list --all
 Id    Name                           State
----------------------------------------------------
 -     centos7                        shut off
 -     centos7.0                      shut off
```

6）取消定义及删除客户机虚拟磁盘文件

```
[root@centos ~]# virsh undefine centos7
Domain centos7 has been undefined
[root@centos ~]# virsh list --all
 Id    Name                           State
----------------------------------------------------
 -     centos7.0                      shut off
[root@centos ~]# cd /tmp
[root@centos tmp]# file centos7.qcow2
centos7.qcow2: QEMU QCOW Image (v3), 10737418240 bytes
[root@centos tmp]# rm -f centos7.qcow2
```

任务 3.2　部署和使用 oVirt 4.3.8

详细内容扫描二维码即可查看。

项目总结

本项目通过对 CentOS 7 上的 KVM 技术的应用和运维，熟悉了 KVM 在 CentOS 7 系统上的管理和底层命令。同时以该项技术为基础，通过两台服务器，利用社区提供的 oVirt，实现了带有共享存储系统的简单虚拟化服务环境。该虚拟化服务提供了服务器虚拟化功能，实现了 CentOS 7 服务器快速部署和服务。管理员快速、完整、高效地完成了任务，因为所有任务都利用开源平台完成，该项目还提供了更高的项目性价比。

练习题

1. KVM 虚拟化和其他的虚拟化的优缺点是什么？KVM 虚拟化的特点是什么？
2. KVM 虚拟化由哪些组件组成？各能够实现怎样的功能？
3. KVM 虚拟化能够使用的显示连接协议有哪些？各有什么优缺点？
4. KVM 虚拟化可以使用哪些连接工具和软件进行连接？
5. oVirt 的主要组件有哪些？
6. 综合实战：

实现 oVirt 企业级虚拟化平台，要求如下。

1）ovirt-engine，4GB 内存，2 块 CPU，实现 oVirt 的管理服务。
2）ovirt-node，4GB 内存，2 块 CPU，实现 oVirt 的虚拟化服务。
3）将 ovirt-node 作为计算节点添加到 oVirt 虚拟化管理平台中。
4）使用 ovirt-node 上的 NFS 存储作为数据存储域和 ISO 存储域。
5）基于 NFS 存储，建立数据中心和集群，并实现服务器虚拟化功能。

项目 4 部署企业级容器云平台

项目导入

小容是某软件公司研发部的开发工程师，在工作和学习的过程中了解到容器技术和 PaaS 云计算平台。小容决定研究 Docker 容器技术和容器集群管理系统 Kubernetes。在了解以上两者的基础上，小容将进一步学习部署基于 Docker 和 Kubernetes 的开源云计算 PaaS 平台 OpenShift。

项目目标

- Docker 容器的安装和使用。
- Docker 仓库的使用和维护。
- Docker 容器编排。
- 容器集群管理系统 Kubernetes。
- 开源容器云平台 OpenShift。

项目设计

容器是当前 IT 业界的一个热门话题，容器以及围绕其展开的生态系统正在发生翻天覆地的变化。容器技术有许多优点，在许多应用场景中有着巨大的潜力，但是用好容器技术可能比容器技术本身更为复杂。在许多人的眼里，容器就是 Docker。然而，要在一个企业或组织里大规模地使用容器，除了容器引擎，还需要考虑容器编排、调度安全、应用部署、构建、高可用、网络、存储等问题。企业必须有一套整体的解决方案来应对这些挑战。

本章内容主要介绍基于 Docker、Kubernetes 和 OpenShift 构建的开源容器云，帮助学生掌握企业搭建及管理基于容器的应用平台而产生的解决方案。掌握 Docker 容器技术基础知识，学会搭建 Kubernetes 高性能容器集群管理系统，最后能使用 OpenShift 快速搭建稳定、安全、高效的开源容器云应用平台。容器云技术的学习路线图如图 4-1 所示。

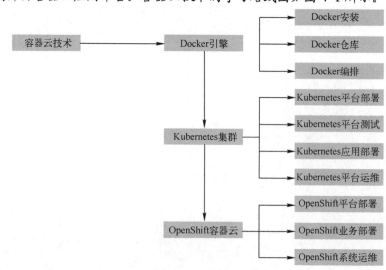

图 4-1 容器云技术的学习路线图

项目所需软件列表如下。
- VMware Workstation 16.1.2。
- CentOS 7.9-2009 DVD ISO。
- CentOS 7.5-1804 DVD ISO。
- Kubernetes 离线安装包。
- OpenShift 二进制包。
- OpenShift Docker 镜像。

任务 4.1　Docker 容器简介

Docker 最初是 DotCloud 公司创始人 Solomon Hykes 在法国期间发起的一个公司内部项目。它是基于 DotCloud 公司多年云服务技术的一次革新，并于 2013 年 3 月以 Apache 2.0 授权协议开源，主要项目代码在 GitHub 上进行维护，Docker 项目后来还加入了 Linux 基金会，并成立推动开放容器联盟。

1．Docker 引擎架构

Docker 引擎是 C/S 的架构，Docker 客户端与 Docker Daemon（守护进程）进行交互，Daemon 负责构建、运行和发布 Docker 容器。客户端可以和服务端运行在同一个系统中，也可以连接远程的 Daemon。Docker 的客户端与 Daemon 通过 REST API 进行 Socket 通信，如图 4-2 所示。

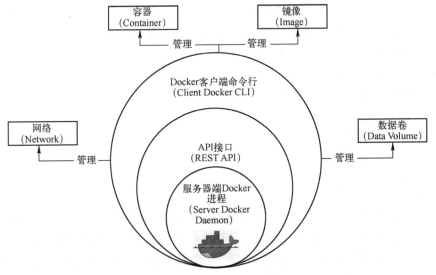

图 4-2　Docker 服务架构图

（1）Namespace（命名空间）

命名空间是 Linux 内核的一个强大的特性。每个容器都有自己独立的命名空间，运行在其中的应用就像是在独立的操作系统中运行一样，命名空间保证了容器之间彼此互不影响。Docker 实际上是一个进程容器，它通过 Namespace 实现了进程和进程之间所使用的资源隔离，使不同进程之间彼此不可见。Docker 用到的命名空间如下。
- PID 命名空间：用于隔离进程，容器都有自己独立的进程 ID。
- NET 命名空间：用于管理网络，容器有自己独立的 Network Info。
- IPC 命名空间：用于访问 IPC（InterProcess Communication）资源。
- MNT 命名空间：用于管理挂载点，每个容器都有自己唯一的目录挂载。
- UTS 命名空间：用于隔离内核和版本标识（UNIX Timesharing System，UTS），每个容器都有自己独立的 Hostname 和 Domain。

（2）Cgroup（控制组）

Cgroup 是 Linux 内核的一个特性，主要用来对共享资源进行隔离、限制、审计等。只有能控制分配到容器的资源，才能避免当多个容器同时运行时对系统资源的竞争。控制组技术最早是由 Google 的程序员在 2006 年提出的，Linux 内核自 2.6.24 开始支持。控制组可以提供对容器的内存、CPU、磁盘 I/O 等资源的限制和审计管理。

（3）UnionFS（联合文件系统）

UnionFS（Union File System，Union 文件系统）是一种分层的、轻量级并且高性能的文件系统，它支持将文件系统的修改作为一次提交来层层叠加，同时可以将不同目录挂载到同一个虚拟文件系统下。Union 文件系统是 Docker 镜像的基础，镜像可以通过分层来进行继承，同时加上自己独有的改动层，大大提高了存储的效率。

2．Docker 核心概念

（1）Image（镜像）

镜像是一个只读模板，由 Dockerfile 文本描述镜像的内容。镜像定义类似面向对象的类，从一个基础镜像（Base Image）开始。构建一个镜像实际就是安装、配置和运行的过程。镜像可以用来创建 Docker 容器，一个镜像可以创建多个容器。Docker 镜像基于 UnionFS 把以上过程进行分层（Layer）存储，这样更新镜像时可以只更新变化的层。Docker 的描述文件为 Dockerfile，Dockerfile 是一个文本文件，基本指令如下。
- FROM：定义基础镜像。
- MAINTAINER：作者或维护者。
- RUN：运行的 Linux 命令。
- ADD：增加文件或目录。
- ENV：定义环境变量。
- CMD：运行进程。

（2）容器

容器是一个镜像的运行实例，容器由镜像创建，运行用户指定的指令或者 Dockerfile 定义的运行指令，可以将其启动、停止、删除，而这些容器都是相互隔离（独立进程）、互不可见的。比如，运行 CentOS 操作系统镜像，使用"-i"参数提供前台交互模型，使用"-t"参数分配一个伪终端，运行命令/bin/bash，代码如下：

```
[root@docker ~]# docker run -i -t centos /bin/bash
```

该命令运行过程如下。

1）拉取（Pull）镜像，Docker Engine 检查 centos 镜像在本地是否存在，如果在本地已经存在，则使用该镜像创建容器；如果不存在，则 Docker Engine 则会从镜像仓库拉取镜像至本地。

2）使用该镜像创建新容器。
3）分配文件系统，挂载一个读写层，在读写层加载镜像。
4）分配网络/网桥接口，创建一个网络接口，让容器和主机通信。
5）从可用的 IP 池选择 IP 地址，分配给容器。
6）执行命令/bin/bash。
7）捕获和提供执行结果。

（3）仓库（Registry）

Docker 仓库是 Docker 镜像库，有时会把仓库和注册服务器（Registry）混为一谈，并不严格区分。实际上，仓库注册服务器上往往存放着多个仓库，每个仓库中又包含了多个镜像，每个镜像有不同的标签（Tag）。Docker Registry 也是一个容器，仓库分为公开（Public）仓库和私有（Private）仓库两种形式。最大的公开仓库是 Docker Hub，存放了数量庞大的镜像供用户下载。国内的公开仓库包括时速云、网易云等，可以为国内用户提供更稳定快速的访问。当然，用户也可以在本地网络内创建一个私有仓库。

当用户创建了自己的镜像之后，就可以使用 Push 命令将它上传到公有或者私有仓库，这样下次在另外一台机器上使用这个镜像时，只需要从仓库上拉取下来就可以了。Docker 仓库的概念跟 Git 类似，注册服务器可以理解为 GitHub 这样的托管服务。Docker 注册服务器与仓库、镜像之间的关系如图 4-3 所示。

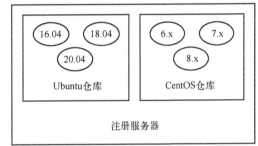

图 4-3 Docker 注册服务器与仓库、镜像之间的关系图

任务 4.2 Docker 容器的安装和使用

4.2.1 Docker 的安装

1．系统要求

4-1 Docker 容器的安装和使用

Docker 最低支持 CentOS 7，Docker 需要安装在 64 位的平台，并且内核版本不低于 3.10。CentOS 7 满足最低内核的要求，但由于内核版本比较低，部分功能无法使用，并且部分功能可能不太稳定。

2．基础环境配置

通过下面的命令在/etc/sysctl.conf 文件后面追加如下语句，最后通过"sysctl -p"生效配置文件。

```
[root@docker ~]# cat >> /etc/sysctl.conf << EOF
net.ipv4.ip_forward = 1
net.bridge.bridge-nf-call-ip6tables = 1
net.bridge.bridge-nf-call-iptables = 1
EOF
```

```
[root@docker ~]# modprobe br_netfilter
[root@docker ~]# sysctl -p
```

3. Docker 安装

1)添加 yum 源。

```
[root@docker ~]# yum install -y yum-utils
[root@docker ~]# yum-config-manager --add-repo https://download.docker.com/linux/centos/docker-ce.repo
[root@docker ~]# yum clean all
[root@docker ~]# yum makecache
```

2)安装 docker 软件包。

```
[root@docker ~]# yum -y install docker-ce
```

3)启动 docker 服务,设置开机自启动,并查看服务信息。

```
[root@docker ~]# systemctl start docker
[root@docker ~]# systemctl enable docker
[root@docker ~]# docker info
```

4.2.2 Docker 镜像的使用

Docker 运行容器的前提是本地存在对应的镜像,如果镜像不存在,Docker 会从镜像仓库下载,默认是 Docker Hub 公共注册服务器中的仓库。

1. 获取镜像

Docker Hub 上有大量高质量的镜像可以用,从 Docker Registry 获取镜像的命令是"docker pull"。其命令格式为:docker pull [选项] [Docker Registry 地址] <仓库名>:<标签>,具体的选项可以通过"docker pull --help"帮助命令看到。

1)从 Docker Hub 拉取 centos:7 镜像。

```
[root@docker ~]# docker pull centos:7
```

2)查看 centos:7 镜像是否下载到本地。

```
[root@docker ~]# docker images
REPOSITORY   TAG          IMAGE ID         CREATED          SIZE
centos       7            8652b9f0cb4c     7 months ago     204MB
```

注意:本地镜像都保存在 Docker 宿主机的/var/lib/docker 目录下。

3)从镜像启动一个容器,并进入容器。

```
[root@docker ~]# docker run -i -t --name test centos:7 /bin/bash
root@917b059d9f30:/# exit
```

2. 列出镜像

通过以下命令列出当前系统中的所有镜像。

```
[root@docker ~]# docker images -a
REPOSITORY   TAG          IMAGE ID         CREATED          SIZE
nginx        latest       4cdc5dd7eaad     2 days ago       133MB
<none>       <none>       00285df0df87     5 days ago       342MB
```

```
centos              7            8652b9f0cb4c    7 months ago    204MB
```
在此镜像列表中包含了仓库名、标签、镜像 ID、创建时间以及镜像的大小。

3．使用 Dockerfile 构建镜像

1）创建镜像构建目录。

```
[root@docker ~]# mkdir http_test
[root@docker ~]# cd http_test
[root@docker http_test]# cp /etc/yum.repos.d/CentOS-Base.repo .
```

2）编辑 Dockerfile 内容。

```
[root@docker http_test]# vi Dockerfile
FROM centos:7
RUN rm -fv /etc/yum.repos.d/*
ADD CentOS-Base.repo /etc/yum.repos.d/
RUN yum install -y httpd
EXPOSE 80
```

3）构建镜像。使用以下命令构建新镜像并查看新镜像信息。

```
[root@docker http_test]# docker build -t httpd:v1.0 .
[root@docker http_test]# docker images
REPOSITORY         TAG          IMAGE ID        CREATED         SIZE
httpd              v1.0         3ab57e43a80e    9 seconds ago   360MB
```

4.2.3　Docker 容器的使用

1．启动容器

启动容器有两种方式，一种是基于镜像新建一个容器并启动，另外一个是将在停止状态的容器重新启动。下面的命令将基于使用 Dockerfile 创建的镜像运行，输出"Hello World"，之后自动停止容器。

```
[root@docker ~]# docker run httpd:v1.0 /bin/echo 'Hello world'
Hello world
```

2．终止容器

可以使用"docker stop"命令来停止一个运行中的容器。此外，当 Docker 容器中指定的应用终结时，容器也自动终止。用户通过 exit 命令或按〈Ctrl+D〉组合键退出终端时，所创建的容器立刻停止。

停止状态的容器可以用"docker ps -a"命令看到。例如：

```
[root@docker http_test]# docker ps -a
CONTAINER ID  IMAGE     COMMAND      CREATED        STATUS            PORTS   NAMES
c70a1a64255f  centos:7  "/bin/bash"  8 minutes ago  Exited(0)8 minutes ago    test
```

处于停止状态的容器，可以通过"docker start"命令来启动，并检查容器是否已经启动。

```
[root@docker ~]# docker start test
[root@docker ~]# docker ps -a
CONTAINER ID  IMAGE     COMMAND      CREATED        STATUS    PORTS      NAMES
c70a1a64255f  centos:7  "/bin/bash"  9 minutes ago  Up 1      second     test
```

此外，docker restart 命令会将一个运行中的容器停止，然后再将其重新启动。

```
[root@docker ~]# docker restart c70a1a64255f
```

3．进入容器

在使用-d 参数时，容器启动后会进入后台。某些时候需要进入容器进行操作，有多种方法实现，包括 docker attach、docker exec 等。下面示例如何使用"docker attach"命令。

```
[root@docker ~]# docker run -itd httpd:v1.0
[root@docker ~]# docker ps
CONTAINER ID    IMAGE        COMMAND      CREATED         STATUS          PORTS    NAMES
e8d0cb7f9aab    httpd:v1.0   "/bin/bash"  10 seconds ago  Up 8 seconds    80/tcp   competent_cannon
[root@docker ~]# docker attach competent_cannon
[root@e8d0cb7f9aab /]#
```

 注意：使用 attach 命令有时并不方便。当将多个窗口同时附到同一个容器时，所有窗口都会同步显示。当某个窗口因命令阻塞时，其他窗口也无法执行操作了。

任务 4.3 Docker 仓库的安装和使用

1．Docker Hub

目前世界上最大、最知名的公共仓库是 Docker 官方的 Docker Hub，上面有超过 15 000 个镜像。在大多数情况下，可以通过 Docker Hub 来直接下载镜像。国内比较知名的 Docker 仓库社区有 Docker Pool、阿里云等。

4-2 Docker 仓库的安装和使用

可以通过执行"docker login"命令并输入用户名、密码和邮箱来完成注册和登录，如图 4-4 所示。注册成功后，本地用户目录的.dockercfg 中将保存用户的认证信息。

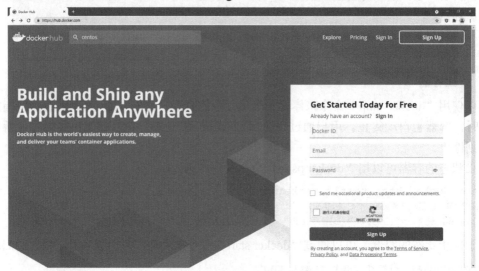

图 4-4　Docker Hub 登录界面

2．Docker 仓库简介

镜像构建完成后，可以很容易地在当前宿主机上运行。但是，如果需要在其他服务器上使用这个镜像,就需要一个集中的存储、分发镜像的服务器。Docker Registry(注册服务器)就是这样的服务。一个 Docker Registry 中可以包含多个仓库,每个仓库可以包含多个标签(Tag),每个标签对应一个镜像。

通常,一个仓库会包含多个不同版本的镜像,标签常用于对应该软件的各个版本。开发者可以通过"<仓库名>:<标签>"格式来指定具体是某个软件哪个版本的镜像。如果不给出标签,则以 latest 作为默认标签。

仓库名经常以两段式路径形式出现,如"james/php_web",前者往往是 Docker Registry 多用户环境下的用户名,后者则往往是对应的软件名。但这并非是绝对的,取决于所使用的具体 Docker Registry 的软件或服务。

Docker Registry 服务可以分为两种。一种为公开并开放给所有的用户使用,包含用户的搜索、拉取。这类服务受网络带宽的限制,并不能及时、快速地获取所需要的资源,但是优点是可以获取大部分可以立即使用的镜像,减少镜像的制作时间。另外一种是在一定范围对特定的用户提供 Registry 服务,一般存在于学校内部、企业内部等环境,这在一定程度上保证了镜像拉取的速度,对内部核心镜像数据有保护作用,但是也存在镜像内容不丰富的问题。

3. 私有仓库

(1)私有仓库的特点

注册服务器(Registry)是集中存放镜像的地方,前面的内容已经说明了 Docker 仓库分为公有仓库和私有仓库,然而公有仓库在某些情况下并不适用于公司内部传输。通过对比两种仓库的特点,可以得出私有仓库有节省带宽、传输速度快、方便存储的优点。

(2)Docker Registry 的工作方式

Docker Registry 是镜像的仓库,当开发者编译完成一个镜像时,可以将其推送到公共的 Registry,如 Docker Hub,也可以推送到自己的私有 Registry。使用 Docker Client,开发者可以搜索已经发布的镜像,拉取镜像到本地,并在容器中运行。

Docker Hub 提供了公有和私有的 Registry。所有人都可以搜索和下载公共镜像,私有仓库只有私有用户才能查询和下载。

4. Docker 仓库的使用

(1)配置镜像加速器

在国内访问 Docker 官方的镜像速度会比较慢,为了快速拉取镜像,可以配置第三方加速器。目前常用的第三方加速器品牌有网易、USTC、DaoCloud、阿里云等。修改 Docker 守护进程配置文件"/etc/docker/daemon.json",添加 registry-mirrors 键值,可以启用第三方加速器。

```
[root@docker ~]# vi /etc/docker/daemon.json
{
  "registry-mirrors": ["https://registry.docker-cn.com"]
}
```

在 daemon.json 配置文件中可以添加多个加速器地址,每个地址用逗号隔开。

```
[root@docker ~]# vi /etc/docker/daemon.json
{
 "registry-mirrors": ["https://registry.docker-cn.com","https://docker.mirrors.ustc.edu.cn"]
}
```

(2) 重启 Docker

重启 Docker 进程,加速器即可生效。

```
[root@docker ~]# systemctl restart docker
```

(3) 基本操作

用户无须登录即可通过 "docker search" 命令来查找官方仓库中的镜像,并利用 "docker pull" 命令来将它下载到本地。例如,以 centos 为关键词进行搜索:

```
[root@docker ~]# docker search centos
NAME    DESCRIPTION              STARS    OFFICIAL   AUTOMATED
centos  The official build of CentOS.  6627    [OK]
ansible/centos7-ansible  Ansible on Centos7   134           [OK]
...
```

可以看到返回了很多包含关键字 centos 的镜像,其中包括镜像名字、描述、星级(表示该镜像的受欢迎程度)、是否官方创建、是否自动创建。根据是否是官方提供,可将镜像资源分为两类。一种是类似 centos 这样的基础镜像,被称为基础镜像或根镜像。这些基础镜像是由 Docker 公司创建、验证、支持、提供的。这样的镜像往往使用单个单词作为名字。还有一种类型,比如 tianon/centos 镜像,它是由用户创建并维护的,往往带有用户名称前缀。可以通过前缀 "user_name/" 来指定使用某个用户提供的镜像,比如 tianon 用户。用户也可以在登录后通过 "docker push" 命令来将镜像推送到 Docker Hub。

(4) 建立私有注册服务器

Docker 开源了 Docker Registry 代码,可以自己构建私有注册服务器。

1) 下载注册服务器镜像。

```
[root@docker ~]# docker pull registry
```

2) 创建镜像仓库容器。

```
[root@docker ~]# docker run -d -p 5000:5000 --restart=always --name registry registry:latest
```

3) 给镜像打 tag。

注意,在这里 Docker 宿主机的 IP 地址是 192.168.100.31。

```
[root@docker ~]# docker images
REPOSITORY    TAG      IMAGE ID       CREATED       SIZE
registry      latest   1fd8e1b0bb7e   2 months ago  26.2MB
[root@docker ~]# docker tag 1fd8e1b0bb7e 192.168.100.31:5000/registry:latest
```

4) 编辑配置文件,增加 insecure-registries 配置。

```
[root@docker ~]# vi /etc/docker/daemon.json
{
  "registry-mirrors": ["https://registry.docker-cn.com","https://docker.mirrors.ustc.edu.cn"],
  "insecure-registries": ["192.168.100.31:5000"]
}
[root@docker ~]# systemctl restart docker
```

5) 测试上传镜像(上传 registry 镜像)。

```
[root@docker ~]# docker push 192.168.100.31:5000/registry:latest
```

6）访问测试。

```
[root@docker ~]# curl http://192.168.100.31:5000/v2/registry/tags/list
{"name":"registry","tags":["latest"]}
```

任务 4.4　Docker 容器集群与编排

详细内容扫描二维码即可查看。　　　　　　　　　　　任务 4.4

任务 4.5　容器集群管理系统 Kubernetes

4.5.1　Kubernetes 简介

1．Kubernetes 介绍

Kubernetes（简称 K8S）是开源的容器集群管理系统，可以实现容器集群的自动化部署、自动扩缩容、维护等功能。它既是一款容器编排工具，也是全新的基于容器技术的分布式架构领先方案。Kubernetes 在 Docker 技术的基础上，为容器化的应用提供部署运行、资源调度、服务发现和动态伸缩等功能，提高了大规模容器集群管理的便捷性。

Kubernetes 能够自主地管理容器，保证云平台中的容器按照用户的期望状态运行着（比如，用户想让 Apache 一直运行，用户不需要关心怎么去做，Kubernetes 会自动去监控，然后重启、新建。总之，让 Apache 一直提供服务），管理员可以加载一个微型服务，让规划器来找到合适的位置。同时，Kubernetes 也提供系统提升工具以及人性化服务，让用户能够方便地部署自己的应用。

在 Kubernetes 中，所有的容器均在 Pod 中运行，一个 Pod 可以承载一个或多个相关的容器，同一个 Pod 中的容器会部署在同一个物理机器上并且能够共享资源。一个 Pod 也可以包含 0 个或者多个磁盘卷组（volumes），这些卷组将会以目录的形式提供给一个容器，或者被所有 Pod 中的容器共享，对于用户创建的每个 Pod，系统会自动选择"健康"并且有足够容量的机器，然后创建容器。当容器创建失败时，容器会被 node agent 自动重启，这个 node agent 叫 kubelet。但是，如果是 Pod 失败或者机器故障，它不会自动转移并且启动，除非用户定义了 replication controller。

Kubernetes 对计算资源进行了更高层次的抽象，通过将容器进行细致的组合，将最终的应用服务交给用户。Kubernetes 在模型建立之初就考虑了容器跨主机连接的要求，支持多种网络解决方案。同时在 Service 层构建集群范围的 SDN 网络，其目的是将服务发现和负载均衡放置在容器可达的范围。这种透明的方式便利了各个服务间的通信，并为微服务架构提供了平台基础。而在 Pod 层次上，作为 Kubernetes 可操作的最小对象，其特征更是对微服务架构的原生支持。

2．系统架构

Kubernetes 集群包含所有节点代理 kubelet 和 Master 组件，一切都基于分布式的存储系统，如图 4-8 所示。

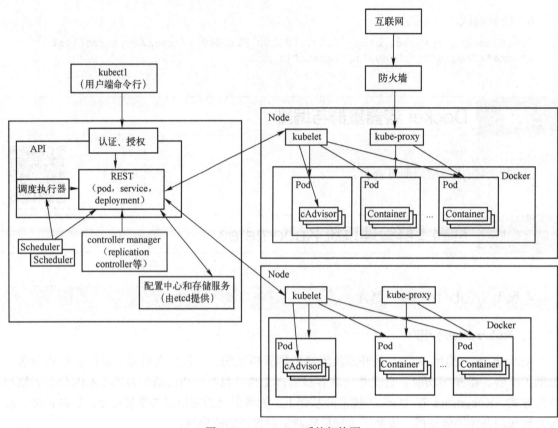

图 4-8 Kubernetes 系统架构图

在这张系统架构图中，把服务分为运行在工作节点上的服务和组成集群级别控制板的服务。Kubernetes 节点有运行应用容器必备的服务，而这些都受 Master 的控制。每个节点上都要运行 Docker，Docker 负责所有具体镜像的下载和容器的运行。

Kubernetes 主要由以下几个核心组件组成。

- etcd：保存整个集群的状态。
- apiserver：提供资源操作的唯一入口，并提供认证、授权、访问控制、API 注册和发现等机制。
- controller manager：负责维护集群的状态，比如故障检测、自动扩展、滚动更新等。
- scheduler：负责资源的调度，按照预定的调度策略将 Pod 调度到相应的机器上。
- kubelet：负责维护容器的生命周期，同时也负责 Volume（CVI）和网络（CNI）的管理。
- Container runtime：负责镜像管理以及 Pod 和容器的真正运行（CRI）。
- kube-proxy：负责为 Service 提供集群内部的服务发现和负载均衡。

3. 部署架构

Kubernetes 集群中有管理节点与工作节点两种类型，部署架构如图 4-9 所示。

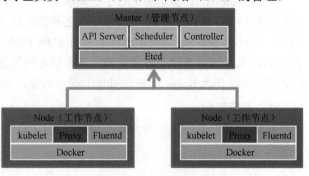

图 4-9 Kubernetes 部署架构

管理节点主要负责 Kubernetes 集群管理，集群中各节点间的信息交互、任务调度，还负责容器、Pod、NameSpace、PV 等生命周期的管理。工作节点主要为容器和 Pod 提供计算资源，Pod 及容器全部运行在工作节点上，工作节点通过 kubelet 服务与管理节点通信以管理容器的生命周期，并与集群其他节点进行通信。

4.5.2 原生 Kubernetes 云平台部署

1．节点规划

Kubernetes 集群各节点的规划见表 4-1，各节点内存均为 8GB，使用 CentOS-7-x86_64-DVD-1804.iso 安装操作系统。

4-4 Kubernetes 云平台部署（1）

表 4-1 节点规划

IP 地址	主机名	节点
192.168.100.60	master	master 节点
192.168.100.61	node	node 节点

2．配置 hosts

两个节点的配置相同，以 master 节点为例。

```
[root@master ~]# vi /etc/hosts
192.168.100.60 master
192.168.100.61 node
```

3．停止防火墙和 SELinux

在 master 和 node 节点进行以下配置，以 master 节点为例。

1）停止防火墙。

```
[root@master ~]# systemctl stop firewalld
[root@master ~]# systemctl disable firewalld
```

2）停止 SELinux。

```
[root@master ~]# setenforce 0
[root@master ~]# vi /etc/selinux/config
SELINUX=permissive
```

4．关闭 Swap

在 master 和 node 节点进行以下配置，以 master 节点为例。

1）停用 Swap。

```
[root@master ~]# swapoff -a
```

2）删除 fstab 中的 SWAP 挂载。

```
[root@master ~]# vi /etc/fstab
```

删除：

```
/dev/mapper/centos-swap swap                    swap    defaults        0 0
```

5．配置 YUM

在 master 节点进行以下配置。

1）将 CentOS-7-x86_64-DVD-1804.iso 和 K8S.tar.gz 通过 SFTP 传输到 master 节点的/root 目录。

```
[root@master ~]# ls
anaconda-ks.cfg  CentOS-7-x86_64-DVD-1804.iso  K8S.tar.gz
```

2）创建挂载目录。

```
[root@master ~]# mkdir /opt/centos
```

3）编辑 fstab。

```
[root@master ~]# vi /etc/fstab
```

在最下面添加一行：

```
/root/CentOS-7-x86_64-DVD-1804.iso    /opt/centos  iso9660  defaults,ro,loop 0 0
```

4）挂载 ISO。

```
[root@master ~]# mount -a
[root@master ~]# mount
...
/root/CentOS-7-x86_64-DVD-1804.iso on /opt/centos type iso9660 (ro,relatime)
```

5）解压缩 Kubernetes。

```
[root@master ~]# mkdir /opt/K8S
[root@master ~]# tar -zxf K8S.tar.gz -C /opt/K8S
```

6）编辑 YUM 配置文件。

```
[root@master ~]# cd /etc/yum.repos.d/
[root@master yum.repos.d]# rm -f *
[root@master yum.repos.d]# vi local.repo
[centos]
name=centos
baseurl=file:///opt/centos
gpgcheck=0
[K8S]
name=K8S
baseurl=file:///opt/K8S/Kubernetes
gpgcheck=0
```

7）清空缓存。

```
[root@master ~]# yum clean all
```

8）生成新缓存。

```
[root@master ~]# yum makecache
```

9）安装 vsftpd。

```
[root@master ~]# yum -y install vsftpd
```

10）编辑 vsftpd 配置文件。

```
[root@master ~]# vi /etc/vsftpd/vsftpd.conf
```

增加一行：

```
anon_root=/opt
```

11）启动和启用服务。

```
[root@master ~]# systemctl start vsftpd
[root@master ~]# systemctl enable vsftpd
```

12)在 node 节点编辑 YUM 配置文件。

```
[root@node ~]# cd /etc/yum.repos.d/
[root@node yum.repos.d]# rm -f *
[root@node yum.repos.d]# vi ftp.repo
[centos]
name=centos
baseurl=ftp://192.168.100.60/centos
gpgcheck=0
[K8S]
name=K8S
baseurl=ftp://192.168.100.60/K8S/Kubernetes
gpgcheck=0
```

13)在 node 节点清空缓存。

```
[root@node ~]# yum clean all
```

14)在 node 节点生成新缓存。

```
[root@node ~]# yum makecache
```

6. 配置 NTP

1)在 master 节点上安装 chrony。

```
[root@master ~]# yum -y install chrony
```

2)编辑配置文件。

在 master 节点上修改/etc/chrony.conf 文件,删除默认 NTP 服务器,指定上游公共 NTP 服务器,并允许其他节点同步时间。

```
[root@master ~]# vi /etc/chrony.conf
```

删除 4 个 server,添加以下配置:

```
local stratum 10
server master iburst
allow all
```

3)启动服务及启用服务。

```
[root@master ~]# systemctl start chronyd
[root@master ~]# systemctl enable chronyd
```

4)查看时间同步源。

```
[root@master ~]# chronyc sources -v
MS Name/IP address    Stratum Poll   Reach  LastRx  Last                sample
===============================================================================
^* master             10      6      77     8       -1ns[-8190ns]+/-    20us
```

5)在 node 节点上安装 chrony。

```
[root@node ~]# yum -y install chrony
```

6)编辑配置文件。

在 node 节点上修改/etc/chrony.conf 文件,指定内部 master 节点为上游 NTP 服务器。

```
[root@node ~]# vi /etc/chrony.conf
```

删除 4 个 server，添加以下配置：

```
server master iburst
```

7）启动服务及启用服务。

```
[root@node ~]# systemctl start chronyd
[root@node ~]# systemctl enable chronyd
```

8）查看时间同步源。

```
[root@node ~]# chronyc sources
210 Number of sources = 1
MS Name/IP address         Stratum   Poll   Reach   LastRx   Last            sample
===============================================================================
^* master                     3        6      17     40    -5130ns[ -73us] +/-   43ms
```

查询结果中如果存在以 "^*" 开头的行，说明同步成功。

7．配置路由转发

RHEL 7/CentOS 7 上的一些用户报告了由于 iptables 被绕过而导致流量路由不正确的问题，所以需要在各节点开启路由转发。

在 master 和 node 节点进行以下配置，以 master 节点为例。

1）创建 /etc/sysctl.d/k8s.conf。

```
[root@master ~]# vi /etc/sysctl.d/k8s.conf
net.ipv4.ip_forward = 1
net.bridge.bridge-nf-call-ip6tables = 1
net.bridge.bridge-nf-call-iptables = 1
```

2）载入内核模块。

```
[root@master ~]# modprobe br_netfilter
```

3）使配置生效。

```
[root@master ~]# sysctl -p /etc/sysctl.d/k8s.conf
```

8．配置 IPVS

由于 IPVS 已经加入到内核的主干中，因此为 kube-proxy 开启 IPVS 的前提是加载以下的内核模块。在所有节点执行以下操作。

在 master 和 node 节点进行以下配置，以 master 节点为例。

1）编辑文件。

4-5 Kubernetes 云平台部署（2）

```
[root@master ~]# vi /etc/sysconfig/modules/ipvs.modules
#!/bin/bash
modprobe -- ip_vs
modprobe -- ip_vs_rr
modprobe -- ip_vs_wrr
modprobe -- ip_vs_sh
modprobe -- nf_conntrack_ipv4
```

2）增加执行权限。

```
[root@master ~]# chmod 755 /etc/sysconfig/modules/ipvs.modules
```

3）执行脚本。

```
[root@master ~]# bash /etc/sysconfig/modules/ipvs.modules
```

4）显示已载入的模块。

```
[root@master ~]# lsmod | grep -e ip_vs -e nf_conntrack_ipv4
nf_conntrack_ipv4       15053   0
nf_defrag_ipv4          12729   1 nf_conntrack_ipv4
ip_vs_sh                12688   0
ip_vs_wrr               12697   0
ip_vs_rr                12600   0
ip_vs                  141432   6 ip_vs_rr,ip_vs_sh,ip_vs_wrr
nf_conntrack           133053   2 ip_vs,nf_conntrack_ipv4
libcrc32c               12644   3 xfs,ip_vs,nf_conntrack
```

5）安装 ipset 软件包。

```
[root@master ~]# yum -y install ipset ipvsadm
```

9．安装 Docker

Kubernetes 默认的容器运行时仍然是 Docker，使用的是 kubelet 中内置 dockershim CRI 实现。需要注意的是，这里统一使用 Docker 18.09 版本。

在 master 和 node 节点进行以下配置，以 master 节点为例。

1）安装 yum-utils。

```
[root@master ~]# yum -y install yum-utils
```

2）安装支持软件。

```
[root@master ~]# yum install -y device-mapper-persistent-data lvm2
```

3）安装 Docker。

```
[root@master ~]# yum -y install docker-ce-18.09.6 docker-ce-cli-18.09.6 containerd.io
```

4）创建目录。

```
[root@master ~]# mkdir /etc/docker
```

5）编辑 Docker 配置文件。

```
[root@master ~]# vi /etc/docker/daemon.json
{
  "exec-opts": ["native.cgroupdriver=systemd"]
}
```

6）启动及启用 Docker 服务。

```
[root@master ~]# systemctl daemon-reload
[root@master ~]# systemctl start docker
[root@master ~]# systemctl enable docker
```

7）查看 docker info。

```
[root@master ~]# docker info | grep Cgroup
Cgroup Driver: systemd
```

10．安装 Kubeadm 工具

kubelet 负责与其他节点集群通信，并进行本节点 Pod 和容器生命周期的管理。Kubeadm 是

Kubernetes 的自动化部署工具，使用它可降低部署难度，提高效率。kubectl 是 Kubernetes 集群管理工具。

在 master 和 node 节点进行以下配置，以 master 节点为例。

1）安装软件。

```
[root@master ~]# yum -y install kubelet-1.14.1 kubeadm-1.14.1 kubectl-1.14.1
```

2）启动和启用 kubelet。

```
[root@master ~]# systemctl enable kubelet
[root@master ~]# systemctl start kubelet
```

11．初始化 Kubernetes 集群

在 master 节点进行以下操作。

1）加载镜像。

```
[root@master ~]# cd /opt/K8S
[root@master K8S]# ./kubernetes_base.sh
```

2）初始化 Kubernetes 集群。

```
[root@master ~]# kubeadm init --apiserver-advertise-address 192.168.100.60 --kubernetes-version="v1.14.1" --pod-network-cidr=10.16.0.0/16 --image-repository=registry.aliyuncs.com/google_containers
...
Your Kubernetes control-plane has initialized successfully!
...
Then you can join any number of worker nodes by running the following on each as root:

kubeadm join 192.168.100.60:6443 --token tn8fi0.32ubkm8u987igkbo \
    --discovery-token-ca-cert-hash sha256:897afbc11a85991f995d0d8b007b152460a94478a554cb89d895b99bf835f041
```

3）后续配置。

kubectl 默认会在执行的用户 home 目录下面的.kube 目录下寻找 config 文件，配置 kubectl 工具。

```
[root@master ~]# mkdir -p $HOME/.kube
[root@master ~]# sudo cp -i /etc/kubernetes/admin.conf $HOME/.kube/config
[root@master ~]# sudo chown $(id -u):$(id -g) $HOME/.kube/config
```

4）检查集群状态。

```
[root@master ~]# kubectl get cs
NAME                 STATUS    MESSAGE              ERROR
scheduler            Healthy   ok
controller-manager   Healthy   ok
etcd-0               Healthy   {"health":"true"}
```

12．配置 Kubernetes 网络

在 master 节点部署 flannel 网络，使用"kubectl apply"命令安装网络。

1）进入 yaml 目录。

```
[root@master ~]# cd /opt/K8S/yaml
```

2）部署 flannel 网络。

`[root@master yaml]# kubectl apply -f kube-flannel.yaml`

3）查看状态。

```
[root@master ~]# kubectl get pods -n kube-system
NAME                                 READY   STATUS    RESTARTS   AGE
coredns-8686dcc4fd-mfsln             1/1     Running   0          6m35s
coredns-8686dcc4fd-nnjk7             1/1     Running   0          6m35s
etcd-master                          1/1     Running   0          5m47s
kube-apiserver-master                1/1     Running   0          5m41s
kube-controller-manager-master       1/1     Running   0          5m55s
kube-flannel-ds-amd64-lfvp8          1/1     Running   0          42s
kube-proxy-kcdcx                     1/1     Running   0          6m35s
kube-scheduler-master                1/1     Running   0          5m32s
```

13．将 node 节点加入集群

1）将 K8S.tar.gz 通过 SFTP 传输到 node 节点的/root 目录。

```
[root@node ~]# ls
anaconda-ks.cfg  K8S.tar.gz
```

2）解压缩 Kubernetes。

`[root@node ~]# tar -zxf K8S.tar.gz`

3）加载镜像。

```
[root@node ~]# ls
anaconda-ks.cfg  images  K8S.tar.gz  Kubernetes  kubernetes_base.sh  yaml
[root@node ~]# ./kubernetes_base.sh
```

4）在 node 节点执行之前初始化 Kubernetes 集群时最后提供的加入节点的命令。

```
[root@node ~]# kubeadm join 192.168.100.60:6443 --token tn8fi0.32ubkm8u987igkbo \
> --discovery-token-ca-cert-hash sha256:897afbc11a85991f995d0d8b007b152460a94478a554cb89d895b99bf835f041
...
This node has joined the cluster:
...
```

5）如果没有记录当时给出的提示，可以在 master 节点执行以下命令重新生成 Token 并查看。

```
[root@master ~]# kubeadm token create --print-join-command
kubeadm join 192.168.100.60:6443 --token ldcvqa.ijb0u7jyj8rwv5w0     --discovery-token-ca-cert-hash  sha256:897afbc11a85991f995d0d8b007b152460a94478a554cb89d895b99bf835f041
```

6）在 master 节点检查各节点状态。

```
[root@master ~]# kubectl get nodes
NAME     STATUS   ROLES    AGE     VERSION
master   Ready    master   6m40s   v1.14.1
node     Ready    <none>   48s     v1.14.1
```

14．安装 Dashboard

1）进入/opt/K8S/yaml 目录，使用"kubectl create"命令安装 Dashboard。

`[root@master ~]# cd /opt/K8S/yaml`

```
[root@master yaml]# kubectl create -f kubernetes-dashboard.yaml
[root@master yaml]# kubectl create -f dashboard-adminuser.yaml
```

2）检查所有 Pod 的状态。

```
[root@master ~]# kubectl get pods --all-namespaces -o wide
NAMESPACE     READINESS GATES
NAME     READY   STATUS   RESTARTS     AGE   IP    NODE    NOMINATED NODE
kube-system     kubernetes-dashboard-5f7b999d65-g9qv5    1/1   Running    0    93s
10.16.1.2   node   <none>    <none>
```

3）通过命令检查到 kubernetes-dashboard 被调度到 node 节点运行，通过在 Firefox 浏览器中输入 node 节点地址（master 节点也可以访问）"https://192.168.100.61:30000"，即可访问 Kubernetes Dashboard，如图 4-10 所示。

图 4-10 登录 Kubernetes 平台

4.5.3 使用 kubectl 运行容器

1. 载入或下载镜像

1）在 node 节点载入 nginx:latest 镜像。

```
[root@node ~]# ls
anaconda-ks.cfg    nginx_latest.tar
[root@node ~]# docker load -i nginx_latest.tar
```

另一种方法是从 Docker Hub 下载镜像。

```
[root@node ~]# docker pull nginx:latest
```

2）查看镜像。

```
[root@node ~]# docker images | grep nginx
nginx       latest       540a289bab6c       2 months ago       126MB
```

4-6 使用 kubectl 运行容器

2. 使用 kubectl 运行容器

1）创建 deployment。

```
[root@master ~]# kubectl create deployment nginx --image=nginx
deployment.apps/nginx created
```

2）查看所有 Pod，验证 Pod 是否正常运行。

```
[root@master ~]# kubectl get pods
NAME                      READY   STATUS    RESTARTS   AGE
nginx-65f88748fd-wf62w    1/1     Running   0          12s
```

可以看到容器在运行中。

3）查看所有 deployment。

```
[root@master ~]# kubectl get deployment
NAME    READY   UP-TO-DATE   AVAILABLE   AGE
nginx   1/1     1            1           35s
```

4）采用 NodePort 的方式来暴露 nginx 服务。

```
[root@master ~]# kubectl expose deployment nginx --port=80 --type=NodePort
service/nginx exposed
```

5）查看 Service。

```
[root@master ~]# kubectl get svc
NAME         TYPE        CLUSTER-IP       EXTERNAL-IP   PORT(S)        AGE
kubernetes   ClusterIP   10.96.0.1        <none>        443/TCP        23h
nginx        NodePort    10.100.233.224   <none>        80:31507/TCP   19s
```

6）在本机通过浏览器访问 Nginx 应用，如图 4-11 所示。

图 4-11　测试 Nginx 应用

7）Pod 动态伸缩。

运行以下命令，将容器数量更新为 3 个。

```
[root@master ~]# kubectl scale deployment nginx --replicas=3
deployment.extensions/nginx scaled
```

8）查看 Pod 的容器数量。

```
[root@master ~]# kubectl get pods
NAME                      READY   STATUS    RESTARTS   AGE
nginx-65f88748fd-ckfhf    1/1     Running   0          43s
nginx-65f88748fd-hp99g    1/1     Running   0          43s
nginx-65f88748fd-wf62w    1/1     Running   0          5m42s
```

9）删除 deployment。

```
[root@master ~]# kubectl delete deployment nginx
```

```
deployment.extensions "nginx" deleted
```

10）删除 Service。

```
[root@master ~]# kubectl delete svc nginx
service "nginx" deleted
```

任务 4.6　开源容器云平台 OpenShift

详细内容扫描二维码即可查看。

任务 4.6

项目总结

小容通过对 CentOS 7 上的 Docker 容器技术的应用和运维，熟悉了 Docker 在 CentOS 7 系统上的管理。同时以该项技术为基础，小容通过两台服务器部署了 Kubernetes，该平台提供了容器集群管理功能。在了解了 Docker 和 Kubernetes 后，小容又进一步部署了 OpenShift 云计算平台，该平台可提供云计算 PaaS 功能。

练习题

1. 容器虚拟化和服务器虚拟化的区别是什么？
2. 简述一个容器的运行过程。
3. 简述容器编排的方法和步骤。
4. Kubernetes 由哪些核心组件组成？
5. OpenShift 平台能够提供什么功能？
6. 综合实战 1：

部署 Kubernetes 容器集群管理系统，要求如下。

1）Master 节点和 Node 节点各 8GB 内存、2 块 CPU。
2）实现 Kubernetes 的离线部署。
3）安装 Dashboard。
4）部署 Nginx 应用。

7. 综合实战 2：

部署 OpenShift 云计算系统，要求如下。

1）Master 节点为 8GB 内存、4 块 CPU。
2）提前加载 OpenShift 镜像。
3）创建一个测试项目。

项目 5　使用 Packstack 快速部署 OpenStack 云计算系统

项目导入

某职业院校网络中心准备建立私有云计算平台（简称云平台），计划进行前期功能测试和验证工作。由于管理人员刚接触云计算系统，打算先使用红帽的开源 RDO 部署工具 Packstack 进行 OpenStack 云计算平台 IaaS 的快速部署测试和验证。网络中心购买了云服务器，对 OpenStack 的整体功能和应用进行验证，通过该方案确认平台上线的可行性，并了解 OpenStack 云计算系统的基本应用架构和使用方法。

项目目标

- 了解快速部署 OpenStack 的工具。
- 掌握部署 OpenStack 云计算系统前的准备工作。
- 使用 RDO 工具快速部署单节点 OpenStack 云计算系统。
- 掌握 OpenStack 云计算系统的基本使用方法。

5-1　项目导入

项目设计

网络中心管理员设计了使用单节点进行 OpenStack 云计算系统部署实验，这个单节点为 All-In-One 节点，包含一块网卡。在测试环境中单节点将使用 All-In-One 含有的 OpenStack 的全部组件进行环境搭建和测试，如图 5-1 所示。

图 5-1　OpenStack RDO 单节点部署示意图

项目所需软件列表如下。
- VMware Workstation 16.1.2。
- CentOS-7-x86_64-DVD-1804.iso。
- Rocky 版本的 OpenStack RDO 部署资源包。
- SecureCRT。

任务 5.1　OpenStack 架构介绍

5.1.1　OpenStack 云计算平台概述

5-2　OpenStack 架构介绍

1. OpenStack 的起源和发展

OpenStack 是一个开源的、可以管理整个数据中心里大量资源池的云操作系统，包括计算、存储及网络资源，管理员可以通过 Web 控制台或命令行管理整个系统。OpenStack 既是一个社区，也是一个项目，它提供了一个部署云的操作平台或工具集，OpenStack 的宗旨是为公有云、私有云等提供可扩展的、灵活的云计算服务。虽然 OpenStack 是如今最为流行的一种可用的开源云计算解决方案之一，但它不是最早的一个。它是在公共和私有领域开发的两种旧解决方案的综合。OpenStack 是一个非常年轻的开源项目，最初是由美国国家航空航天局（NASA）和 Rackspace 合作研发的项目，2010 年 7 月以 Apache 2.0 许可证授权开源，源代码来自 NASA 的 Nebula 平台和 Rackspace 的分布式云存储（Swift）项目。NASA 最初使用的是 Eucalyptus 云计算平台，当规模持续快速增长后，Eucalyptus 已经不能满足 NASA 的云计算规模，而 Eucalyptus 是不完全开放源代码的（"开放核"模式）。NASA 首席技术官 Chris Kemp 的研究小组为此专门建立了自己的计算引擎，新平台命名为 Nova，并将其开源。在 2010 年，NASA 和 Rackspace 分别将 Nova 和 Swift 项目代码开源时，已经获得了 25 个企业和组织的支持。

2010 年，美国国家航空航天局联手 Rackspace，在建设美国国家航空航天局的私有云过程中，创建了 OpenStack 项目，之后他们邀请其他供应商提供组件，建立一个完整的开源云计算解决方案。

2010 年诞生的第一个版本 Austin 只包含 Rackspace 和美国国家航空航天局的组件，之后发布的版本包含了已加入该项目的供应商开发的其他组件。最初，Rackspace 独立管理 OpenStack 项目。随着 OpenStack 的不断发展，在 2012 年创建了 OpenStack 基金会，该基金会由选举产生的董事会监管。OpenStack 的技术委员会由每个核心的软件项目和项目领导等组成。

2021 年 OpenStack.org 有声称来自 187 个国家或地区的 100000 个基金会成员。白金会员提供最高水平的支持，其次是黄金会员、赞助企业和个人会员。白金会员有 AT&T、HP、IBM 和 Rackspace 等公司或组织；黄金会员有思科、戴尔、VMware 等公司。开源协议是 Apache 2.0，OpenStack 代码可免费下载。

OpenStack 致力于一个开放式的设计过程，每 6 个月开发社区就会举行一次设计峰会来收集需求并写入即将发布版本的规格中。设计峰会是完全对公众开放的，包括用户、开发者和上游项目。社区收集需求和制定经过批准的线路图，用于指导未来 6 个月的发展。

2. OpenStack 的功能与作用

OpenStack 是当今最流行的开源云平台管理项目,从 OpenStack 的名字可以看出它大致的含义,Open 顾名思义为开源软件,开放式的设计理念、开放式的开发模式、开放式的社区;Stack 意为堆,可以理解为云计算是靠每一块小瓦砾堆砌而成。OpenStack 并不是单独的一个软件,它由多个组件一起协作完成某些具体工作。OpenStack 本身就是一个巨大的开源软件集合,集各种开源软件之大成。

OpenStack 的主要目标是管理数据中心的资源,简化资源分派。它管理以下三部分资源。

- 计算资源:OpenStack 可以规划并管理大量虚拟机,从而允许企业或服务提供商按需提供计算资源;开发者可以通过 API 访问计算资源从而创建云应用,管理员与用户则可以通过 Web 访问这些资源。
- 存储资源:OpenStack 可以为云服务或云应用提供所需的对象及块存储资源;因对性能及价格有需求,很多组织已经不能满足于传统的企业级存储技术,因此 OpenStack 可以根据用户需要提供可配置的对象存储或块存储功能。
- 网络资源:如今的数据中心存在大量的设备,如服务器、网络设备、存储设备、安全设备,而它们还将被划分成更多的虚拟设备或虚拟网络,这会导致 IP 地址的数量、路由配置、安全规则呈爆炸式增长。传统的网络管理技术无法真正地高扩展、高自动化地管理下一代网络,因而 OpenStack 提供了插件式、可扩展、API 驱动型的网络及 IP 管理。

OpenStack 的优势如下。

- 解除厂商绑定。
- 具有可扩展性及很好的弹性,可定制化 IaaS。
- 良好的社区氛围。

OpenStack 的劣势如下。

- 入手难、学习曲线较高,在对整体把握不足的情况下,很难快速上手。
- 偏底层,需要根据实际应用场景进行二次开发。
- 现阶段的厂商支持较弱,商业设备的 OpenStack 驱动相对不够全面。

5.1.2 OpenStack 的主要项目和架构关系

1. OpenStack 的主要项目

OpenStack 包含许多组件服务,有些组件会首先出现在孵化项目中,待成熟以后进入下一个 OpenStack 发行版的核心服务中。同时也有部分项目是为了更好地支持 OpenStack 社区和项目开发管理,不包含在发行版代码中。

根据 OpenStack.org 社区自己的定义,OpenStack 的核心组件服务如下。

- Nova 计算服务(Compute as a Service)。
- Keystone 认证服务(Identity as a Service)。
- Neutron 网络服务(Networking as a Service)。
- Swift 对象存储服务(Object Storage as a Service)。
- Cinder 块存储服务(Block Storage as a Service)。
- Glance 镜像服务(Image as a Service)。

截至目前，OpenStack 最新保留的可选及孵化服务项目如下。
- Horizon 仪表盘服务（Dashboard as a Service）。
- Ceilometer 计费&监控服务（Telemetry as a Service）。
- Heat 编排服务（Orchestration as a Service）。
- Trove 数据库服务（DataBase as a Service）。
- Sahara 大数据处理（MapReduce as a Service）。
- Ironic 物理设备服务（Bare Metal as a Service）。
- Zaqar 消息服务（Messaging as a Service）。
- Manlia 文件共享服务（Share Filesystems as Service）。
- Designate DNS 域名服务（DNS Service as a Service）。
- Barbican 密钥管理服务（Key Management as a Service）。
- Magum 容器服务（Containers as a Service）。
- Murano 应用目录（Application Catalog as a Service）。
- Congress 策略框架（Goverment as a Service）。

OpenStack 的其他项目涉及如下。
- Infrastructure：OpenStack 社区建设项目。
- Documentation：OpenStack 文档管理项目。
- Tripleo：OpenStack 部署项目。
- DevStack：OpenStack 开发者项目。
- QA：OpenStack 质量管理项目。
- Release Cycle Management：版本控制项目。

这些 OpenStack 项目有一些共同点，举例如下。
- OpenStack 项目组件由多个子组件组成，子组件有各自的模块。
- 每个项目都会选举 PTL（Project Technical Leader）。
- 每个项目都有单独的开发人员和设计团队。
- 每个项目都有具有优良设计的公共 API，API 基于 RESTful，同时支持 JSON 和 XML。
- 每个项目都有单独的数据库和隔离的持久层。
- 每个项目都可以单独部署，对外提供服务，也可以在一起协同完成某项工作。
- 每个项目都有各自的 Client 项目，如 Nova 有 Nova-Client 作为其命令行调用 RESTful 的实现。除以上项目，OpenStack 的其他项目或多或少也会需要 Database（数据库）、MessageQueue（消息队列）进行数据持久化、通信。

2. OpenStack 核心和关键组件的关系

OpenStack 的核心项目其实就是在 Linux 上配置的 9 个相互关联的服务器组件，让它们一起协同工作。OpenStack 各个组件的关系如图 5-2 所示。
- 计算（Compute）：Nova。一套控制器，用于为单个用户或使用群组管理虚拟机实例的整个生命周期，根据用户需求来提供虚拟服务，负责虚拟机的创建、开机、关机、挂起、暂停、调整、迁移、重启、销毁等操作，配置 CPU、内存等信息规格。Nova 自 Austin 版本集成到项目中。
- 对象存储（Object Storage）：Swift。一套用于在大规模可扩展系统中通过内置冗余及高容错机制实现对象存储的系统，允许进行存储或者检索文件。可为 Glance 提供镜像存储,为 Cinder 提供卷备份服务。Swift 自 Austin 版本集成到项目中。

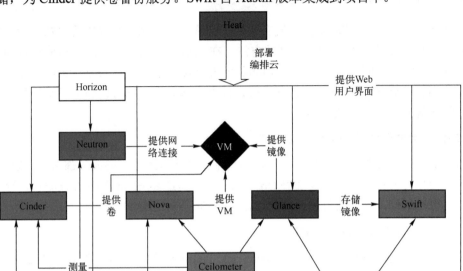

图 5-2　OpenStack 各个组件的关系

- 镜像服务（Image Service）：Glance。一套虚拟机镜像查找及检索系统,支持多种虚拟机镜像格式（AKI、AMI、ARI、ISO、QCOW2、Raw、VDI、VHD、VMDK）,有创建上传镜像、删除镜像、编辑镜像基本信息的功能。Glance 自 Bexar 版本集成到项目中。
- 身份服务（Identity Service）：Keystone。为 OpenStack 其他服务提供身份验证、服务规则和服务令牌的功能,管理 Domains、Projects、Users、Groups、Roles。Keystone 自 Essex 版本集成到项目中。
- 网络&地址管理（Network）：Neutron。提供云计算的网络虚拟化技术,为 OpenStack 其他服务提供网络连接服务。为用户提供接口,可以定义 Network、Subnet、Router,配置 DHCP、DNS、负载均衡、L3 服务,网络支持 GRE、VLAN、VxLAN。插件架构支持许多主流的网络厂家和技术,如 Open vSwitch、Linux Bridge。Neutron 自 Folsom 版本集成到项目中。
- 块存储（Block Storage）：Cinder。为运行实例提供稳定的数据块存储服务,它的插件驱动架构有利于块设备的创建和管理,如创建卷、删除卷、在实例上挂载和卸载卷。Cinder 自 Folsom 版本集成到项目中。
- Web UI 界面（Dashboard）：Horizon。OpenStack 中各种服务的 Web 管理门户,用于简化用户对服务的操作,例如,启动实例、分配 IP 地址、配置访问控制等。Horizon 自 Essex 版本集成到项目中。
- 测量（Metering）：Ceilometer。像一个漏斗一样,能把 OpenStack 内部发生的几乎所有的事件都收集起来,然后为计费和监控以及其他服务提供数据支撑。Ceilometer 自 Havana 版本集成到项目中。
- 部署编排（Orchestration）：Heat。提供了一种通过模板定义的协同部署方式,实现云计算基础设施软件运行环境（计算、存储和网络资源）的自动化部署。Heat 自 Havana 版本集成到项目中。

5.1.3 OpenStack 部署工具简介

由于 OpenStack 组件比较多，在发布初期，部署一直是比较难解决的问题，针对部署难的问题，社区采用了规范开发和细化文档的方法，在版本的演进过程中，文档被不断细化，手动部署的难度不断缩小，同时也有众多的 Linux 公司和云计算公司为 OpenStack 开发了不少快速部署工具，用于简化 OpenStack 的部署流程，提高工作效率，同时也加快了系统测试的进度。目前主流的部署工具有以下几个。

1．功能强大的商业部署工具 Fuel

这是 Mirantis 出品的部署安装工具，该系统基本把所有的 OpenStack 部署都 Web 化了，可以直接进行架构设计和选择，快速部署 OpenStack，尤其是复杂的网络和存储架构，而且系统还自带集群高可用组件，是目前最成功的商业化 OpenStack 部署工具。

2．快速好用的开源部署工具 RDO

RDO 是红帽企业云平台 Red Hat OpenStack Platform 的社区版，类似 RHEL 和 Fedora、RHEV 和 oVirt 的关系，是红帽支持的一个开源项目。RDO 项目的原理是整合上游的 OpenStack 版本，利用部署软件集成技术，根据红帽的系统做裁剪和定制，帮助用户进行选择。对用户来说，通过简单的几个步骤就可以完成 OpenStack 的部署。红帽在 RDO 项目中提供了丰富的部署配置选项，国内有众多中小公司利用 RDO 工具进行了企业化部署的多次尝试。

3．开发人员利器 DevStack

这应该算是 OpenStack 最早的安装脚本，它通过 Git 源码进行安装，目的是让开发者可以快速搭建一个 OpenStack 环境。目前这套脚本可以在 Ubuntu 和 Fedora 环境下运行。

任务 5.2　使用 RDO 的 ALLINONE 功能快速安装单个节点的 OpenStack

使用 RDO 部署 OpenStack，操作起来简单，下面将介绍在 CentOS 7.5 操作系统上部署 OpenStack Rocky 版本的全过程，主要按照如下步骤进行。

- 安装 CentOS 7.5 操作系统。
- OpenStack 安装准备工作。
- 安装 RDO 工具的 PackStack 包。
- 使用 PackStack 命令部署 OpenStack Rocky 系统。

以下将介绍在 VMware Workstation 16 中模拟实验的过程。

5.2.1　准备 CentOS 7 最小化操作系统

1）在硬盘分区中为虚拟机准备 100GB 的剩余空间用于存放实验虚拟机。

2）新建一台虚拟机并命名为 ControllerAIO，具体配置清单如下：网卡设置为 NAT 模式（地址段：192.168.100.0/24），用于连接外网，硬盘为 100GB，CPU 四核，启用虚拟化技术，内存为 8GB，如图 5-3 所示。

5-3　准备 Centos 7 最小化操作系统

图 5-3 创建 ControllerAIO 虚拟机

3）使用 CentOS 7.5-1804 的 ISO 镜像文件，如图 5-4 所示。启动虚拟机进入安装向导，如图 5-5 所示，进行 CentOS 7 系统的安装。

图 5-4 使用 CentOS 7 镜像文件

图 5-5 安装 CentOS 7 界面

4）选择安装语言为英文（English），单击"Continue"按钮，如图 5-6 所示。进入安装向导，如图 5-7 所示。

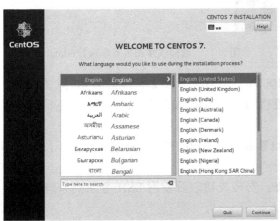

图 5-6 选择安装语言

图 5-7 安装向导概述

5)设置系统时区为亚洲/上海(Asia/Shanghai),如图 5-8 所示。

6)使用手动分区,使用 LVM 分区方式,建立三个分区,其中 sda1 挂载到/boot,大小为 512MB,根分区为 70GB,交换分区为 4GB,剩余 25.49GB 的磁盘空间将来用于 OpenStack 的 Cinder 卷,如图 5-9 所示。

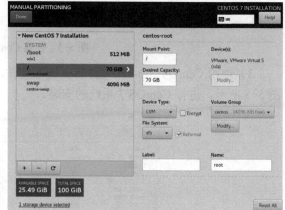

图 5-8 设置系统时区 图 5-9 硬盘分区

7)禁用 Kdump 功能,如图 5-10 所示。

8)确认软件安装类型为"最小化安装(Minimal Install)",如图 5-11 所示。

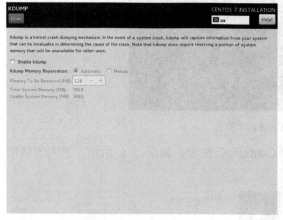
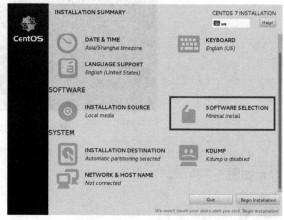

图 5-10 禁用 Kdump 功能 图 5-11 选择软件安装类型为 Minimal

9)为 ens32 网卡配置 IP 地址为 192.168.100.70、子网掩码为 255.255.255.0、默认网关和 DNS 服务器都是 192.168.100.2,使虚拟机可以连接到 Internet,如图 5-12 所示。将主机名设置为 rocky.openstack.org,如图 5-13 所示。

10)开始安装,如图 5-14 所示。在安装时设置系统根用户的密码,如果密码简单,需要单击两次"Done"按钮,如图 5-15 所示。

11)安装完毕,如图 5-16 所示,重启系统。安装成功之后使用 SSH 登录到系统中,如图 5-17 所示。

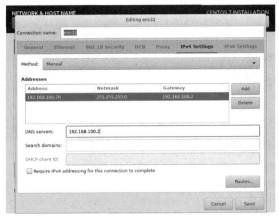

图 5-12 网卡地址配置 　　　　　图 5-13 主机名配置

图 5-14 设置 root 密码 　　　　　图 5-15 输入 root 密码

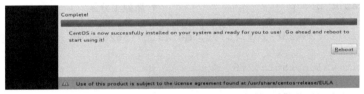

图 5-16 安装完毕

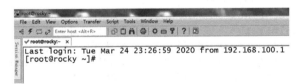

图 5-17 使用 SSH 登录系统

5.2.2　OpenStack 的安装准备工作

1）设置主机名和 hosts。

① 检查 Linux 的主机名是否为 rocky.openstack.org。

```
[root@rocky ~]# hostname
```

5-4　OpenStack 安装前的准备

rocky.openstack.org

如果不是,使用以下命令设置。

```
# hostnamectl set-hostname rocky.openstack.org
```

② 编辑/etc/hosts,增加本服务器主机名的地址解析。

```
[root@rocky ~]# vi /etc/hosts
192.168.100.70 rocky.openstack.org rocky        # 增加这一行
```

2) 禁用 NetworkManager 和 firewalld 服务,启用 network 服务。

```
[root@rocky ~]# systemctl stop NetworkManager
[root@rocky ~]# systemctl disable NetworkManager
[root@rocky ~]# systemctl stop firewalld
[root@rocky ~]# systemctl disable firewalld
[root@rocky ~]# systemctl start network
[root@rocky ~]# systemctl enable network
```

3) 创建 Cinder 卷组。

OpenStack 的 Cinder 块存储服务组件需要在磁盘中创建一个名称为 cinder-volumes 的卷组。在 CentOS 的安装过程中,保留了 25.49GB 的空间,现在使用这块空闲空间创建物理卷,并使用该物理卷来创建卷组。

① 创建新分区。

```
[root@rocky ~]# fdisk /dev/sda              # 使用 fdisk 为/dev/sda 硬盘分区
Welcome to fdisk (util-linux 2.23.2).
Changes will remain in memory only, until you decide to write them.
Be careful before using the write command.
Command (m for help): n                     # 新建分区
Partition type:
   p   primary (2 primary, 0 extended, 2 free)
   e   extended
Select (default p): p                       # 新建主分区
Partition number (3,4, default 3): 3        # 新分区编号为 3
First sector (156256256-209715199, default 156256256):   # 直接按〈Enter〉键采用
默认分区起始位置
Using default value 156256256
Last sector, +sectors or +size{K,M,G} (156256256-209715199, default 209715199):
#直接按〈Enter〉键采用默认分区结束位置
Using default value 209715199
Partition 3 of type Linux and of size 25.5 GiB is set
Command (m for help): t                     # 转换分区类型
Partition number (1-3, default 3): 3        # 选择 3 号分区
Hex code (type L to list all codes): 8e     # 转换为 0x8e (Linux LVM) 类型
Changed type of partition 'Linux' to 'Linux LVM'
Command (m for help): w                     # 保存分区表并退出
The partition table has been altered!
Calling ioctl() to re-read partition table.
WARNING: Re-reading the partition table failed with error 16: Device or resource busy.
The kernel still uses the old table. The new table will be used at
the next reboot or after you run partprobe(8) or kpartx(8)
Syncing disks.
[root@rocky ~]# partprobe                   # 使内核重新读取硬盘分区表
```

② 创建物理卷。

```
[root@rocky ~]# pvcreate /dev/sda3    # 将/dev/sda3 创建为物理卷
Physical volume "/dev/sda3" successfully created.
```

③ 创建卷组。

```
[root@rocky ~]# vgcreate cinder-volumes /dev/sda3    # 将物理卷/dev/sda3 创建成为
卷组 cinder-volumes，用于 cinder 块存储服务
Volume group "cinder-volumes" successfully created
```

④ 使用 vgs 命令查看卷组概要信息。

```
[root@rocky ~]# vgs
  VG             #PV #LV #SN Attr   VSize   VFree
  centos           1   2   0 wz--n- 74.00g   4.00m
  cinder-volumes   1   0   0 wz--n- <25.49g <25.49g
```

4）配置软件安装源。

① 配置 CentOS 安装源。

CentOS 的默认 YUM 源是从各镜像站选取最快的源，但是选取的时间较长，且有时选取的源并不是最快的，速度无法保证。这里把默认源换成国内的网易 163 源，从 http://mirrors.163.com/.help/CentOS7-Base-163.repo 下载网易 163 源文件，将 CentOS7-Base-163.repo 通过 SFTP 传输到虚拟机的/root 目录。

```
[root@rocky ~]# cd /etc/yum.repos.d
[root@rocky yum.repos.d]# rm -f *
[root@rocky yum.repos.d]# mv /root/CentOS7-Base-163.repo .
```

② 配置 OpenStack Rocky 安装源。

```
[root@rocky yum.repos.d]# vi rocky.repo
[openstack-rocky]
name=OpenStack Rocky Repository
baseurl=http://mirrors.163.com/centos/7/cloud/x86_64/openstack-rocky/
gpgcheck=0
enabled=1
[rdo-qemu-ev]
name=RDO CentOS-7 - QEMU EV
baseurl=http://mirrors.163.com/centos/7/virt/x86_64/kvm-common/
gpgcheck=0
enabled=1
[root@rocky yum.repos.d]# ls
CentOS7-Base-163.repo  rocky.repo
```

5）更新软件源列表。

```
[root@rocky ~]# yum clean all
[root@rocky ~]# yum makecache
```

5.2.3 安装 OpenStack

1）安装 openstack-packstack 软件包。

openstack-packstack 用于 OpenStack 的自动安装，在运行 packstack 之前，必须确认 OpenStack 安装准备工作已经全部完成。

5-5 安装 OpenStack

```
[root@rocky ~]# yum -y install openstack-packstack
```

2）使用 packstack 自动安装 OpenStack。

在 packstack 命令中，可以使用"--allinone"参数将所有 OpenStack 组件安装在一台主机上，使用"--provision-demo=n"参数不创建 demo 用户和网络。为外部物理 L2 网段定义一个逻辑名称"extnet"，稍后当创建外部网络时，将通过该名称引用提供商网络。该命令还将"flat"网络类型添加到安装支持的类型列表中。当提供商网络是简单的扁平网络（PoC 的最常见设置）时，这是必需的。

```
[root@rocky ~]# packstack --allinone --provision-demo=n --os-neutron-ovs-bridge-mappings=extnet:br-ex --os-neutron-ovs-bridge-interfaces=br-ex:ens32 --os-neutron-ml2-type-drivers=vxlan,flat
Installing:
……
**** Installation completed successfully ******
 * A new answerfile was created in: /root/packstack-answers-20200324-233122.txt
 * File /root/keystonerc_admin has been created on OpenStack client host 192.
168.100.70. To use the command line tools you need to source the file.
```

如果安装出错，排除错误后，运行"packstack --answer-file=/root/packstack-answers-20200324-233122.txt"继续安装。

3）启用 KVM。

使用 packstack 在 VMware Workstation 虚拟机中安装的 OpenStack 的 Nova 组件默认使用 QEMU 运行虚拟机，而 QEMU 与 KVM 相比，速度是非常慢的。在这里，将配置 Nova 启用 KVM，使用 KVM 运行虚拟机。

```
[root@rocky ~]# vi /etc/nova/nova.conf
```

将 virt_type=qemu 进行如下修改。

virt_type = kvm

以及修改以下配置。

hw_machine_type = x86_64=pc-i440fx-rhel7.2.0

重新启动服务器或重新启动 openstack-nova-compute 服务。

```
[root@rocky ~]# systemctl restart openstack-nova-compute
```

任务 5.3　OpenStack 的基础使用

5.3.1　配置网卡、上传镜像

1. 配置网卡

1）编辑网卡配置文件。

```
[root@rocky ~]# vi ifcfg-br-ex
DEVICE=br-ex
DEVICETYPE=ovs
```

5-6　配置网卡、上传镜像

```
TYPE=OVSBridge
BOOTPROTO=static
IPADDR=192.168.100.70
NETMASK=255.255.255.0
GATEWAY=192.168.100.2
DNS1=192.168.100.2
ONBOOT=yes
[root@rocky ~]# vi ifcfg-ens32
DEVICE=ens32
TYPE=OVSPort
DEVICETYPE=ovs
OVS_BRIDGE=br-ex
ONBOOT=yes
```

2）使配置生效。

```
[root@rocky ~]# cp ifcfg-* /etc/sysconfig/network-scripts
cp: overwrite '/etc/sysconfig/network-scripts/ifcfg-br-ex'? y
cp: overwrite '/etc/sysconfig/network-scripts/ifcfg-ens32'? y
[root@rocky ~]# systemctl restart network
```

3）检查配置。

```
[root@rocky ~]# ip address
1: lo: <LOOPBACK,UP,LOWER_UP> mtu 65536 qdisc noqueue state UNKNOWN group default qlen 1000
    link/loopback 00:00:00:00:00:00 brd 00:00:00:00:00:00
    inet 127.0.0.1/8 scope host lo
       valid_lft forever preferred_lft forever
    inet6 ::1/128 scope host
       valid_lft forever preferred_lft forever
2: ens32: <BROADCAST,MULTICAST,UP,LOWER_UP> mtu 1500 qdisc pfifo_fast master ovs-system state UP group default qlen 1000
    link/ether 00:0c:29:32:a5:bb brd ff:ff:ff:ff:ff:ff
    inet6 fe80::20c:29ff:fe32:a5bb/64 scope link
       valid_lft forever preferred_lft forever
5: ovs-system: <BROADCAST,MULTICAST> mtu 1500 qdisc noop state DOWN group default qlen 1000
    link/ether c6:db:7f:62:7d:bf brd ff:ff:ff:ff:ff:ff
7: br-int: <BROADCAST,MULTICAST> mtu 1500 qdisc noop state DOWN group default qlen 1000
    link/ether 6e:04:0e:e0:89:45 brd ff:ff:ff:ff:ff:ff
8: br-tun: <BROADCAST,MULTICAST> mtu 1500 qdisc noop state DOWN group default qlen 1000
    link/ether 42:71:9d:57:ec:4c brd ff:ff:ff:ff:ff:ff
9: br-ex: <BROADCAST,MULTICAST,UP,LOWER_UP> mtu 1500 qdisc noqueue state UNKNOWN group default qlen 1000
    link/ether 00:0c:29:32:a5:bb brd ff:ff:ff:ff:ff:ff
    inet 192.168.100.70/24 brd 192.168.100.255 scope global br-ex
       valid_lft forever preferred_lft forever
    inet6 fe80::9084:ceff:fefb:a243/64 scope link
       valid_lft forever preferred_lft forever
```

2. 上传镜像

1）上传 cirros-0.3.4-x86_64-disk.img 文件。

cirros 是一个极简的 Linux 操作系统，用于测试 OpenStack 是否部署成功，从http://download.cirros-cloud.net/下载合适的 cirros 镜像，如下载 cirros-0.3.4-x86_64-disk.img 镜像，将此文件通过 SFTP 传输到虚拟机的/root 目录。

```
[root@rocky ~]# ls
anaconda-ks.cfg                 ifcfg-br-ex  keystonerc_admin
cirros-0.3.4-x86_64-disk.img  ifcfg-ens32  packstack-answers-20200324-233122.txt
```

2）将镜像上传到 Glance。

```
[root@rocky ~]# source keystonerc_admin
[root@rocky ~(keystone_admin)]# glance image-create --name cirros --disk-format qcow2 --container-format bare --visibility=public < cirros-0.3.4-x86_64-disk.img
```

3）查看镜像。

```
[root@rocky ~(keystone_admin)]# glance image-list
+--------------------------------------+--------+
| ID                                   | Name   |
+--------------------------------------+--------+
| 97d9ee4a-d803-4892-bf9e-366d3a7d4df4 | cirros |
+--------------------------------------+--------+
```

5.3.2 创建外部网络、内部网络和路由器

1. 创建外部网络

1）在浏览器中访问 "http://192.168.100.70/dashboard"，输入用户名 "admin"，密码在 "/root/keystonerc_admin" 文件中查询。

5-7 创建外部网络、内部网络和路由器

```
[root@rocky ~(keystone_admin)]# cat keystonerc_admin
unset OS_SERVICE_TOKEN
    export OS_USERNAME=admin                        # admin用户
    export OS_PASSWORD='57fe7372bf6a4130'           # admin用户的密码
    export OS_REGION_NAME=RegionOne
    export OS_AUTH_URL=http://192.168.100.70:5000/v3
    export PS1='[\u@\h \W(keystone_admin)]\$ '
export OS_PROJECT_NAME=admin
export OS_USER_DOMAIN_NAME=Default
export OS_PROJECT_DOMAIN_NAME=Default
export OS_IDENTITY_API_VERSION=3
```

OpenStack Dashboard 的登录界面如图 5-18 所示。

2）在 "管理员" → "网络" → "网络" 中，单击 "创建网络" 按钮，如图 5-19 所示。

3）输入网络名称 "ext-net"，项目为 "admin"，供应商网络类型为 "Flat"，物理网络为 "extnet"，勾选 "启用管理员状态" "共享的" "外部网络" "创建子网"，如图 5-20 所示。

项目 5 使用 Packstack 快速部署 OpenStack 云计算系统

图 5-18 OpenStack 登录界面

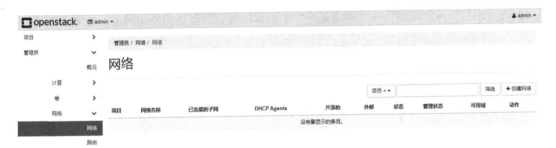

图 5-19 创建外部网络 1

图 5-20 创建外部网络 2

4）输入子网名称"ext-subnet"，网络地址为"192.168.100.0/24"，网关 IP 为"192.168.100.2"，如图 5-21 所示。

5）在子网配置界面里不需要配置，单击"创建"按钮，如图 5-22 所示。

图 5-21　创建外部网络 3　　　　　　　图 5-22　创建外部网络 4

6）在"项目"→"网络"→"网络拓扑"中，可以看到新创建的外部网络，如图 5-23 所示。

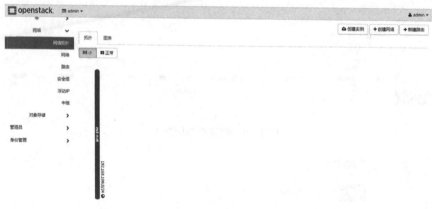

图 5-23　网络拓扑

2. 创建内部网络

1）在"项目"→"网络"→"网络"中，单击"创建网络"按钮，如图 5-24 所示。

图 5-24　创建内部网络 1

2）输入网络名称"int-net"，勾选"启用管理员状态""共享的""创建子网"，如图 5-25 所示。

图 5-25 创建内部网络 2

3）输入子网名称"int-subnet"，网络地址为"192.168.10.0/24"，网关 IP 为"192.168.10.1"，如图 5-26 所示。

图 5-26 创建内部网络 2

4）在子网详情配置中不需要配置，单击"创建"按钮，如图 5-27 所示。

图 5-27 创建内部网络 3

5）以下为已经创建的外部网络和内部网络，如图 5-28 所示。

6）查看网络拓扑，如图 5-29 所示。

图 5-28　网络信息

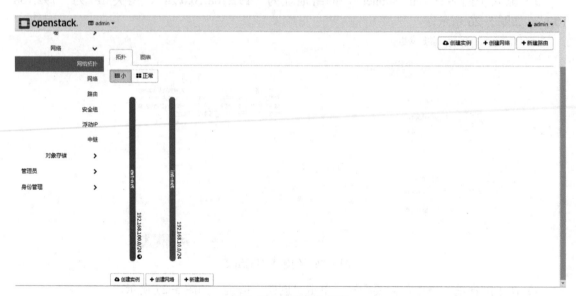

图 5-29　网络拓扑信息

3．创建路由器

1）在"项目"→"网络"→"路由"中，单击"新建路由"按钮，如图 5-30 所示。

图 5-30　新建路由

2）输入路由名称"R1"，选择外部网络"ext-net"，如图 5-31 所示。

3）在路由器设置界面中单击"R1"，切换到"接口"选项卡，单击"增加接口"按钮，如图 5-32 和图 5-33 所示。

图 5-31 新建路由

图 5-32 R1 设置

图 5-33 增加接口

4）选择子网"int-net"，如图 5-34 所示。
5）检查网络拓扑，如图 5-35 所示。

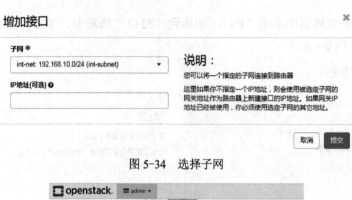

图 5-34 选择子网

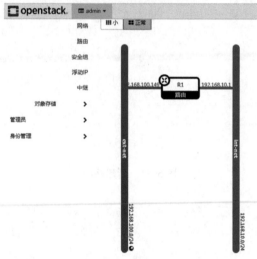

图 5-35 网络拓扑

5.3.3 运行云主机

1．启动云主机

1）在"项目"→"计算"→"镜像"中，单击 cirros 镜像的"启动"按钮，如图 5-36 所示。

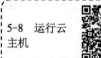
5-8 运行云主机

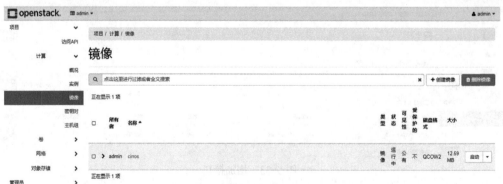

图 5-36 启动镜像

2）输入云主机名称"cirros"，确认镜像为"cirros"，如图 5-37 和图 5-38 所示。

图 5-37 创建实例

图 5-38 确认镜像

3）选择实例类型为"m1.tiny"，如图 5-39 所示。

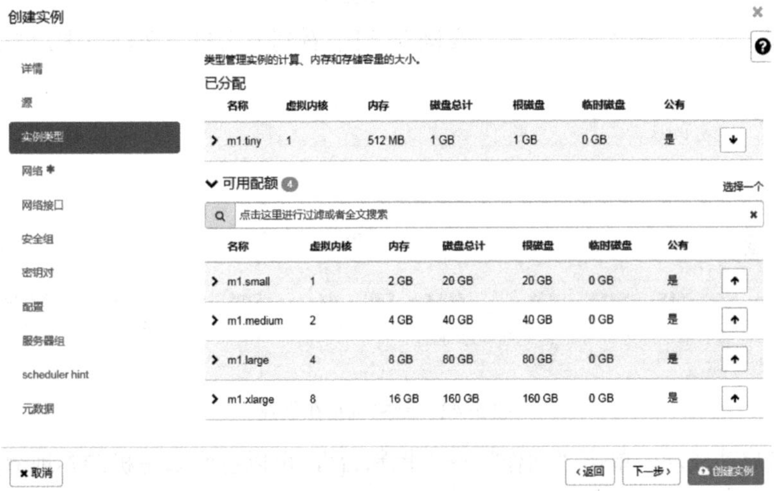

图 5-39 选择实例类型

4）选择网络"int-net"，确认安全组为"default"，单击"创建实例"按钮，如图 5-40 和图 5-41 所示。

图 5-40　选择网络

图 5-41　创建实例

5）切换到"项目"→"计算"→"实例"，可以看到云主机正在创建中，如图 5-42 所示。

图 5-42　云主机正在创建

6）云主机启动成功，单击"动作"→"控制台"，可以看到云主机的本地界面，如图 5-43 和图 5-44 所示。

图 5-43　云主机启动成功

图 5-44　云主机本地界面

2. 编辑安全组规则

1）在"项目"→"网络"→"安全组"中，单击 default 安全组的"管理规则"按钮，如图 5-45 所示。

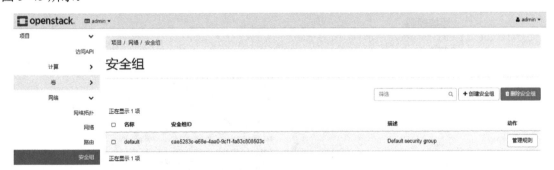

图 5-45　安全组

2）单击"添加规则"按钮，如图 5-46 所示。

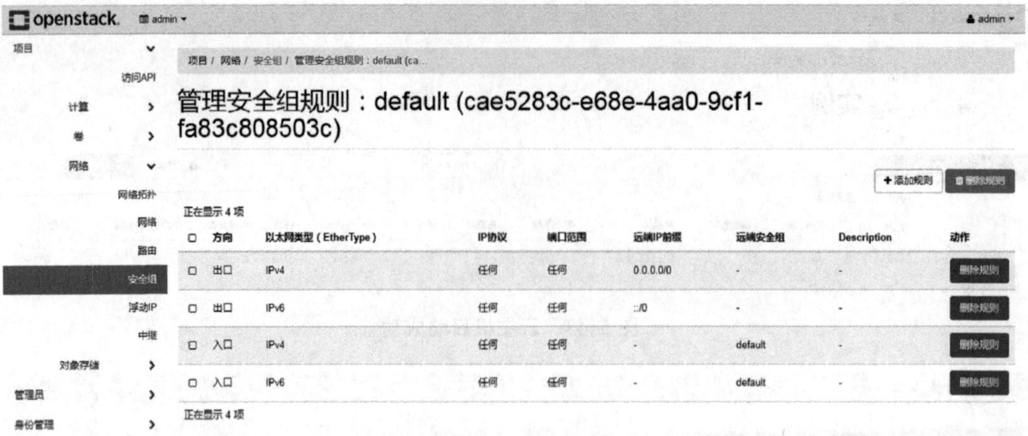

图 5-46 添加规则

3）选择规则"ALL ICMP"，单击"添加"按钮。再次添加规则，选择规则"SSH"，如图 5-47 和图 5-48 所示。

图 5-47 "ALL ICMP"规则

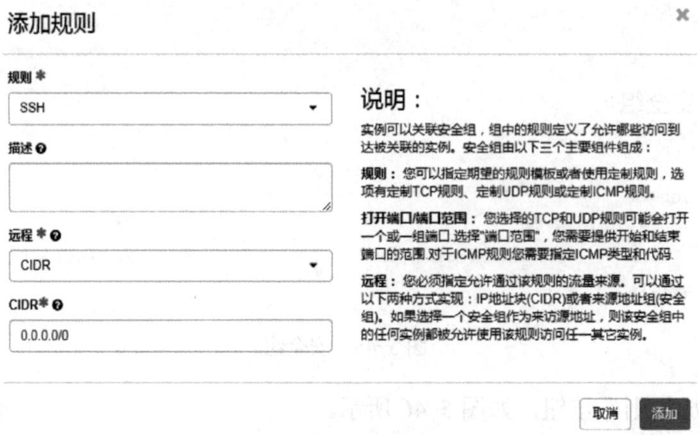

图 5-48 "SSH"规则

4）以下为编辑好的安全组规则，如图 5-49 所示。

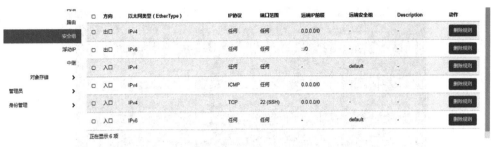

图 5-49　安全组规则

3．连接云主机

1）在"项目"→"网络"→"浮动 IP"中，单击"分配 IP 给项目"按钮，单击"分配 IP"按钮，如图 5-50 和图 5-51 所示。

图 5-50　分配 IP 给项目

2）在"项目"→"计算"→"实例"中，选择 cirros 云主机"动作"菜单中的"绑定浮动 IP"。选择 IP 地址，单击"关联"按钮，如图 5-52 所示。

图 5-51　分配 IP　　　　　　　　　图 5-52　浮动 IP 关联

3）云主机已获得浮动 IP 地址 192.168.100.5，从本机可以 ping 通这个 IP 地址，如图 5-53 和图 5-54 所示。

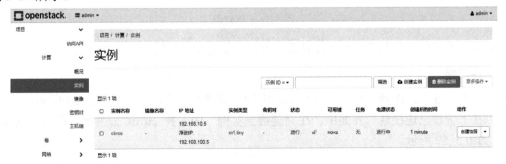

图 5-53　获得浮动 IP 地址

图 5-54　ping 通 IP 地址

4）可以通过 SSH 连接到云主机，如图 5-55 所示，用户名为 "cirros"，密码为 "cubswin:)"。

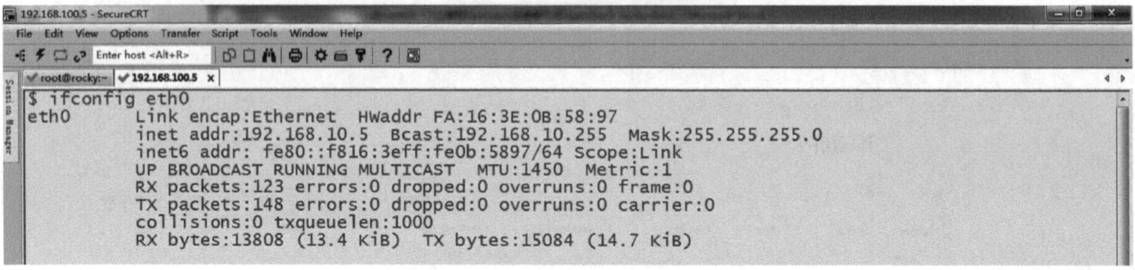

图 5-55　SSH 连接云主机

5.3.4　云硬盘管理

5-9　云硬盘及云存储管理

1. 创建卷

1）在 "项目" → "卷" → "卷" 中，单击 "创建卷" 按钮，如图 5-56 所示。

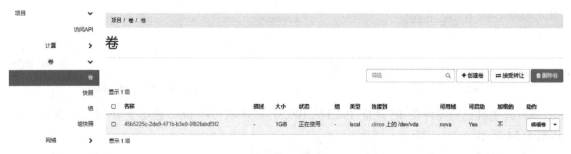

图 5-56　创建卷

2）输入卷名称 "disk2"，大小为 1GB，单击 "创建卷" 按钮，如图 5-57 所示。

2. 连接卷

1）在卷界面中，选择 "动作" 下拉列表中的 "管理连接" 选项，如图 5-58 所示。

2）在 "管理已连接卷" 界面中，在 "连接到实例" 中选择 cirros 云主机，单击 "连接卷" 按钮，如图 5-59 所示。

项目 5　使用 Packstack 快速部署 OpenStack 云计算系统

图 5-57　设置卷

图 5-58　管理连接

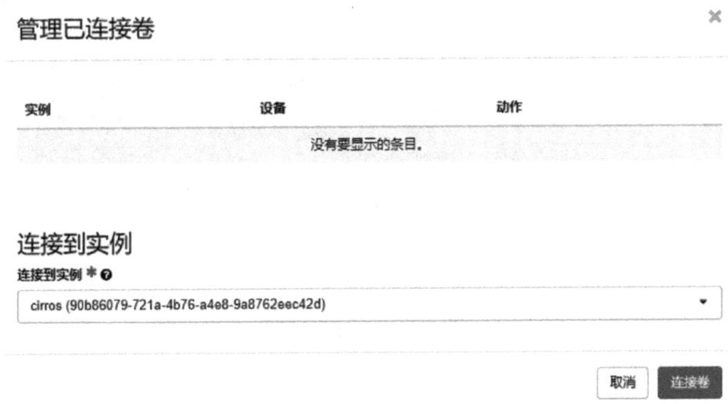

图 5-59　连接卷

3）在卷界面中，可以看到 disk2 已经连接到 cirros 上的/dev/vdb，如图 5-60 所示。可以在云主机 cirros 中对云硬盘/dev/vdb 进行分区、格式化、挂载等操作。

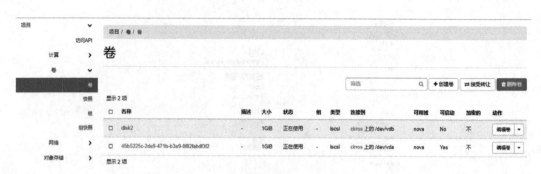

图 5-60 连接到 cirros

5.3.5 云存储管理

1. 创建容器

1）在"项目"→"对象存储"→"容器"中，单击"+容器"按钮，如图 5-61 所示。

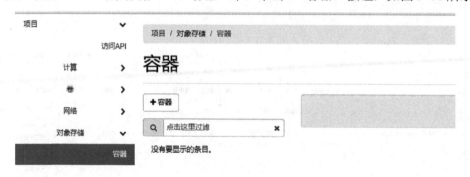

图 5-61 容器

2）在创建容器界面中，输入容器名称"abc"，在"访问容器"处选择"非共有"，单击"提交"按钮，如图 5-62 所示。

图 5-62 创建容器

2. 容器管理

1）单击容器"abc"，单击"+目录"按钮可以在容器 abc 中创建目录，输入目录名称，如"edu"，如图 5-63 和图 5-64 所示。

项目 5　使用 Packstack 快速部署 OpenStack 云计算系统

图 5-63　创建目录

图 5-64　输入目录名称

2）单击 按钮，可以在容器 abc 中上传文件，选择文件后单击"上传文件"按钮，如图 5-65 和图 5-66 所示。

图 5-65　上传文件

图 5-66　选择上传文件

3）在容器界面中看到容器 abc 中包含的对象数量为 2，分别为目录"edu"和上传的文件，如图 5-67 所示。

图 5-67　容器内容

项目总结

通过本项目的测试，网络中心的管理人员很快部署了一个单节点的 OpenStack 云计算系统，开展了基础的云功能测试工作，同时熟悉了 OpenStack 云架构的基本概念，为下一步的云架构设计和运维管理打下了良好的基础，接下来团队将开始通过手工部署多节点的 OpenStack 系统，对 OpenStack 云计算系统进行更为深入的探索和了解。

练习题

1. 什么是 RDO 项目？RDO 项目解决了什么问题？
2. OpenStack 项目的主要版本有哪些？OpenStack 项目核心组件有哪些？核心组件完成什么功能？
3. RDO 部署使用的主要命令是什么？如何使用该命令？
4. OpenStack Neutron 服务是如何部署的？Neutron 服务一般包括几种网络？
5. 综合实战：

1）安装 CentOS 7.5 操作系统。
2）设置主机名为 rocky.openstack.org，配置 IP 地址为 192.168.100.100。
3）创建 cinder 卷组。
4）配置软件安装源。
5）安装 openstack-packstack 软件包。
6）使用 packstack 自动安装 OpenStack。
7）配置网卡。
8）添加 cirros 镜像。
9）添加外部网络、内部网络和路由器。
10）运行 cirros 云主机。
11）绑定浮动 IP 地址。
12）使用 SSH 连接到 cirros 云主机。

项目 6 使用 CentOS 搭建和运维 OpenStack 多节点云计算系统

项目导入

某职业院校网络中心计划建设私有云，云计算平台可以实现计算资源的池化弹性管理，通过统一安全认证、授权管理来实现学校应用的集中管理。

经过企业调研，该职业院校网络中心决定选用 OpenStack 项目来搭建云计算 IaaS 平台。网络中心系统管理员和应用维护人员需要进行云计算架构的设计、部署和管理。由于技术人员要先熟悉搭建步骤，因此决定先利用 VMware Workstation 虚拟机软件来搭建测试环境。

项目目标

- 了解 OpenStack 多节点云计算系统。
- 配置 OpenStack 控制节点和计算节点。
- 使用 Dashboard 管理 OpenStack。
- 配置 OpenStack 块存储服务。
- 使用命令行管理 OpenStack。

6-1 项目导入

项目设计

网络中心管理员设计了一个简单的 OpenStack 双节点测试环境，如图 6-1 所示，其中一个节点为控制节点（Controller Node），另一个节点为计算节点（Compute Node）。控制节点和计算节点都包含 ens32 和 ens33 两个网卡，ens32 用于管理网络，ens33 用于外部网络。

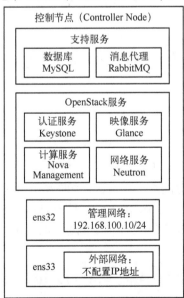

图 6-1 双节点拓扑规划

块存储服务可以与计算服务协作，用来为虚拟机实例提供云硬盘。块存储服务可管理云硬盘、云硬盘快照和云硬盘类型。OpenStack 使用 Cinder 组件提供块存储服务。在本项目中将在控制节点部署 Cinder 的管理服务，在计算节点部署 Cinder 的卷服务。在生产环境中，建议将 Cinder 卷服务单独部署在一个块存储节点上。

在本项目中，使用 VMware Workstation 运行云计算控制节点和计算节点，项目需要使用 vmnet8 和 vmnet1 虚拟网络分别作为管理网络和外部网络。

项目所需软件列表。
- VMware Workstation 16.1.2。
- CentOS-7-x86_64-DVD-1804.iso 镜像文件。
- Rocky 版本的 OpenStack 部署资源包。
- SecureCRT。

任务 6.1　OpenStack 双节点环境准备

6.1.1　控制节点系统安装

在 VMware Workstation 中新建 CentOS 64 位虚拟机。为虚拟机分配 8GB 内存，CPU 为 4 核，虚拟硬盘大小为 100GB。为虚拟机配置两块网卡，第一块网卡的网络连接方式为 NAT 模式，第二块网卡的网络连接方式为仅主机模式。选择 CentOS-7-x86_64-DVD-1804.iso 作为安装光盘，如图 6-2 和图 6-3 所示。

6-2　控制节点系统安装

图 6-2　配置 VMware Workstation 虚拟网络

图 6-3　配置虚拟机

在软件包选择界面使用最小化安装（Minimal Install）。手动配置分区，"/boot" 分区为 512MB，Swap 分区为 4096MB，剩余的空间全部分配给 "/" 分区，如图 6-4 所示。设置主机名为 controller，启用自动激活网卡 1，配置 IP 地址为 192.168.100.10，子网掩码为 255.255.255.0，默认网关为 192.168.100.2，DNS 服务器为 192.168.100.2，网卡 2 不需要配置，如图 6-5 所示。

6.1.2　计算节点系统安装

创建新的 CentOS 64 位虚拟机，内存为 8GB，CPU 为 4 核，并启用虚拟化。虚拟硬盘大小为 100GB。为虚拟机配置两块网卡，第一块为 NAT 模式，第二块为仅主机模式。为虚拟机添加第二块硬盘，大小为 100GB。使用 CentOS-7-x86_64-DVD-1804.iso 作为安装光盘，如图 6-6 所示。使用最小化安装（Minimal Install），手动为第一块硬盘分区，分区规划与控制节点相同。设置主机名为 compute1，配置网卡 1（管理网络）的 IP 地址为 192.168.100.20，子网掩码为 255.255.255.0，默认网关为 192.168.100.2，DNS 服务器为 192.168.100.2，如图 6-7 所示。

6-3 计算节点系统安装

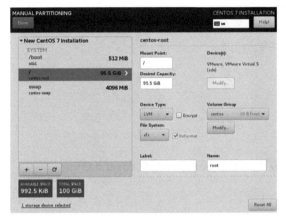

图 6-4 手动配置分区

图 6-5 设置主机名及 IP 地址等参数

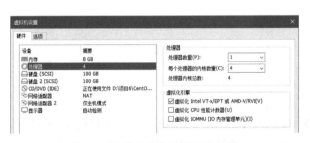

图 6-6 计算节点虚拟机硬件配置

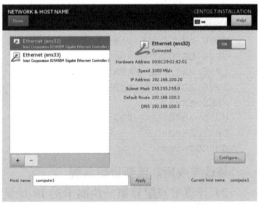

图 6-7 设置主机名及 IP 地址等参数

6.1.3 节点网络配置

1. 配置网络

1）控制节点第一块网卡的 IP 地址为 192.168.100.10，子网掩码为 255.255.255.0，默认网关为 192.168.100.2，DNS 服务器为 192.168.100.2。配置第二块网卡的 ONBOOT 选项为 yes，BOOTPROTO=none。两块网卡的配置文件内容如下。

6-4 节点网络配置

```
[root@controller ~]# vi /etc/sysconfig/network-scripts/ifcfg-ens32
```

```
TYPE=Ethernet
PROXY_METHOD=none
BROWSER_ONLY=no
BOOTPROTO=none
DEFROUTE=yes
IPV4_FAILURE_FATAL=no
IPV6INIT=yes
IPV6_AUTOCONF=yes
IPV6_DEFROUTE=yes
IPV6_FAILURE_FATAL=no
IPV6_ADDR_GEN_MODE=stable-privacy
NAME=ens32
UUID=16d299c8-a5d9-4e6b-9359-32027c3ceb0b
DEVICE=ens32
ONBOOT=yes
IPADDR=192.168.100.10
PREFIX=24
GATEWAY=192.168.100.2
DNS1=192.168.100.2
IPV6_PRIVACY=no
[root@controller ~]# vi /etc/sysconfig/network-scripts/ifcfg-ens33
TYPE=Ethernet
PROXY_METHOD=none
BROWSER_ONLY=no
BOOTPROTO=none
DEFROUTE=yes
IPV4_FAILURE_FATAL=no
IPV6INIT=yes
IPV6_AUTOCONF=yes
IPV6_DEFROUTE=yes
IPV6_FAILURE_FATAL=no
IPV6_ADDR_GEN_MODE=stable-privacy
NAME=ens33
UUID=4b7409b7-f074-4d10-9b96-b80edb7c5113
DEVICE=ens33
ONBOOT=yes
```

修改完成后，重新启动系统。

2）计算节点配置第一块网卡的 IP 地址为 192.168.100.20，子网掩码为 255.255.255.0，默认网关为 192.168.100.2，DNS 服务器为 192.168.100.2。配置第二块网卡的 ONBOOT 选项为 yes，BOOTPROTO=none。两块网卡的配置文件内容如下。

```
[root@compute1 ~]# vi /etc/sysconfig/network-scripts/ifcfg-ens32
TYPE=Ethernet
PROXY_METHOD=none
BROWSER_ONLY=no
BOOTPROTO=none
DEFROUTE=yes
IPV4_FAILURE_FATAL=no
IPV6INIT=yes
IPV6_AUTOCONF=yes
IPV6_DEFROUTE=yes
IPV6_FAILURE_FATAL=no
IPV6_ADDR_GEN_MODE=stable-privacy
```

```
NAME=ens32
UUID=3bf65537-62f6-458f-8709-09b56fd845a2
DEVICE=ens32
ONBOOT=yes
IPADDR=192.168.100.20
PREFIX=24
GATEWAY=192.168.100.2
DNS1=192.168.100.2
IPV6_PRIVACY=no
[root@compute1 ~]# vi /etc/sysconfig/network-scripts/ifcfg-ens33
TYPE=Ethernet
PROXY_METHOD=none
BROWSER_ONLY=no
BOOTPROTO=none
DEFROUTE=yes
IPV4_FAILURE_FATAL=no
IPV6INIT=yes
IPV6_AUTOCONF=yes
IPV6_DEFROUTE=yes
IPV6_FAILURE_FATAL=no
IPV6_ADDR_GEN_MODE=stable-privacy
NAME=ens33
UUID=543ba70f-cd7d-4d24-bf72-b2bee4fb3663
DEVICE=ens33
ONBOOT=yes
```

修改完成后,重新启动系统。

2. 配置地址解析

1)控制节点配置本地名称解析,实现 controller 和 compute1 节点的本地地址解析。

```
[root@controller ~]# vi /etc/hosts
127.0.0.1    localhost localhost.localdomain localhost4 localhost4.localdomain4
::1          localhost localhost.localdomain localhost6 localhost6.localdomain6
192.168.100.10 controller
192.168.100.20 compute1
```

2)计算节点配置本地名称解析,实现 controller 和 compute1 节点的本地地址解析。

```
[root@compute1 ~]# vi /etc/hosts
127.0.0.1    localhost localhost.localdomain localhost4 localhost4.localdomain4
::1          localhost localhost.localdomain localhost6 localhost6.localdomain6
192.168.100.10 controller
192.168.100.20 compute1
```

6.1.4 配置 NTP 服务

1. Controller 节点配置 NTP 服务

1)安装 chrony 服务。

```
[root@controller ~]# yum -y install chrony
```

6-5 配置 NTP 服务

2)为了允许其他节点连接到控制节点的 chrony 后台进程,在 "/etc/chrony.conf" 中添加以下配置。

```
[root@controller ~]# vi /etc/chrony.conf
allow 192.168.100.0/24
```

3)将服务配置为开机自启动并启动服务。

```
[root@controller ~]# systemctl enable chronyd.service
[root@controller ~]# systemctl start chronyd.service
```

4)查看时间同步源。

```
[root@controller ~]# chronyc sources -v
===============================================================================
^- 107-194-210-155.lightspe>     2   6    17    14   -15ms[  -20ms] +/-  165ms
^- 121.231.84.156                2   6    17    17   +12ms[ +349ms] +/-  157ms
^* 202.118.1.130                 1   6   143     9  -248us[ -516us] +/-   20ms
^- time.cloudflare.com           3   6    17    15   -15ms[  -20ms] +/-  102ms
```

这里标记*的为 NTP 服务当前使用的 NTP 服务器。

5)查看时间同步源状态。

```
[root@controller ~]# chronyc sourcestats -v
===============================================================================
107-194-210-155.lightspe>    4   3    7    +77.973    7332.685   -9544us   1088us
121.231.84.156               4   4    6    -432.062  11516.711    -13ms    1155us
202.118.1.130                4   4   13    +97.659    1619.465   +5345us    477us
time.cloudflare.com          4   4    7   +229.597    9651.927   -1283us   1574us
```

6)关闭防火墙并且设置为开机不自动启动。

```
[root@controller ~]# systemctl stop firewalld.service
[root@controller ~]# systemctl disable firewalld.service
```

2. Compute1 节点配置

1)安装 chrony 服务。

```
[root@compute1 ~]# yum -y install chrony
```

2)编辑配置文件。

```
[root@compute1 ~]# vi /etc/chrony.conf
```

修改、添加以下配置。

```
#server 0.centos.pool.ntp.org iburst
#server 1.centos.pool.ntp.org iburst
#server 2.centos.pool.ntp.org iburst
#server 3.centos.pool.ntp.org iburst
server controller iburst
```

3)将服务配置为开机自启动并启动服务。

```
[root@compute1 ~]# systemctl enable chronyd.service
[root@compute1 ~]# systemctl start chronyd.service
```

4)查看时间同步源。

```
[root@compute1 ~]# chronyc sources -v
===============================================================================
^* controller                    2   6    17    22    -41us[-1691us] +/-   24ms
```

计算节点的时间已经与控制节点同步。

5）查看时间同步源状态。

```
[root@compute1 ~]# chronyc sourcestats -v
===============================================================================
controller                     4   3   6   -364.055   3373.232   -18ms   337us
```

6）关闭防火墙并且设置为开机不自动启动。

```
[root@compute1 ~]# systemctl stop firewalld.service
[root@compute1 ~]# systemctl disable firewalld.service
```

6.1.5 配置 OpenStack 源

6-6 配置 OpenStack 源

在控制节点和计算节点上分别执行以下配置。

1. 安装 OpenStack Rocky 软件源

```
[root@controller ~]# yum -y install centos-release-openstack-rocky
[root@compute1 ~]# yum -y install centos-release-openstack-rocky
```

2. 修改软件源

```
[root@controller ~]# vi /etc/yum.repos.d/CentOS-OpenStack-rocky.repo
[centos-openstack-rocky]
name=CentOS-7 - OpenStack rocky
baseurl=http://mirrors.163.com/centos/7/cloud/x86_64/openstack-rocky/
gpgcheck=1
enabled=1
gpgkey=file:///etc/pki/rpm-gpg/RPM-GPG-KEY-CentOS-SIG-Cloud
exclude=sip,PyQt4
[root@controller ~]# vi /etc/yum.repos.d/CentOS-QEMU-EV.repo
[centos-qemu-ev]
name=CentOS-$releasever - QEMU EV
#mirrorlist=http://mirrorlist.centos.org/?release=$releasever&arch=$basearch&repo=virt-kvm-common
 baseurl=http://mirrors.163.com/centos/7/virt/x86_64/kvm-common/
gpgcheck=1
enabled=1
gpgkey=file:///etc/pki/rpm-gpg/RPM-GPG-KEY-CentOS-SIG-Virtualization
```

计算节点的 CentOS-OpenStack-rocky.repo 和 CentOS-QEMU-EV.repo 文件内容和控制节点的两个文件内容相同。

删除控制节点和计算节点的 CentOS-Ceph-Luminous.repo 文件。

```
[root@controller ~]# rm -f /etc/yum.repos.d/CentOS-Ceph-Luminous.repo
[root@compute1 ~]# rm -f /etc/yum.repos.d/CentOS-Ceph-Luminous.repo
```

控制节点和计算节点使用命令生成软件包列表缓存。

```
[root@controller ~]# yum makecache
[root@compute1 ~]# yum makecache
```

3. 安装 OpenStack 客户端

```
[root@controller ~]# yum -y install python-openstackclient
[root@compute1 ~]# yum -y install python-openstackclient
```

4. 安装 openstack-selinux 软件包

RHEL 和 CentOS 默认启用了 SELinux，安装 openstack-selinux 软件包以便自动管理

OpenStack 服务的安全策略。

```
[root@controller ~]# yum -y install openstack-selinux
[root@compute1 ~]# yum -y install openstack-selinux
```

6.1.6 配置 SQL 数据库

大多数 OpenStack 服务使用 SQL 数据库来存储信息，数据库通常运行在控制节点上。在控制节点进行以下操作。

6-7 配置 SQL 数据库

1. 安装 SQL 数据库

使用 yum 命令安装数据库服务端、客户端等软件。

```
[root@controller ~]# yum -y install mariadb mariadb-server python2-PyMySQL
```

2. 创建并编辑/etc/my.cnf.d/openstack.cnf 文件

```
[root@controller ~]# vi /etc/my.cnf.d/openstack.cnf
[mysqld]
bind-address = 192.168.100.10   # 这里设置为控制节点的管理网络 IP 地址以便其他节点可以通过管理网络访问数据库
default-storage-engine = innodb
innodb_file_per_table = on
max_connections = 4096
collation-server = utf8_general_ci
character-set-server = utf8
```

3. 将服务配置为开机自启动并启动服务

```
[root@controller ~]# systemctl enable mariadb.service
[root@controller ~]# systemctl start mariadb.service
```

4. 加强数据库安全性并配置 root 用户的密码

```
[root@controller ~]# mysql_secure_installation
Enter current password for root (enter for none): （直接回车）
OK, successfully used password, moving on...
Setting the root password ensures that nobody can log into the MariaDB
root user without the proper authorisation.
Set root password? [Y/n] Y
New password: # 设置密码，如"123456"
Re-enter new password: # 设置密码，如"123456"
Password updated successfully!
Reloading privilege tables..
 ... Success!
Remove anonymous users? [Y/n] Y
 ... Success!
Disallow root login remotely? [Y/n] Y
 ... Success!
Remove test database and access to it? [Y/n] Y
 - Dropping test database...
 ... Success!
 - Removing privileges on test database...
 ... Success!
Reload privilege tables now? [Y/n] Y
 ... Success!
```

6.1.7 配置消息队列、Memcached 和 Etcd 服务

1. 安装配置消息队列服务

OpenStack 使用 Message Queue（消息队列）协调操作和各服务的状态信息。消息队列服务一般运行在控制节点上。OpenStack 支持多种消息队列服务，包括 RabbitMQ、Qpid 和 ZeroMQ，在这里安装 RabbitMQ 消息队列服务，在控制节点进行以下操作。

6-8 配置消息队列

1）安装 RabbitMQ。

```
[root@controller ~]# yum -y install rabbitmq-server
```

2）将服务配置为开机自启动并启动服务。

```
[root@controller ~]# systemctl enable rabbitmq-server.service
[root@controller ~]# systemctl start rabbitmq-server.service
```

3）为 RabbitMQ 添加 openstack 用户，密码为 RABBIT_PASS。

```
[root@controller ~]# rabbitmqctl add_user openstack RABBIT_PASS
```

4）启用 RabbitMQ 的 openstack 用户的配置、写入和读权限。

```
[root@controller ~]# rabbitmqctl set_permissions openstack ".*" ".*" ".*"
```

2. 安装配置 Memcached 服务

OpenStack 认证服务使用 Memcached 作为缓存令牌。缓存服务 Memecached 运行在控制节点，在控制节点进行以下操作。

1）安装 Memcached。

```
[root@controller ~]# yum -y install memcached python-memcached
```

2）编辑 Memcached 配置文件。

```
[root@controller ~]# vi /etc/sysconfig/memcached
```

将 "OPTIONS="-l 127.0.0.1,::1"" 修改为 "OPTIONS="-l 127.0.0.1,::1,controller""。

3）将服务配置为开机自启动并启动服务。

```
[root@controller ~]# systemctl enable memcached.service
[root@controller ~]# systemctl start memcached.service
```

3. 安装配置 Etcd 服务

Openstack 服务使用 Etcd 服务，Etcd 是一个高可用的键值存储系统，主要用于键锁、存储配置和服务并发等场景。

1）安装 Etcd 服务。

```
[root@controller ~]# yum -y install etcd
```

2）编辑 Etcd 配置文件。

```
[root@controller ~]# vi /etc/etcd/etcd.conf
#[Member]
ETCD_DATA_DIR="/var/lib/etcd/default.etcd"
ETCD_LISTEN_PEER_URLS="http://192.168.100.10:2380"
ETCD_LISTEN_CLIENT_URLS="http://192.168.100.10:2379"
ETCD_NAME="controller"
```

```
#[Clustering]
ETCD_INITIAL_ADVERTISE_PEER_URLS="http://192.168.100.10:2380"
ETCD_ADVERTISE_CLIENT_URLS="http://192.168.100.10:2379"
ETCD_INITIAL_CLUSTER="controller=http://192.168.100.10:2380"
ETCD_INITIAL_CLUSTER_TOKEN="etcd-cluster-01"
ETCD_INITIAL_CLUSTER_STATE="new"
```

3）将服务配置为开机自启动并启动服务。

```
[root@controller ~]# systemctl enable etcd
[root@controller ~]# systemctl start etcd
```

任务 6.2　配置认证服务 Keystone

OpenStack 认证服务提供用户管理和服务编目功能。其中用户管理功能包括管理用户权限、跟踪用户行为；服务编目功能提供 OpenStack 服务目录，包括服务项和 API Endpoints。

OpenStack 使用 Keystone 提供认证服务，只需要在控制节点上配置认证服务，其他 OpenStack 服务只需在控制节点的认证服务上注册即可。

6.2.1　安装和配置 Keystone

1. 安装和配置 Keystone

1）配置数据库。

① 在控制节点以 root 用户连接到数据库服务器，前面设置的 root 密码为 "123456"。

6-9　安装配置 Keystone

```
[root@controller ~]# mysql -u root -p123456
```

② 创建 keystone 数据库。

```
MariaDB [(none)]> CREATE DATABASE keystone;
```

③ 对 keystone 数据库授予恰当的权限，这里设置 keystone 数据库用户的密码为 "123456"。

```
MariaDB [(none)]> GRANT ALL PRIVILEGES ON keystone.* TO 'keystone'@'localhost' IDENTIFIED BY '123456';
MariaDB [(none)]> GRANT ALL PRIVILEGES ON keystone.* TO 'keystone'@'%' IDENTIFIED BY '123456';
```

④ 退出数据库客户端。

```
MariaDB [(none)]> exit
```

2）安装 keystone、httpd 和 mod_wsgi。

```
[root@controller ~]# yum -y install openstack-keystone httpd mod_wsgi
```

3）编辑 Keystone 配置文件。

① 在 [database] 部分，配置数据库访问。

```
[root@controller ~]# vi /etc/keystone/keystone.conf
[database]
```

```
connection = mysql+pymysql://keystone:123456@controller/keystone
# 这里的"123456"为keystone数据库用户的密码
```

② 在 [token] 部分，配置 Fernet UUID 令牌的提供者。

```
[token]
provider = fernet
```

4）初始化身份认证服务的数据库。

```
[root@controller ~]# su -s /bin/sh -c "keystone-manage db_sync" keystone
```

5）初始化 Fernet keys。

```
[root@controller ~]# keystone-manage fernet_setup --keystone-user keystone --keystone-group keystone
[root@controller ~]# keystone-manage credential_setup --keystone-user keystone --keystone-group keystone
```

6）Bootstrap 认证服务。

```
[root@controller ~]# keystone-manage bootstrap --bootstrap-password 123456 \
  --bootstrap-admin-url http://controller:5000/v3/ \
  --bootstrap-internal-url http://controller:5000/v3/ \
  --bootstrap-public-url http://controller:5000/v3/ \
  --bootstrap-region-id RegionOne
```

其中"123456"是管理员用户 admin 的密码。

2．配置 Apache HTTP 服务器

1）编辑配置文件。

```
[root@controller ~]# vi /etc/httpd/conf/httpd.conf
```

修改配置如下。

```
ServerName controller
```

2）创建符号链接。

```
[root@controller ~]# ln -s /usr/share/keystone/wsgi-keystone.conf /etc/httpd/conf.d/
```

3）将 httpd 服务配置为开机自启动并启动服务。

```
[root@controller ~]# systemctl enable httpd.service
[root@controller ~]# systemctl start httpd.service
```

3．配置管理员账户环境变量

```
[root@controller ~]# export OS_USERNAME=admin
[root@controller ~]# export OS_PASSWORD=123456
[root@controller ~]# export OS_PROJECT_NAME=admin
[root@controller ~]# export OS_USER_DOMAIN_NAME=Default
[root@controller ~]# export OS_PROJECT_DOMAIN_NAME=Default
[root@controller ~]# export OS_AUTH_URL=http://controller:5000/v3
[root@controller ~]# export OS_IDENTITY_API_VERSION=3
```

6.2.2 创建域、项目、用户和角色

6-10 创建域、项目、用户和角色

1．创建一个名为 example 的新域

尽管前面已经使用"keystone-manage bootstrap"命令创建了 default 域，但是还需要说明怎

样创建一个新的域 example（该步骤是可选的）。

```
[root@controller ~]# openstack domain create --description "An Example Domain" example
```

2. 创建 service 项目

```
[root@controller ~]# openstack project create --domain default --description "Service Project" service
```

3. 创建 demo 项目和用户

1）创建 demo 项目。

```
[root@controller ~]# openstack project create --domain default --description "Demo Project" demo
```

2）创建 demo 用户。

```
[root@controller ~]# openstack user create --domain default --password-prompt demo
User Password:（输入 123456）
Repeat User Password:（输入 123456）
```

3）创建 user 角色。

```
[root@controller ~]# openstack role create user
```

4）将 demo 用户关联到 demo 项目和 user 角色。

```
[root@controller ~]# openstack role add --project demo --user demo user
```

6.2.3 验证配置和创建环境脚本

1. 验证配置

1）取消 OS_TOKEN、OS_URL 变量。

```
[root@controller ~]# unset OS_AUTH_URL OS_PASSWORD
```

6-11 验证配置和创建环境脚本

2）作为 admin 用户，请求认证令牌。

```
[root@controller ~]# openstack --os-auth-url http://controller:5000/v3 \
  --os-project-domain-name Default --os-user-domain-name Default \
  --os-project-name admin --os-username admin token issue
Password:（输入密码，如"123456"）
```

3）作为 demo 用户，请求认证令牌。

```
[root@controller ~]# openstack --os-auth-url http://controller:5000/v3 \
  --os-project-domain-name Default --os-user-domain-name Default \
  --os-project-name demo --os-username demo token issue
Password:（输入密码，如"123456"）
```

2. 创建 OpenStack 客户端环境脚本

为了提升客户端的操作效率，OpenStack 支持简单的客户端环境变量脚本，即 OpenRC 文件。这些脚本通常包含客户端所有常见的选项。

1）创建 admin 用户的环境脚本。

```
[root@controller ~]# vi admin-openrc
```

```
export OS_PROJECT_DOMAIN_NAME=Default
export OS_USER_DOMAIN_NAME=Default
export OS_PROJECT_NAME=admin
export OS_USERNAME=admin
export OS_PASSWORD=123456                        # admin 用户的密码
export OS_AUTH_URL=http://controller:5000/v3
export OS_IDENTITY_API_VERSION=3
export OS_IMAGE_API_VERSION=2
```

2)创建 demo 用户的环境脚本。

```
[root@controller ~]# vi demo-openrc
export OS_PROJECT_DOMAIN_NAME=Default
export OS_USER_DOMAIN_NAME=Default
export OS_PROJECT_NAME=demo
export OS_USERNAME=demo
export OS_PASSWORD=123456                        # demo 用户的密码
export OS_AUTH_URL=http://controller:5000/v3
export OS_IDENTITY_API_VERSION=3
export OS_IMAGE_API_VERSION=2
```

3)使用脚本。

```
[root@controller ~]# source admin-openrc
[root@controller ~]# openstack token issue
```

任务 6.3　配置镜像服务 Glance

OpenStack 镜像服务使用户能够发现、注册、检索虚拟机镜像。用户通过 OpenStack 镜像服务存储虚拟机镜像,存储的位置既可以位于 Linux 文件系统中,也可以位于 OpenStack 对象存储服务 Swift 中。

OpenStack 使用 Glance 提供镜像服务,只需要在控制节点上配置镜像服务。为了简化配置,在这里将使用 Linux 文件系统作为镜像存储位置,即把虚拟机镜像存储在镜像服务所在的主机(即控制节点)中,默认的目录是"/var/lib/glance/images/"。

6.3.1　创建数据库、Glance 服务用户和 API 端点

1. 创建数据库

1)在控制节点以 root 用户连接到数据库服务器。

```
[root@controller ~]# mysql -u root -p123456
```

6-12　创建数据库、Glance 服务用户和 API 端点

2)创建 glance 数据库。

```
MariaDB [(none)]> CREATE DATABASE glance;
```

3)对 glance 数据库授予恰当的权限,这里设置 glance 数据库用户的密码为"123456"。

```
MariaDB [(none)]> GRANT ALL PRIVILEGES ON glance.* TO 'glance'@'localhost' IDENTIFIED BY '123456';
MariaDB [(none)]> GRANT ALL PRIVILEGES ON glance.* TO 'glance'@'%' IDENTIFI-
```

```
ED BY '123456';
```

4）退出数据库客户端。

```
MariaDB [(none)]> exit
```

2. 创建 Glance 服务用户和 API 端点

获得 admin 凭证来获取只有管理员能执行的命令的访问权限。

```
[root@controller ~]# source admin-openrc
```

1）创建 glance 服务用户。

```
[root@controller ~]# openstack user create --domain default --password-prompt glance
User Password: （输入密码，如"123456"）
Repeat User Password: （输入密码，如"123456"）
```

2）将 glance 用户关联到 service 项目和 admin 角色。

```
[root@controller ~]# openstack role add --project service --user glance admin
```

3）创建 glance 服务。

使用如下命令创建 glance 服务实体。

```
[root@controller ~]# openstack service create --name glance --description "OpenStack Image" image
```

4）创建镜像服务的 API 端点。

```
[root@controller ~]# openstack endpoint create --region RegionOne image public http://controller:9292
[root@controller ~]# openstack endpoint create --region RegionOne image internal http://controller:9292
[root@controller ~]# openstack endpoint create --region RegionOne image admin http://controller:9292
```

6.3.2 安装和配置 Glance

1. 安装 Glance 服务

```
[root@controller ~]# yum -y install openstack-glance
```

6-13 安装和配置 Glance

2. 编辑 glance-api.conf 文件

1）在 [database] 部分，配置数据库访问。

```
[root@controller ~]# vi /etc/glance/glance-api.conf
[database]
connection = mysql+pymysql://glance:123456@controller/glance
# 这里的"123456"为设置的 glance 数据库用户的密码
```

2）在 [keystone_authtoken] 和 [paste_deploy] 部分，配置认证服务访问。

```
[keystone_authtoken]
www_authenticate_uri = http://controller:5000
auth_url = http://controller:5000
memcached_servers = controller:11211
auth_type = password
project_domain_name = Default
```

```
user_domain_name = Default
project_name = service
username = glance
password = 123456              # glance用户的密码
[paste_deploy]
flavor = keystone
```

3）在 [glance_store] 部分，配置本地文件系统存储和镜像文件位置。

```
[glance_store]
stores = file,http
default_store = file
filesystem_store_datadir = /var/lib/glance/images/
```

3．编辑 glance-registry.conf 文件

```
[root@controller ~]# vi /etc/glance/glance-registry.conf
```

1）在 [database] 部分，配置数据库访问。

```
[database]
connection = mysql+pymysql://glance:123456@controller/glance
# 这里的 "123456" 为设置的 glance 数据库用户的密码
```

2）在 [keystone_authtoken] 和 [paste_deploy] 部分，配置认证服务访问。

```
[keystone_authtoken]
www_authenticate_uri = http://controller:5000
auth_url = http://controller:5000
memcached_servers = controller:11211
auth_type = password
project_domain_name = Default
user_domain_name = Default
project_name = service
username = glance
password = 123456              # glance用户的密码
[paste_deploy]
flavor = keystone
```

4．生成镜像服务数据库表

```
[root@controller ~]# su -s /bin/sh -c "glance-manage db_sync" glance
```

5．将服务配置为开机自启动并启动服务

```
[root@controller ~]# systemctl enable openstack-glance-api.service openstack-glance-registry.service
[root@controller ~]# systemctl start openstack-glance-api.service openstack-glance-registry.service
```

6.3.3 验证 Glance 镜像服务

1．下载 cirros 镜像

6-14 验证 Glance 镜像服务

CirrOS 是一个小型的 Linux 镜像，可以用来帮助进行 OpenStack 部署测试。在 http://download.cirros-cloud.net/0.5.2 下载 cirros-0.5.2-x86_64-disk.img 文件，将文件传输到控制节点的/root 目录。

2. 将 cirros 镜像上传到 Glance

1）应用 admin 用户的环境变量。

```
[root@controller ~]# source admin-openrc
```

2）上传镜像。

```
[root@controller ~]# openstack image create "cirros" --file cirros-0.5.2-x86_64-disk.img --disk-format qcow2 --container-format bare --public
```

3. 确认镜像的上传并验证属性

1）查看镜像列表。

```
[root@controller ~]# openstack image list
+--------------------------------------+--------+--------+
| ID                                   | Name   | Status |
+--------------------------------------+--------+--------+
| 9c10cd1a-a047-4e17-8684-97646995dc0b | cirros | active |
+--------------------------------------+--------+--------+
[root@controller ~]# glance image-list
+--------------------------------------+--------+
| ID                                   | Name   |
+--------------------------------------+--------+
| 9c10cd1a-a047-4e17-8684-97646995dc0b | cirros |
+--------------------------------------+--------+
```

2）查看镜像详细信息。

```
[root@controller ~]# glance image-show 9c10cd1a-a047-4e17-8684-97646995dc0b
+------------------+--------------------------------------+
| Property         | Value                                |
+------------------+--------------------------------------+
| checksum         | b874c39491a2377b8490f5f1e89761a4     |
| container_format | bare                                 |
| created_at       | 2021-05-03T08:34:35Z                 |
| disk_format      | qcow2                                |
| id               | 9c10cd1a-a047-4e17-8684-97646995dc0b |
| min_disk         | 0                                    |
| min_ram          | 0                                    |
| name             | cirros                               |
| owner            | 20af9203474043dc83e3300824129693     |
| protected        | False                                |
| size             | 16300544                             |
| status           | active                               |
| tags             | []                                   |
| updated_at       | 2021-05-03T08:34:36Z                 |
| virtual_size     | None                                 |
| visibility       | public                               |
+------------------+--------------------------------------+
```

任务 6.4 配置计算服务 Nova

OpenStack 使用计算服务来托管和管理云计算系统。OpenStack 计算服务是基础设施即服务

（IaaS）系统的主要部分，OpenStack 计算组件请求 OpenStack Identity 服务进行认证；请求 OpenStack Image 服务提供磁盘镜像；为 OpenStack Dashboard 提供用户与管理员的 Web 接口。

6.4.1 创建数据库、Nova 服务用户和 API 端点

1. 创建数据库

1）在控制节点以 root 用户连接到数据库服务器。

```
[root@controller ~]# mysql -u root -p123456
```

6-15 创建数据库、Nova 服务用户和 API 端点

2）创建 nova_api、nova、nova_cell0 和 placement 数据库。

```
MariaDB [(none)]> CREATE DATABASE nova_api;
MariaDB [(none)]> CREATE DATABASE nova;
MariaDB [(none)]> CREATE DATABASE nova_cell0;
MariaDB [(none)]> CREATE DATABASE placement;
```

3）对数据库进行正确的授权，这里设置各数据库用户的密码为"123456"。

```
MariaDB [(none)]> GRANT ALL PRIVILEGES ON nova_api.* TO 'nova'@'localhost' IDENTIFIED BY '123456';
MariaDB [(none)]> GRANT ALL PRIVILEGES ON nova_api.* TO 'nova'@'%' IDENTIFIED BY '123456';
MariaDB [(none)]> GRANT ALL PRIVILEGES ON nova.* TO 'nova'@'localhost' IDENTIFIED BY '123456';
MariaDB [(none)]> GRANT ALL PRIVILEGES ON nova.* TO 'nova'@'%' IDENTIFIED BY '123456';
MariaDB [(none)]> GRANT ALL PRIVILEGES ON nova_cell0.* TO 'nova'@'localhost' IDENTIFIED BY '123456';
MariaDB [(none)]> GRANT ALL PRIVILEGES ON nova_cell0.* TO 'nova'@'%' IDENTIFIED BY '123456';
MariaDB [(none)]> GRANT ALL PRIVILEGES ON placement.* TO 'placement'@'localhost' IDENTIFIED BY '123456';
MariaDB [(none)]> GRANT ALL PRIVILEGES ON placement.* TO 'placement'@'%' IDENTIFIED BY '123456';
```

4）退出数据库客户端。

```
MariaDB [(none)]> exit
```

2. 创建 Nova 服务用户和 API 端点

1）应用 admin 用户的环境变量。

```
[root@controller ~]# source admin-openrc
```

2）创建 nova 用户。

```
[root@controller ~]# openstack user create --domain default --password-prompt nova
User Password：（输入密码，如"123456"）
Repeat User Password：（输入密码，如"123456"）
```

3）将 nova 用户关联到 service 项目和 admin 角色。

```
[root@controller ~]# openstack role add --project service --user nova admin
```

4）创建 nova 服务实体。

```
[root@controller ~]# openstack service create --name nova --description "OpenStack
```

Compute" compute

5）创建计算服务的 API 端点。

```
[root@controller ~]# openstack endpoint create --region RegionOne compute public http://controller:8774/v2.1
[root@controller ~]# openstack endpoint create --region RegionOne compute internal http://controller:8774/v2.1
[root@controller ~]# openstack endpoint create --region RegionOne compute admin http://controller:8774/v2.1
```

3. 创建 Placement 服务用户和 API 端点

1）创建 placement 用户。

```
[root@controller ~]# openstack user create --domain default --password-prompt placement
User Password:（输入密码,如"123456"）
Repeat User Password:（输入密码,如"123456"）
```

2）将 placement 用户关联到 service 项目和 admin 角色。

```
[root@controller ~]# openstack role add --project service --user placement admin
```

3）创建 placement 服务实体。

```
[root@controller ~]# openstack service create --name placement --description "Placement API" placement
```

4）创建 placement 服务的 API 端点。

```
[root@controller ~]# openstack endpoint create --region RegionOne placement public http://controller:8778
[root@controller ~]# openstack endpoint create --region RegionOne placement internal http://controller:8778
[root@controller ~]# openstack endpoint create --region RegionOne placement admin http://controller:8778
```

6.4.2 在控制节点安装和配置 Nova 服务

1. 安装 Nova

```
[root@controller ~]# yum -y install openstack-nova-api openstack-nova-conductor openstack-nova-console openstack-nova-novncproxy openstack-nova-scheduler openstack-nova-placement-api
```

6-16 在控制节点安装 Nova 服务

2. 编辑 Nova 配置文件

```
[root@controller ~]# vi /etc/nova/nova.conf
```

1）在 [DEFAULT] 部分,只启用计算和元数据 API。

```
[DEFAULT]
enabled_apis = osapi_compute,metadata
```

2）在 [api_database]、[database] 和 [placement_database] 部分,配置数据库的连接。

```
[api_database]
connection = mysql+pymysql://nova:123456@controller/nova_api
# 这里的"123456"为 nova_api 数据库用户的密码
```

```
[database]
connection = mysql+pymysql://nova:123456@controller/nova
# 这里的"123456"为nova数据库用户的密码
[placement_database]
connection = mysql+pymysql://placement:123456@controller/placement
# 这里的"123456"为placement数据库用户的密码
```

3）在 [DEFAULT] 部分，配置 RabbitMQ 消息队列访问。

```
[DEFAULT]
transport_url = rabbit://openstack:RABBIT_PASS@controller
```

4）在 [api] 和 [keystone_authtoken] 部分，配置认证服务访问。

```
[api]
auth_strategy = keystone
[keystone_authtoken]
auth_url = http://controller:5000/v3
memcached_servers = controller:11211
auth_type = password
project_domain_name = Default
user_domain_name = Default
project_name = service
username = nova
password = 123456                          # Nova 用户的密码
```

5）在 [DEFAULT] 部分，配置 my_ip 来使用控制节点的管理接口的 IP 地址。

```
[DEFAULT]
my_ip = 192.168.100.10
```

6）在 [DEFAULT] 部分，使能 Networking 服务。

```
[DEFAULT]
use_neutron = true
firewall_driver = nova.virt.firewall.NoopFirewallDriver
```

7）在 [vnc] 部分，配置 VNC 代理使用控制节点的管理接口 IP 地址。

```
[vnc]
enabled = true
server_listen = $my_ip
server_proxyclient_address = $my_ip
```

8）在 [glance] 区域，配置镜像服务 API 的位置。

```
[glance]
api_servers = http://controller:9292
```

9）在 [oslo_concurrency] 部分，配置锁路径。

```
[oslo_concurrency]
lock_path = /var/lib/nova/tmp
```

10）在 [placement] 部分，配置 Placement API。

```
[placement]
os_region_name = RegionOne
project_domain_name = Default
project_name = service
auth_type = password
user_domain_name = Default
```

```
auth_url = http://controller:5000/v3
username = placement
password = 123456                          # placement用户密码
```

3．其他配置

1）编辑 Httpd 配置文件。

```
[root@controller ~]# vi /etc/httpd/conf.d/00-nova-placement-api.conf
```

添加以下配置。

```
<Directory /usr/bin>
  <IfVersion >= 2.4>
    Require all granted
  </IfVersion>
  <IfVersion < 2.4>
    Order allow,deny
    Allow from all
  </IfVersion>
</Directory>
```

2）重新启动 Httpd 服务。

```
[root@controller ~]# systemctl restart httpd
```

3）生成 nova-api 数据库表。

```
[root@controller ~]# su -s /bin/sh -c "nova-manage api_db sync" nova
```

4）注册 cell0 数据库。

```
[root@controller ~]# su -s /bin/sh -c "nova-manage cell_v2 map_cell0" nova
```

5）创建 cell1 单元格。

```
[root@controller ~]# su -s /bin/sh -c "nova-manage cell_v2 create_cell --name=cell1 --verbose" nova
```

6）生成 nova 数据库表。

```
[root@controller ~]# su -s /bin/sh -c "nova-manage db sync" nova
```

7）确认 cell0 和 cell1 正确注册。

```
[root@controller ~]# su -s /bin/sh -c "nova-manage cell_v2 list_cells" nova
```

4．将服务配置为开机自启动并启动服务

```
[root@controller ~]# systemctl enable openstack-nova-api.service openstack-nova-consoleauth.service openstack-nova-scheduler.service openstack-nova-conductor.service openstack-nova-novncproxy.service
[root@controller ~]# systemctl start openstack-nova-api.service openstack-nova-consoleauth.service openstack-nova-scheduler.service openstack-nova-conductor.service openstack-nova-novncproxy.service
```

6.4.3 在计算节点安装和配置 Nova 服务

6-17 在计算节点安装 Nova 服务

计算节点根据从控制节点接收的请求运行虚拟机，计算服务依靠虚拟化引擎运行虚拟机，OpenStack 可以使用多种虚拟化引擎，这里使用 Linux KVM。

1. 安装 Nova

```
[root@compute1 ~]# yum -y install openstack-nova-compute
```

2. 编辑 Nova 配置文件

```
[root@compute1 ~]# vi /etc/nova/nova.conf
```

1）在 [DEFAULT] 部分，只启用计算和元数据 API。

```
[DEFAULT]
enabled_apis = osapi_compute,metadata
```

2）在 [DEFAULT] 部分，配置 RabbitMQ 消息队列的连接。

```
[DEFAULT]
transport_url = rabbit://openstack:RABBIT_PASS@controller
```

3）在 [api] 和 [keystone_authtoken] 部分，配置认证服务访问。

```
[api]
auth_strategy = keystone
[keystone_authtoken]
auth_url = http://controller:5000/v3
memcached_servers = controller:11211
auth_type = password
project_domain_name = Default
user_domain_name = Default
project_name = service
username = nova
password = 123456        # nova 用户的密码
```

4）在 [DEFAULT] 部分，配置 my_ip 选项。

```
[DEFAULT]
my_ip = 192.168.100.20
```

5）在 [DEFAULT] 部分，使能 Networking 服务。

```
[DEFAULT]
use_neutron = true
firewall_driver = nova.virt.firewall.NoopFirewallDriver
```

6）在 [vnc] 部分，启用并配置远程控制台访问。

```
[vnc]
enabled = true
server_listen = 0.0.0.0
server_proxyclient_address = $my_ip
novncproxy_base_url = http://controller:6080/vnc_auto.html
```

7）在 [glance] 部分，配置镜像服务 API 的位置。

```
[glance]
api_servers = http://controller:9292
```

8）在 [oslo_concurrency] 部分，配置锁路径。

```
[oslo_concurrency]
lock_path = /var/lib/nova/tmp
```

9)在 [placement] 部分，配置 Placement API。

```
[placement]
os_region_name = RegionOne
project_domain_name = Default
project_name = service
auth_type = password
user_domain_name = Default
auth_url = http://controller:5000/v3
username = placement
password = 123456                              # placement 用户的密码
```

使用下面命令可以查看服务器是否支持 CPU 硬件辅助虚拟化功能，如果返回值大于等于 1，表示 CPU 支持虚拟化功能。下面命令显示结果为 4，表示当前 CPU 支持虚拟化功能。

```
[root@compute1 ~]# egrep -c '(vmx|svm)' /proc/cpuinfo
4
```

10）如果是在 VMware Workstation 虚拟机中做实验，需要编辑计算节点的 Nova 配置文件。

```
[root@compute1 ~]# vi /etc/nova/nova.conf
[libvirt]
```

修改配置如下。

```
hw_machine_type = x86_64=pc-i440fx-rhel7.2.0
```

3．将服务配置为开机自启动并启动服务

```
[root@compute1 ~]# systemctl enable libvirtd.service openstack-nova-compute.service
[root@compute1 ~]# systemctl start libvirtd.service openstack-nova-compute.service
```

4．添加计算节点到 cell 数据库

在控制节点运行以下命令确认是否发现计算节点。

1）确认数据库中是否有计算节点。

```
[root@controller ~]# source admin-openrc
[root@controller ~]# openstack compute service list --service nova-compute
+----+--------------+----------+------+---------+-------+----------------------------+
| ID | Binary       | Host     | Zone | Status  | State | Updated At                 |
+----+--------------+----------+------+---------+-------+----------------------------+
| 7  | nova-compute | compute1 | nova | enabled | up    | 2021-05-04T02:17:43.000000 |
+----+--------------+----------+------+---------+-------+----------------------------+
```

2）发现计算节点主机。

```
[root@controller ~]# su -s /bin/sh -c "nova-manage cell_v2 discover_hosts --verbose" nova
```

3）当每次添加新的计算节点时，都需要在控制节点运行 "nova-manage cell_v2 discover_hosts"，以注册这些新的计算节点，或者可以编辑配置文件/etc/nova/nova.conf，设置适当的间隔，然后重新启动控制节点。

```
[root@controller ~]# vi /etc/nova/nova.conf
discover_hosts_in_cells_interval = 300
```

6.4.4 验证 Nova 计算服务

1．查看计算服务的运行状态

```
[root@controller ~]# openstack compute service list
[root@controller ~]# nova service-list
```

2．查看虚拟化引擎列表

```
[root@controller ~]# openstack hypervisor list
[root@controller ~]# nova hypervisor-list
```

3．查看虚拟化引擎详细信息

```
[root@controller ~]# openstack hypervisor show compute1
```

4．查看虚拟化主机的资源情况

```
[root@controller ~]# openstack hypervisor stats show
[root@controller ~]# nova hypervisor-stats
```

5．查看主机信息

```
[root@controller ~]# openstack host show compute1
```

6．查看 API 端点

```
[root@controller ~]# openstack catalog list
```

7．查看镜像列表

```
[root@controller ~]# openstack image list
```

8．查看 cells 和 placement API 是否工作正常

```
[root@controller ~]# nova-status upgrade check
```

6-18 验证 Nova 计算服务

任务 6.5　配置网络服务 Neutron

Neutron 是 OpenStack 项目中负责提供网络服务的组件，它基于软件定义网络的思想，实现了网络虚拟化的资源管理。Neutron 的设计目标是实现"网络即服务"（Networking as a Service），在设计上遵循了基于 SDN 实现网络虚拟化的原则，在实现上充分利用了 Linux 系统上的各种网络相关的技术，如 Linux Bridge、Open vSwitch。

6-19 配置网络服务 Neutron

6.5.1　创建数据库、服务凭证和 API 端点

1．创建数据库

1）在控制节点以 root 用户连接到数据库服务器。

```
[root@controller ~]# mysql -u root -p123456
```

2）创建 neutron 数据库。

```
MariaDB [(none)]> CREATE DATABASE neutron;
```

3）对 neutron 数据库授予合适的访问权限，这里设置 neutron 用户的密码为"123456"。

```
MariaDB [(none)]> GRANT ALL PRIVILEGES ON neutron.* TO 'neutron'@'localhost'
IDENTIFIED BY '123456';
MariaDB [(none)]> GRANT ALL PRIVILEGES ON neutron.* TO 'neutron'@'%' IDENTIFIED
BY '123456';
```

4）退出数据库客户端。

```
MariaDB [(none)]> exit
```

2. 创建 Neutron 服务用户和 API 端点

1）通过获取 admin 凭证来获得只有管理员能执行的命令的访问权限。

```
[root@controller ~]# source admin-openrc
```

2）创建 neutron 用户。

```
[root@controller ~]# openstack user create --domain default --password-prompt neutron
User Password: （输入密码，如"123456"）
Repeat User Password: （输入密码，如"123456"）
```

3）将 neutron 用户关联到 service 项目和 admin 角色。

```
[root@controller ~]# openstack role add --project service --user neutron admin
```

4）创建 Neutron 服务实体。

```
[root@controller ~]# openstack service create --name neutron --description "OpenStack Networking" network
```

5）创建网络服务 API 端点。

```
[root@controller ~]# openstack endpoint create --region RegionOne network public http://controller:9696
[root@controller ~]# openstack endpoint create --region RegionOne network internal http://controller:9696
[root@controller ~]# openstack endpoint create --region RegionOne network admin http://controller:9696
```

6.5.2 控制节点安装和配置 Neutron

1. 安装 Neutron

```
[root@controller ~]# yum -y install openstack-neutron openstack-neutron-ml2 openstack-neutron-linuxbridge ebtables
```

2. 编辑 Neutron 配置文件

1）在 [database] 部分，配置数据库访问。

```
[root@controller ~]# vi /etc/neutron/neutron.conf
[database]
connection = mysql+pymysql://neutron:123456@controller/neutron
# 这里的"123456"是 neutron 数据库用户的密码
```

2）在 [DEFAULT] 部分，启用 Modular Layer 2（ML2）插件、路由服务和重叠的 IP 地址。

```
[DEFAULT]
core_plugin = ml2
```

```
service_plugins = router
allow_overlapping_ips = true
```

3）在 [DEFAULT] 部分，配置 RabbitMQ 消息队列的连接。

```
[DEFAULT]
transport_url = rabbit://openstack:RABBIT_PASS@controller
```

4）在 [DEFAULT] 和 [keystone_authtoken] 部分，配置认证服务访问。

```
[DEFAULT]
auth_strategy = keystone
[keystone_authtoken]
www_authenticate_uri = http://controller:5000
auth_url = http://controller:5000
memcached_servers = controller:11211
auth_type = password
project_domain_name = default
user_domain_name = default
project_name = service
username = neutron
password = 123456              # neutron 服务用户密码
```

5）在 [DEFAULT] 和 [nova] 部分，配置网络服务来通知计算节点的网络拓扑变化。

```
[DEFAULT]
notify_nova_on_port_status_changes = true
notify_nova_on_port_data_changes = true
[nova]
auth_url = http://controller:5000
auth_type = password
project_domain_name = default
user_domain_name = default
region_name = RegionOne
project_name = service
username = nova
password = 123456              # nova 服务用户密码
```

6）在 [oslo_concurrency] 部分，配置锁路径。

```
[oslo_concurrency]
lock_path = /var/lib/neutron/tmp
```

6.5.3 控制节点配置 ML2 插件

Neutron 网络 ML2 插件使用 Linux Bridge 机制来为实例创建 Layer-2 虚拟网络基础设施。

1. 编辑 ML2 配置文件

1）在 [ml2] 部分，启用 Flat、VLAN 以及 VxLAN 网络。

```
[root@controller ~]# vi /etc/neutron/plugins/ml2/ml2_conf.ini
[ml2]
type_drivers = flat,vlan,vxlan
```

2）在 [ml2] 部分，启用 VxLAN 私有网络。

```
[ml2]
```

```
tenant_network_types = vxlan
```

3）在 [ml2] 部分，启用 Linux Bridge 和 Layer-2 机制。

```
[ml2]
mechanism_drivers = linuxbridge,l2population
```

4）在 [ml2] 部分，启用端口安全扩展驱动。

```
[ml2]
extension_drivers = port_security
```

5）在 [ml2_type_flat] 部分，配置公共虚拟网络为 Flat 网络。

```
[ml2_type_flat]
flat_networks = provider
```

6）在 [ml2_type_vxlan] 部分，为私有网络配置 VxLAN 网络识别的网络范围。

```
[ml2_type_vxlan]
vni_ranges = 1:1000
```

7）在 [securitygroup] 部分，启用 ipset 增加安全组规则的高效性。

```
[securitygroup]
enable_ipset = true
```

6.5.4 控制节点配置代理

1. 配置 Linux Bridge 代理

Linux Bridge 代理为实例建立 Layer-2 虚拟网络并且处理安全组规则。

1）在 [linux_bridge] 部分，将公共虚拟网络和公共物理网络接口对应起来。

```
[root@controller ~]# vi /etc/neutron/plugins/ml2/linuxbridge_agent.ini
[linux_bridge]
physical_interface_mappings = provider:ens33
#这里的 ens33 为第二个网卡的接口名称
```

2）在 [vxlan] 部分，启用 VxLAN 覆盖网络，配置覆盖网络的物理网络接口的 IP 地址，启用 layer-2 population。

```
[vxlan]
enable_vxlan = true
local_ip = 192.168.100.10
l2_population = true
```

3）在 [securitygroup] 部分，启用安全组并配置 Linux Bridge Iptables 防火墙驱动。

```
[securitygroup]
enable_security_group = true
firewall_driver = neutron.agent.linux.iptables_firewall.IptablesFirewallDriver
```

2. 确保操作系统支持 network bridge filters

1）加载 br_netfilter 模块。

```
[root@controller ~]# modprobe br_netfilter
```

2）编辑配置文件。

```
[root@controller ~]# vi /etc/sysctl.conf
```

项目 6　使用 CentOS 搭建和运维 OpenStack 多节点云计算系统

```
net.bridge.bridge-nf-call-iptables = 1
net.bridge.bridge-nf-call-ip6tables = 1
```

3）使配置生效。

```
[root@controller ~]# sysctl -p
```

4）实现自动加载 br_netfilter 模块。

```
[root@controller ~]# vi /etc/rc.sysinit
#!/bin/bash
for file in /etc/sysconfig/modules/*.modules ; do
[ -x $file ] && $file
done
[root@controller ~]# vi /etc/sysconfig/modules/br_netfilter.modules
modprobe br_netfilter
[root@controller ~]# chmod 755 /etc/sysconfig/modules/br_netfilter.modules
```

3．配置 Layer 3 代理

Layer 3 代理为私有虚拟网络提供路由和 NAT 服务。编辑 L3 配置文件"/etc/neutron/l3_agent.ini"，在[DEFAULT] 部分，配置 Linux Bridge 接口驱动和外部网络网桥。

```
[root@controller ~]# vi /etc/neutron/l3_agent.ini
[DEFAULT]
interface_driver = linuxbridge
```

4．配置 DHCP 代理

DHCP 代理为虚拟网络提供 DHCP 服务。编辑 DHCP 配置文件，在 [DEFAULT] 部分，配置 Linux Bridge 驱动接口，DHCP 驱动并启用隔离元数据，这样在公共网络上的实例就可以通过网络来访问元数据。

```
[root@controller ~]# vi /etc/neutron/dhcp_agent.ini
[DEFAULT]
interface_driver = linuxbridge
dhcp_driver = neutron.agent.linux.dhcp.Dnsmasq
enable_isolated_metadata = true
```

6.5.5　控制节点配置 Metadata 代理、计算服务和完成配置

1．配置 Metadata 代理

Metadata 代理负责提供配置信息，例如，访问实例的凭证。编辑 Metadata 配置文件"/etc/neutron/metadata_agent.ini"，在 [DEFAULT] 部分，配置元数据主机以及共享密码。

```
[root@controller ~]# vi /etc/neutron/metadata_agent.ini
[DEFAULT]
nova_metadata_host = controller
metadata_proxy_shared_secret = METADATA_SECRET
```

2．配置计算服务使用 Neutron

编辑 Nova 配置文件"/etc/nova/nova.conf"，在 [neutron] 部分，配置访问参数，启用元数据代理并设置密码。

```
[root@controller ~]# vi /etc/nova/nova.conf
```

```
[neutron]
url = http://controller:9696
auth_url = http://controller:5000
auth_type = password
project_domain_name = default
user_domain_name = default
region_name = RegionOne
project_name = service
username = neutron
password = 123456                              # neutron服务用户密码
service_metadata_proxy = true
metadata_proxy_shared_secret = METADATA_SECRET
```

3．完成配置

1）网络服务初始化脚本需要一个超链接"/etc/neutron/plugin.ini"指向 ML2 插件配置文件"/etc/neutron/plugins/ml2/ml2_conf.ini"。如果超链接不存在，使用下面的命令创建。

```
[root@controller ~]# ln -s /etc/neutron/plugins/ml2/ml2_conf.ini /etc/neutron/plugin.ini
```

2）同步数据库。

```
[root@controller ~]# su -s /bin/sh -c "neutron-db-manage --config-file /etc/neutron/neutron.conf --config-file /etc/neutron/plugins/ml2/ml2_conf.ini upgrade head" neutron
```

3）重启计算 API 服务。

```
[root@controller ~]# systemctl restart openstack-nova-api.service
```

4．将服务配置为开机自启动并启动服务

```
[root@controller ~]# systemctl enable neutron-server.service neutron-linuxbridge-agent.service neutron-dhcp-agent.service neutron-metadata-agent.service neutron-l3-agent.service

[root@controller ~]# systemctl start neutron-server.service neutron-linuxbridge-agent.service neutron-dhcp-agent.service neutron-metadata-agent.service neutron-l3-agent.service
```

6.5.6 计算节点安装和配置 Neutron

1．安装 Neutron

```
[root@compute1 ~]# yum -y install openstack-neutron-linuxbridge ebtables ipset
```

2．编辑 Neutron 配置文件

编辑 Neutron 配置文件"/etc/neutron/neutron.conf"，进行以下配置。

```
[root@compute1 ~]# vi /etc/neutron/neutron.conf
```

1）在 [database] 部分，注释所有 connection 项，因为计算节点不直接访问数据库。

2）在 [DEFAULT] 部分，配置 RabbitMQ 消息队列的连接。

```
[DEFAULT]
```

```
transport_url = rabbit://openstack:RABBIT_PASS@controller
```

3）在 [DEFAULT] 和 [keystone_authtoken] 部分，配置认证服务访问。

```
[DEFAULT]
auth_strategy = keystone
[keystone_authtoken]
www_authenticate_uri = http://controller:5000
auth_url = http://controller:5000
memcached_servers = controller:11211
auth_type = password
project_domain_name = default
user_domain_name = default
project_name = service
username = neutron
password = 123456          # neutron 服务用户密码
```

4）在 [oslo_concurrency] 部分，配置锁路径。

```
[oslo_concurrency]
lock_path = /var/lib/neutron/tmp
```

6.5.7 计算节点配置 Linux Bridge 代理、计算服务和完成配置

1. 编辑 Linux Bridge 代理

Linux Bridge 代理为实例建立 Layer-2 虚拟网络并且处理安全组规则。

1）在 [linux_bridge] 部分，将公共虚拟网络和公共物理网络接口对应起来。

```
[root@compute1 ~]# vi /etc/neutron/plugins/ml2/linuxbridge_agent.ini
[linux_bridge]
physical_interface_mappings = provider:ens33
#这里的 ens33 为第二个网卡的接口名称
```

2）在 [vxlan] 部分，启用 VxLAN 覆盖网络，配置覆盖网络的物理网络接口的 IP 地址，启用 layer-2 population。

```
[vxlan]
enable_vxlan = true
local_ip = 192.168.100.20
l2_population = true
```

3）在 [securitygroup] 部分，启用安全组并配置 Linux Bridge Iptables 防火墙驱动。

```
[securitygroup]
enable_security_group = true
firewall_driver = neutron.agent.linux.iptables_firewall.IptablesFirewallDriver
```

2. 确保操作系统支持 network bridge filters

1）加载 br_netfilter 模块。

```
[root@compute1 ~]# modprobe br_netfilter
```

2）编辑配置文件。

```
[root@compute1 ~]# vi /etc/sysctl.conf
net.bridge.bridge-nf-call-iptables = 1
```

```
net.bridge.bridge-nf-call-ip6tables = 1
```

3）使配置生效。

```
[root@compute1 ~]# sysctl -p
```

4）实现自动加载 br_netfilter 模块。

```
[root@compute1 ~]# vi /etc/rc.sysinit
#!/bin/bash
for file in /etc/sysconfig/modules/*.modules ; do
[ -x $file ] && $file
done
[root@compute1 ~]# vi /etc/sysconfig/modules/br_netfilter.modules
modprobe br_netfilter
[root@compute1 ~]# chmod 755 /etc/sysconfig/modules/br_netfilter.modules
```

3. 配置计算服务使用 Neutron

编辑 nova 配置文件"/etc/nova/nova.conf"，在 [neutron] 部分，配置访问参数。

```
[root@compute1 ~]# vi /etc/nova/nova.conf
[neutron]
url = http://controller:9696
auth_url = http://controller:5000
auth_type = password
project_domain_name = default
user_domain_name = default
region_name = RegionOne
project_name = service
username = neutron
password = 123456              # neutron 服务用户密码
```

4. 将服务配置为开机自启动并启动服务

1）重新启动计算服务。

```
[root@compute1 ~]# systemctl restart openstack-nova-compute.service
```

2）启动 Linux Bridge 代理并配置开机自启动。

```
[root@compute1 ~]# systemctl enable neutron-linuxbridge-agent.service
[root@compute1 ~]# systemctl start neutron-linuxbridge-agent.service
```

6.5.8 验证 Neutron 网络服务

在控制节点上完成以下操作。

1）通过获取 admin 凭证来获得只有管理员能执行的命令的访问权限。

```
[root@controller ~]# source admin-openrc
```

2）列出加载的扩展来验证 neutron-server 进程是否正常启动。

```
[root@controller ~]# openstack extension list --network
```

3）列出代理以验证启动 Neutron 代理是否成功。

```
[root@controller ~]# openstack network agent list
```

| ID | Agent Type | Host | Availability Zone | Alive | State | Binary |

```
| 14f43a83-9b95-47fe-99cd-0cfdfc7afbd1 | Metadata agent     | controller | None | | :-) | | UP | neutron-metadata-agent    |
| 394da31f-a9ba-4d86-b5fb-9f4bf1c3d2fc | L3 agent           | controller | nova | | :-) | | UP | neutron-l3-agent          |
| 3beb4843-c7d0-4bb6-9021-d2580b92edd1 | Linux bridge agent | compute1   | None | | :-) | | UP | neutron-linuxbridge-agent |
| b2cc361a-9602-4bd8-b41d-d3659d33a7bf | DHCP agent         | controller | nova | | :-) | | UP | neutron-dhcp-agent        |
| e190ba9b-8537-4126-a3c9-f14e4f85160c | Linux bridge agent | controller | None | | :-) | | UP | neutron-linuxbridge-agent |
```

```
[root@controller ~]# neutron agent-list
```

```
| id                                   | agent_type         | host       | availability_zone | alive | admin_state_up | binary                    |
| 14f43a83-9b95-47fe-99cd-0cfdfc7afbd1 | Metadata agent     | controller |                   | :-)   | True           | neutron-metadata-agent    |
| 394da31f-a9ba-4d86-b5fb-9f4bf1c3d2fc | L3 agent           | controller | nova              | :-)   | True           | neutron-l3-agent          |
| 3beb4843-c7d0-4bb6-9021-d2580b92edd1 | Linux bridge agent | compute1   |                   | :-)   | True           | neutron-linuxbridge-agent |
| b2cc361a-9602-4bd8-b41d-d3659d33a7bf | DHCP agent         | controller | nova              | :-)   | True           | neutron-dhcp-agent        |
| e190ba9b-8537-4126-a3c9-f14e4f85160c | Linux bridge agent | controller |                   | :-)   | True           | neutron-linuxbridge-agent |
```

安装完 Neutron 之后，可以使用命令创建虚拟网络，也可以继续安装 Dashboard，通过网页图形界面创建虚拟网络。

任务 6.6　配置 Dashboard

Dashboard 提供了 OpenStack 云计算系统的 Web 访问接口。Dashboard 又称作 Horizon，它允许云管理员或普通用户管理多种 OpenStack 资源和服务。

除了 Dashboard，用户也可以直接使用 OpenStack 命令行客户端管理和使用 OpenStack。这里将在控制节点安装 Dashboard。

6.6.1　安装和配置 Dashboard

1．安装 Dashboard

6-20　安装和配置 Dashboard

```
[root@controller ~]# yum -y install openstack-dashboard
```

2．编辑配置文件

1）配置 OpenStack 主机为 controller。

```
[root@controller ~]# vi /etc/openstack-dashboard/local_settings
OPENSTACK_HOST = "controller"
```

2）允许所有主机访问 Dashboard。

```
ALLOWED_HOSTS = ['*', ]
```

3）配置 memcached 会话存储服务。

```
SESSION_ENGINE = 'django.contrib.sessions.backends.cache'
CACHES = {
    'default': {
        'BACKEND': 'django.core.cache.backends.memcached.MemcachedCache',
```

```
        'LOCATION': 'controller:11211',
    }
}
```

4)启用第 3 版认证 API。

```
OPENSTACK_KEYSTONE_URL = "http://%s:5000/v3" % OPENSTACK_HOST
```

5)启用对域的支持。

```
OPENSTACK_KEYSTONE_MULTIDOMAIN_SUPPORT = True
```

6)配置 API 版本。

```
OPENSTACK_API_VERSIONS = {
    "identity": 3,
    "image": 2,
    "volume": 2,
}
```

7)通过 Dashboard 创建用户时的默认域配置为 Default。

```
OPENSTACK_KEYSTONE_DEFAULT_DOMAIN = "Default"
```

8)通过 Dashboard 创建的用户默认角色配置为 user。

```
OPENSTACK_KEYSTONE_DEFAULT_ROLE = "user"
```

9)配置时区。

```
TIME_ZONE = "Asia/Shanghai"
```

3. 编辑 HTTPD 配置文件

在 Dashboard 配置文件中添加以下配置。

```
[root@controller ~]# vi /etc/httpd/conf.d/openstack-dashboard.conf
WSGIApplicationGroup %{GLOBAL}
```

4. 重新启动服务

```
[root@controller ~]# systemctl restart httpd.service memcached.service
```

5. 登录 Dashboard

访问"http://192.168.100.10/dashboard",输入域"default"、用户名"admin"、密码"123456"后登录 Dashboard,如图 6-8 所示。

图 6-8 访问 Dashboard

6.6.2 创建 Provider network、Self-service network 和路由器

1. 创建 Provider network

在安装了 Dashboard 后，就可以通过 Web 界面创建外部网络、内部网络和路由器了，步骤与项目 5 中的相似。在这里为了避免重复，将介绍怎样使用命令行创建外部网络、内部网络和路由器。

6-21 创建 Provider network、Self-service network 和路由器

1）在 OpenStack 中，需要以管理员身份创建 Provider network（即外部网络）。使用 "openstack network create" 命令创建外部网络，使用 "--share" 参数指定该网络为所有用户共享，使用 "--external" 参数指定该网络为外部网络，使用 "--provider-physical-network provider" 参数指定物理网络为 "provider"，使用 "--provider-network-type flat" 参数指定供应商网络类型为 "flat"，最后的 "provider" 为网络名称。

```
[root@controller ~]# source admin-openrc
[root@controller ~]# openstack network create --share --external \
  --provider-physical-network provider \
  --provider-network-type flat provider
```

2）使用 "openstack subnet create" 命令创建子网，使用 "--network provider" 参数指定该子网所属的网络为 "provider"，使用 "--gateway 192.168.200.1" 参数指定网关 IP 为 "192.168.200.1"，使用 "--subnet-range 192.168.200.0/24" 参数指定网络地址为 "192.168.200.0/24"，最后的 "provider-subnet" 为子网名称。

```
[root@controller ~]# openstack subnet create --network provider \
  --gateway 192.168.200.1 \
  --subnet-range 192.168.200.0/24 provider-subnet
```

2. 创建 Self-service network

既可以使用管理员创建内部网络和路由器，也可以使用普通用户创建。在这里将应用管理员用户 admin 的环境变量，使用管理员创建内部网络和路由器。使用 "openstack network create" 命令创建内部网络，这里内部网络的名称为 "selfservice"。然后为内部网络 "selfservice" 创建子网，指定网络地址为 "192.168.10.0/24"，指定网关 IP 为 "192.168.10.1"，子网名称为 "selfservice-subnet"。

```
[root@controller ~]# source admin-openrc
[root@controller ~]# openstack network create selfservice
[root@controller ~]# openstack subnet create --network selfservice \
  --gateway 192.168.10.1 \
  --subnet-range 192.168.10.0/24 selfservice-subnet
```

3. 创建路由器

1）使用 "openstack router create" 命令创建路由器，指定路由器名称为 "router"。

```
[root@controller ~]# openstack router create router
```

2）在 provider network 上为路由器添加网关。

```
[root@controller ~]# openstack router set router --external-gateway provider
```

3）使用 "openstack router add subnet" 命令添加路由器接口，指定路由器为 "router"，指定子网为 "selfservice-subnet"。

```
[root@controller ~]# openstack router add subnet router selfservice-subnet
```

4．验证配置

```
[root@controller ~]# source admin-openrc
```

1）列出网络命名空间。

```
[root@controller ~]# ip netns
qrouter-8e3e50e0-7911-444a-afcc-c8f23400b7eb (id: 2)
qdhcp-abec51d0-13e0-4fa1-b8a3-0d69537cee3e (id: 1)
qdhcp-25044d67-30bc-410d-ae88-3f1a3bf6b077 (id: 0)
```

2）列出路由器端口，查看 provider network 的网关 IP 地址。

```
[root@controller ~]# openstack port list --router router
+--------------------------------------+------+-------------------+-------------------------------------------------------------------------------------+--------+
| ID                                   | Name | MAC Address       | Fixed IP Addresses                                                                  | Status |
+--------------------------------------+------+-------------------+-------------------------------------------------------------------------------------+--------+
| 6b757575-d94c-4c0d-8667-a7ef08993ff4 |      | fa:16:3e:ba:0d:2f | ip_address='192.168.10.1', subnet_id='74917bf5-5b30-482f-a527-89ee70f54025'         | ACTIVE |
| ca7af3f6-bc79-4781-8e80-1238b4d072f8 |      | fa:16:3e:b1:56:13 | ip_address='192.168.200.3', subnet_id='766a0ce1-ad22-43b0-bb4f-b26b00fee99f'        | ACTIVE |
+--------------------------------------+------+-------------------+-------------------------------------------------------------------------------------+--------+
```

3）在控制节点或其他 provider network 中的主机上 ping 这个 IP 地址。

```
[root@controller ~]# ping -c 4 192.168.200.3
PING 192.168.200.3 (192.168.200.3) 56(84) bytes of data.
64 bytes from 192.168.200.3: icmp_seq=1 ttl=128 time=0.998 ms
64 bytes from 192.168.200.3: icmp_seq=2 ttl=128 time=1.54 ms
64 bytes from 192.168.200.3: icmp_seq=3 ttl=128 time=1.54 ms
64 bytes from 192.168.200.3: icmp_seq=4 ttl=128 time=1.52 ms

--- 192.168.200.3 ping statistics ---
4 packets transmitted, 4 received, 0% packet loss, time 3008ms
rtt min/avg/max/mdev = 0.998/1.402/1.544/0.235 ms
```

6.6.3 在 Dashboard 中运行云主机

1．创建云主机类型

1）在"管理员"→"计算"→"实例类型"中，单击"创建实例类型"按钮，如图 6-9 所示。

6-22 在 Dashboard 运行云主机

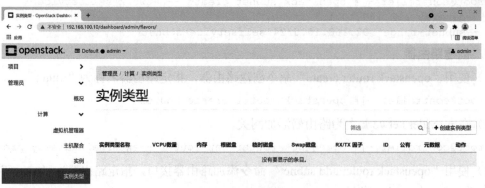

图 6-9 实例类型

2）输入名称"m1.normal"，ID 为 1，VCPU 数量为 2，内存为 2048MB，根磁盘为 20GB，其他选项保持默认，如图 6-10 所示。

图 6-10　创建实例类型

2．编辑安全组规则

1）在"项目"→"网络"→"安全组"中，单击安全组"default"的"管理规则"按钮。
2）单击"添加规则"按钮。
3）在规则中选择"所有 TCP 协议"，单击"添加"按钮。
4）继续添加规则，在规则中选择"所有 UDP 协议"，单击"添加"按钮。
5）继续添加规则，在规则中选择"所有 ICMP 协议"，单击"添加"按钮。

3．在 Self-service network 网络中运行云主机

1）单击"项目"→"计算"→"实例"，单击"创建实例"按钮，输入实例名称"cirros"，引导源选择"cirros"，选择"m1.normal"云主机类型，选择"selfservice"网络，选中"default"安全组，单击"创建实例"按钮，如图 6-11 所示。

图 6-11　创建实例

2)云主机运行起来后,分配并绑定浮动 IP 地址,如图 6-12 所示。

图 6-12 管理浮动 IP 关联

3)使用 SSH 连接到云主机,用户名为"cirros",密码为"gocubsgo",如图 6-13 所示。

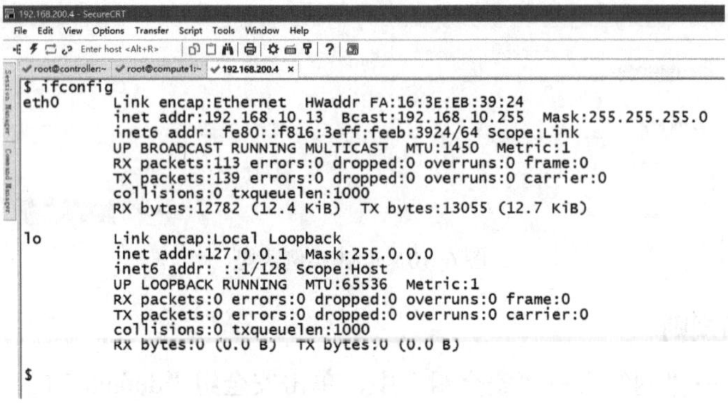

图 6-13 SSH 连接云主机

4. 在 Provider network 网络中运行云主机

1)单击"项目"→"计算"→"实例",单击"创建实例"按钮,输入实例名称为"cirros",引导源选择"cirros",选择"m1.normal"云主机类型,选择"provider"网络,选中"default"安全组,单击"创建实例"按钮,如图 6-14 所示。

图 6-14 创建实例

2)使用 SSH 连接到云主机,如图 6-15 所示。

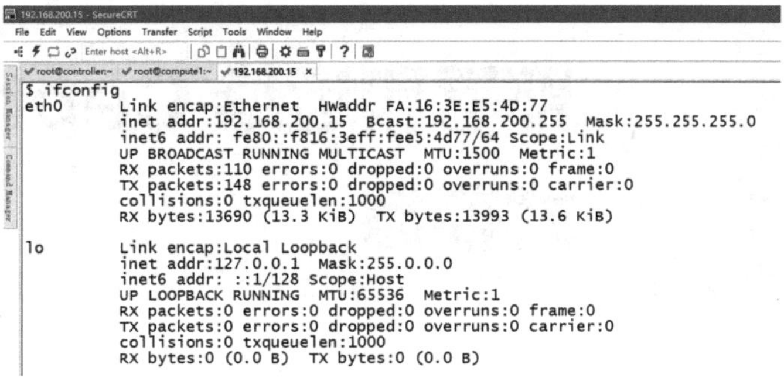

项目 6 使用 CentOS 搭建和运维 OpenStack 多节点云计算系统

图 6-15 SSH 连接云主机

任务 6.7 配置块存储服务 Cinder

详细内容扫描二维码即可查看。

任务 6.7

任务 6.8 使用 OpenStack 客户端

详细内容扫描二维码即可查看。

任务 6.8

项目总结

利用 CentOS 搭建和运维 OpenStack 多节点云计算系统，首先需要合理安装控制节点、计算节点的系统，正确进行网络配置和环境准备。云计算系统部署的关键点是 MySQL 数据库和 Keystone 服务的正确安装和配置，前者是所有服务依赖的数据库基础，后者是所有服务能够认证和交互的基础。一名合格的云计算系统运维人员不但能够利用 Dashboard 可视化界面进行 OpenStack 云计算系统的管理，还需要掌握利用命令行模式管理和维护 OpenStack 云计算系统的方法。

练习题

1. 在 OpenStack 多节点云计算系统的部署中，如何进行网络规划？
2. 在 OpenStack 多节点云计算系统的部署中，每个节点的防火墙一般如何进行设置？
3. 在配置 admin 用户的环境脚本时，一般如何设置环境变量？请举例说明。
4. Glance 镜像服务所支持的镜像格式一般有哪些类型？
5. 综合实战：

在 VMware Workstation 中安装 3 台 CentOS 7.5 虚拟机，合理进行网络规划，分别配置为控制节点、计算节点、块存储节点，通过 Dashboard 进行 Web 管理，创建合适的云主机，完成云主机的公钥认证登录。

项目 7　部署和运维 Ceph 分布式存储

项目导入

　　Ceph 是一个分布式存储系统，能够提供较好的性能、可靠性和可扩展性。Ceph 项目最早起源于 Sage 就读博士期间的工作（最早的成果于 2004 年发表），随后被贡献给开源社区。在经过了数年的发展之后，目前已得到众多云计算厂商的支持并被广泛应用。OpenStack 可以与 Ceph 整合以支持将虚拟机镜像、云硬盘、云主机存储到 Ceph 中。

项目目标

- 掌握 Ceph 集群的部署。
- 掌握 Ceph 块存储配置。
- 掌握 Ceph 对象存储配置。
- 掌握 Ceph 文件系统的配置。
- 掌握 Ceph 和 Owncloud 网盘搭建。
- 掌握 Ceph 集成到 OpenStack Queens 系统。

项目设计

　　Ceph 是一个可靠、自动重均衡、自动恢复的分布式存储系统。根据场景划分，可以将 Ceph 分为三部分，分别是对象存储、块存储和文件系统服务。在虚拟化领域里，比较常用的是 Ceph 的块存储，比如在 OpenStack 项目里，Ceph 的块存储可以对接 OpenStack 的 Cinder 后端存储、Glance 的镜像存储和 Nova 虚拟机的数据存储，Ceph 集群可以提供一个 raw 格式的块存储来作为虚拟机实例的硬盘。

　　为了掌握 Ceph 的部署和运维，本项目将首先介绍 3 个节点 Ceph Nautilus 版本的部署，然后介绍 Ceph 块存储、Ceph 对象存储和 Ceph 文件系统服务的使用，最后介绍基于 Ceph 和 Owncloud 部署网盘服务，以及将 Ceph 集成到 OpenStack Rocky 系统中的部署方法。

　　项目所需软件列表如下。

- VMware Workstation 16.1.2。
- CentOS 7.7-1908 Minimal ISO。
- s3cmd 2.1.0。
- owncloud 10.0.10。
- 部署好的 OpenStack Rocky 系统。
- cirros 0.3.3。

任务 7.1　Ceph 介绍

7.1.1　Ceph 的基本概念

目前红帽（Red Hat）公司掌控 Ceph 的开发，但 Ceph 是开源的，遵循 GNU 宽通用公共许可证（Lesser General Public License，LGPL）协议。红帽公司还积极整合 Ceph 配合其他的云计算和大数据平台，目前 Ceph 支持 OpenStack、CloudStack、OpenNebula、Hadoop 等。

Ceph 的最新稳定版本为 16.2.5（Pacific），它的对象存储和块存储已经足够稳定，而且 Ceph 社区还在继续开发新功能，包括跨机房部署、容灾和支持 Erasure Encoding 等。Ceph 具有完善的社区设施和发布流程。

Ceph 相比其他存储的优势在于它不单单是存储，它还充分利用了存储节点上的计算能力，在存储每一个数据时，都会通过计算得出该数据存储的位置，尽量使数据分布均衡。同时由于 Ceph 的良好设计，采用了 CRUSH 算法、HASH 环等方法，使得它不存在单点故障问题，且随着规模的扩大，性能并不会受到影响。Ceph 存储至少需要一个 Ceph Monitor 和两个 OSD 守护进程。而运行 Ceph 文件系统客户端时，则必须有元数据服务器（Metadata Server）。

1．Ceph 架构介绍

Ceph 的架构如图 7-1 所示。

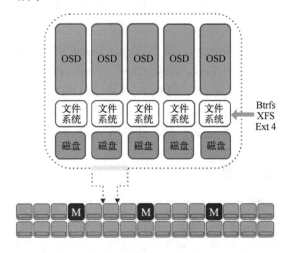

图 7-1　Ceph 架构图

2．Ceph 组件介绍

（1）OSD

OSD（Object Storage Device）的主要功能是存储数据、复制数据、平衡数据、恢复数据，与其他 OSD 进行心跳检查等，并将一些变化情况上报给 Ceph Monitor。一般情况下，一块硬盘对应一个 OSD，由 OSD 来对硬盘存储进行管理，另外一个分区也可以成为一个 OSD。

（2）Monitor

Monitor 是一个监视器，负责监视 Ceph 集群，维护 Ceph 集群的健康状态，同时维护着 Ceph 集群中的各种 Map 图，比如 OSD Map、Monitor Map、PG Map 和 CRUSH Map，这些 Map 统称为 Cluster Map。Cluster Map 是 RADOS 的关键数据结构，管理集群中的所有成员、关系、属性等信息以及数据的分发，比如当用户需要存储数据到 Ceph 集群时，OSD 需要先通过 Monitor 获取最新的 Map 图，然后根据 Map 图和 Object ID 等计算出数据最终存储的位置。

（3）RADOS

RADOS（Reliable Autonomic Distributed Object Store）是一个可靠的、自主的、分布式对象存储系统，是 Ceph 的精华。RADOS 具有很强的可扩展性和可编程性，Ceph 基于 RADOS 开发了 Object Storage（对象存储）、Block Storage（块存储）和 File System（文件系统）。

（4）MDS

MDS（MetaData Server）是 CephFS 服务所依赖的元数据服务，用于保存 CephFS 的元数据。

（5）RGW

RGW（RADOS GateWay）是 Ceph 对外提供的对象存储服务，兼容 S3 和 Swift 的 API。

（6）PG

PG（Placement Group）是 OSD 之上的一层逻辑，可视其为一个逻辑概念。从名字看，PG 是一个放置策略组，它是对象的集合，该集合里的所有对象都具有相同的放置策略，对象的副本都分布在相同的 OSD 列表上。

（7）Pool

Pool 是一个抽象的存储池，它是 PG 之上的一层逻辑。它规定了数据冗余的类型以及对应的副本分布策略。目前实现了两种 Pool 类型：Replicated 类型和 Erasure Code 类型。

3．Ceph 映射介绍

Ceph 的命名空间是（Pool，Object），每个 Object 都会映射到一组 OSD 中，由这组 OSD 保存这个 Object，其映射关系如下：（Pool，Object）→（Pool，PG）→ OSD SET → Disk。

在 Ceph 中，Object 首先映射到 PG，再由 PG 映射到 OSD SET。每个 Pool 有多个 PG，每个 Object 通过计算 Hash 值并得到它所对应的 PG。PG 再映射到一组 OSD（OSD 的个数由 Pool 的副本数决定），第一个 OSD 是 Primary，剩下的都是 Replicas。

7.1.2 Ceph 的生态系统

1．Ceph 生态系统的架构

Ceph 生态系统可以大致划分为 4 部分（如图 7-2 所示）：客户端（数据使用者）、元数据服务器集群（缓冲及同步分布的元数据）、对象存储集群（以对象方式存储数据与元数据，实现其他主要职责），以及集群监控（实现监控功能）。

客户端通过元数据服务器来执行元数据操作（以识别数据位置）。元数据服务器管理数据的位置及新数据的存储位置。注意，元数据存储在集群中（如 "Metadata I/O" 所示）。真正的文件 I/O 发生在客户端和对象存储集群之间。以这种方式，较高级的 POSIX 功能（如 open、close、rename）由元数据服务器管理，与此同时，POSIX 功能（如 read、write）直接由对象存储集群管理。

2．Ceph 生态系统的简化分层视图

图 7-3 所示为 Ceph 生态系统的简化分层视图，包括服务器、元数据服务器和对象存储守

护进程等。

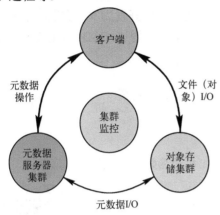

图 7-2　Ceph 生态系统的概念架构

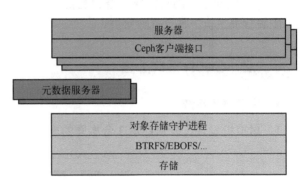

图 7-3　Ceph 生态系统的简化分层视图

7.1.3　Ceph 的优点

1. 高性能

Ceph 的 Client 和 Server 直接通信，不需要代理和转发，同时由多个 OSD 带来高并发度。而 Objects 是分布在所有 OSD 上的，所以一定程度上可以进行负载均衡，每个 OSD 都有权重值（以容量为权重）。这样 Client 不需要负责副本的复制（由 Primary 负责），这降低了 Client 的网络消耗。

2. 高可靠性

- 数据多副本。可配置 per-pool 副本策略和故障域布局，支持强一致性。
- 没有单点故障。可以忍受许多种故障场景，单个组件可以滚动升级并在线替换。
- 所有故障自动检测和自动恢复。恢复不需要人工介入，在恢复期间，可以保持正常的数据访问。
- 并行恢复。并行的恢复机制极大地降低了数据恢复时间，提高了数据的可靠性。

3. 高扩展性

- 高度并行。没有单个中心控制组件。所有负载都能动态地划分到各个服务器上。把更多的功能放到 OSD 上，让 OSD 更智能。
- 自管理。容易扩展、升级和替换。当组件发生故障时，自动进行数据的重新复制。当组件发生变化（添加或删除）时，自动进行数据的重新分布。

综上所述，Ceph 优势显著，使用它能够降低硬件成本和运维成本，但它的复杂性会带来一定的成本。

任务 7.2　Ceph Nautilus 集群部署

7.2.1　Ceph 集群部署工具

Ceph-deploy 是一种部署 Ceph 的工具，它只依赖 SSH、sudo 和 Python。使用 Ceph-deploy

可以快速地设置并运行一个默认值较合理的集群。如果想要全面控制安全设置、分区或目录位置，可以使用 Juju、Chef、Crowbar 等工具。用 Ceph-deploy 可以自己开发脚本，在远程主机上安装 Ceph 软件包、创建集群、增加监视器、收集（或销毁）密钥、增加 OSD 和元数据服务器、配置管理主机，甚至拆除集群。

7.2.2 Ceph 集群部署

1．安装操作系统

1）虚拟机设置。分别创建 3 台相同的虚拟机，并将虚拟机设备配置成如图 7-4 所示。

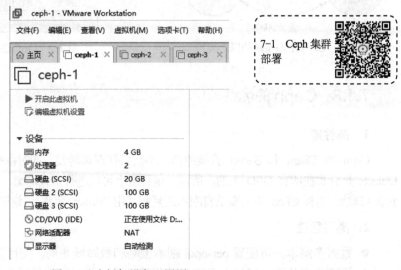

图 7-4　虚拟机设备配置图

2）系统设置。将 CentOS-7-x86-64-Minimal-1908 操作系统安装到第 1 块大小为 20GB 的硬盘上，为三台虚拟机分别配置主机名：ceph-1、ceph-2、ceph-3。为三台虚拟机分别配置 IP 地址：192.168.100.101、192.168.100.102、192.168.100.103，子网掩码为 255.255.255.0，默认网关为 192.168.100.2，DNS 服务器为 192.168.100.2，使三台虚拟机可以访问 Internet。

2．基础环境配置

1）主机文件配置。分别在三台虚拟机上配置 hosts 文件，此处以 ceph-1 为例。

```
[root@ceph-1 ~]# vi /etc/hosts
127.0.0.1    localhost localhost.localdomain localhost4 localhost4.localdomain4
::1          localhost localhost.localdomain localhost6 localhost6.localdomain6
192.168.100.101 ceph-1
192.168.100.102 ceph-2
192.168.100.103 ceph-3
```

2）创建 RSA 密钥对。选定一个节点作为主控节点（这里选 ceph-1 主机），将 SSH 公钥上传到 ceph-2 和 ceph-3 节点，建立从主控节点到其他节点的 SSH 免密登录。

```
[root@ceph-1 ~]# ssh-keygen（连续 3 次按〈Enter〉键）
[root@ceph-1 ~]# ssh-copy-id root@ceph-2
[root@ceph-1 ~]# ssh-copy-id root@ceph-3
```

3）禁用防火墙。在三台虚拟机上停止并禁用防火墙，此处以 ceph-1 为例。

```
[root@ceph-1 ~]# systemctl stop firewalld
[root@ceph-1 ~]# systemctl disable firewalld
```

4）配置 SElinux 服务。分别在三台虚拟机上将 SELinux 模式设置为 permissive，此处以 ceph-1 为例。

```
[root@ceph-1 ~]# setenforce 0
[root@ceph-1 ~]# sed -i 's/SELINUX=enforcing/SELINUX=permissive/g' /etc/selinux/config
```

5）配置 YUM 源文件。分别在三台虚拟机上删除原有软件源配置文件，以 ceph-1 为例。

```
[root@ceph-1 ~]# cd /etc/yum.repos.d/
[root@ceph-1 yum.repos.d]# rm -f *
```

将 CentOS7-Base-163.repo 通过 SFTP 复制到/etc/yum.repos.d 中。

```
[root@ceph-1 yum.repos.d]# ls
CentOS7-Base-163.repo
[root@ceph-1 yum.repos.d]# yum clean all
[root@ceph-1 yum.repos.d]# yum makecache
```

6）安装 NTP 服务。NTP 用于 Ceph 各节点之间的时间同步。需要在所有 Ceph 节点上安装 NTP 服务，以免时钟漂移导致的故障。确保在各 Ceph 节点上启动了 NTP 服务，并且要使用同一个 NTP 服务器。

在 ceph-1 节点上安装 NTP 服务器，编辑配置文件，允许 192.168.100.0/24 访问，启用并启动服务。

```
[root@ceph-1 yum.repos.d]# yum -y install chrony
[root@ceph-1 yum.repos.d]# vi /etc/chrony.conf
```

添加配置。

```
allow 192.168.100.0/24
[root@ceph-1 yum.repos.d]# systemctl enable chronyd.service
[root@ceph-1 yum.repos.d]# systemctl restart chronyd.service
```

7）同步时间。在 ceph-1 节点上使用 "chronyc sources -v" 命令查看时间同步源。

```
[root@ceph-1 yum.repos.d]# chronyc sources -v
MS Name/IP address         Stratum Poll Reach LastRx Last        sample
===============================================================================
^* time.neu.edu.cn              1   6    17    2  +1156us[+1118us] +/-   14ms
^+ 112.65.69.137                2   6    17    2  -2025us[-2063us] +/-   31ms
^- 149.129.115.220              3   6    17    3  +3129us[+3091us] +/-   59ms
^- de-user.deepinid.deepin.>    3   6    17    2  -6470us[-6508us] +/-   95ms
```

S 栏中标记为*的为当前使用的 NTP 服务器。

8）配置 NTP 服务。在 ceph-2 和 ceph-3 节点上安装 NTP 服务器，编辑配置文件，添加 NTP 服务器 ceph-1，启用并启动服务。以 ceph-2 节点为例。

```
[root@ceph-2 yum.repos.d]# yum -y install chrony
[root@ceph-2 yum.repos.d]# vi /etc/chrony.conf
```

（删除 4 个 server 开头的配置）

添加配置：

```
server ceph-1 iburst
```

```
[root@ceph-2 yum.repos.d]# systemctl enable chronyd.service
[root@ceph-2 yum.repos.d]# systemctl restart chronyd.service
```

9）检查其他设备时间。分别在 ceph-2 和 ceph-3 节点上查看时间同步源，此处以 ceph-2 为例。

```
[root@ceph-2 yum.repos.d]# chronyc sources -v
MS Name/IP address         Stratum Poll   Reach LastRx    Last      sample
===============================================================================
^* ceph-1                      3      6    77    62   -238us[-1562us] +/-  39ms
```

可以看到 ceph-2 节点已经与 ceph-1 节点同步。

10）添加 YUM 源文件。分别在三个节点上添加 ceph 软件源配置文件，以 ceph-1 节点为例。

```
[root@ceph-1 yum.repos.d]# vi ceph.repo
[Ceph]
name=Ceph packages for $basearch
baseurl=http://mirrors.ustc.edu.cn/ceph/rpm-nautilus/el7/$basearch
enabled=1
gpgcheck=1
type=rpm-md
gpgkey=https://download.ceph.com/keys/release.asc
priority=1
[Ceph-noarch]
name=Ceph noarch packages
baseurl=http://mirrors.ustc.edu.cn/ceph/rpm-nautilus/el7/noarch
enabled=1
gpgcheck=1
type=rpm-md
gpgkey=https://download.ceph.com/keys/release.asc
priority=1
[ceph-source]
name=Ceph source packages
baseurl=http://mirrors.ustc.edu.cn/ceph/rpm-nautilus/el7/SRPMS
enabled=1
gpgcheck=1
type=rpm-md
gpgkey=https://download.ceph.com/keys/release.asc
priority=1
```

3. 部署 ceph 集群

1）安装 ceph-deploy。在 ceph-1 节点上安装 ceph-deploy 部署工具。

```
[root@ceph-1 ~]# yum -y install ceph-deploy
```

2）安装 python-setuptools。在 ceph-1 节点上安装服务所需要的依赖包。

```
[root@ceph-1 ~]# yum -y install python-setuptools
```

3）配置新节点。创建集群和 monitor，此时会在目录下生成几个文件，如 ceph.conf 和 ceph.mon.keyring 等。

```
[root@ceph-1 ~]# mkdir /opt/osd
[root@ceph-1 ~]# cd /opt/osd
[root@ceph-1 osd]# ceph-deploy new ceph-1
```

在这里 ceph-deploy 的 new 子命令能够部署名称为 ceph-1 的新集群，并且能够生成集群配置文件和密钥文件。列出当前的工作目录的文件，可以查看到 ceph.conf 和 ceph.mon.keying 文件。

```
[root@ceph-1 osd]# ll
total 12
-rw-r--r--. 1 root root  199 Jul 12 15:55 ceph.conf
-rw-r--r--. 1 root root 2936 Jul 12 15:55 ceph-deploy-ceph.log
-rw-------. 1 root root   73 Jul 12 15:55 ceph.mon.keyring
```

4）在三个节点上安装 deltarpm。

```
[root@ceph-1 osd]# yum install -y deltarpm
[root@ceph-2 ~]# yum install -y deltarpm
[root@ceph-3 ~]# yum install -y deltarpm
```

5）安装 ceph 软件包。在 ceph-1 节点上执行以下命令，在所有节点上安装 Nautilus 版本的 Ceph 二进制软件包。

```
[root@ceph-1 osd]# ceph-deploy install --release=nautilus ceph-1 ceph-2 ceph-3
```

6）部署初始化。在 ceph-1 节点上创建第一个 ceph monitor。

```
[root@ceph-1 osd]# ceph-deploy mon create-initial
```

7）配置 admin key。把配置文件和 admin 密钥复制到管理节点和 ceph 节点，配置 admin key 到每个节点。

```
[root@ceph-1 osd]# ceph-deploy admin ceph-1 ceph-2 ceph-3
```

8）创建 mgr。使用以下命令创建一个管理器。

```
[root@ceph-1 osd]# ceph-deploy mgr create ceph-1
```

9）添加 OSD。在 ceph-1 节点创建 OSD，包括 ceph-1、ceph-2、ceph-3 三个节点的/dev/sdb 和/dev/sdc 硬盘，共 6 个 OSD。

```
[root@ceph-1 osd]# ceph-deploy osd create --data /dev/sdb ceph-1
[root@ceph-1 osd]# ceph-deploy osd create --data /dev/sdc ceph-1
[root@ceph-1 osd]# ceph-deploy osd create --data /dev/sdb ceph-2
[root@ceph-1 osd]# ceph-deploy osd create --data /dev/sdc ceph-2
[root@ceph-1 osd]# ceph-deploy osd create --data /dev/sdb ceph-3
[root@ceph-1 osd]# ceph-deploy osd create --data /dev/sdc ceph-3
```

10）查看 ceph 集群状态。

```
[root@ceph-1 osd]# ceph -s
  cluster:
    id:     4a0931fb-a1b7-4efc-b738-50fbc0c8150b
    health: HEALTH_WARN
            mon is allowing insecure global_id reclaim
```

集群的健康状态中有一个警告，该警告不影响 Ceph 的正常使用。以下是取消警告的方法：

```
[root@ceph-1 osd]# ceph config set mon auth_allow_insecure_global_id_reclaim false
```

此时可以看见集群的状态是 HEALTH_OK 状态。

```
[root@ceph-1 osd]# ceph -s
  cluster:
    id:     4a0931fb-a1b7-4efc-b738-50fbc0c8150b
    health: HEALTH_OK
```

```
services:
    mon:1 daemons, quorum ceph-1 (age 4m)
    mgr:ceph-1(active, since 116s)
    osd:6 osds: 6 up (since 61s), 6 in (since 61s)
task status:
data:
    pools:   0 pools, 0 pgs
    objects: 0 objects, 0 B
    usage:   6.0 GiB used, 594 GiB / 600 GiB avail
    pgs:
```

任务 7.3 Ceph 块存储

7.3.1 Ceph 块存储的基本概念

1. 什么是块存储

块存储主要是将裸磁盘空间整个映射给主机或虚拟机使用，用户可以根据需要随意将存储格式转化成文件系统来使用。Ceph 块存储（RADOS Block Device，RBD）是一种有序的字节序块，也是 Ceph 三大存储类型中最常用的存储方式。Ceph 的块存储是基于 RADOS 的，因此它也借助 RADOS 的快照、复制和一致性等特性提供了快照、克隆和备份等功能。Ceph 的块设备使用一种精简置备模式，可以拓展块存储的大小且存储的数据以条带化的方式存储到 Ceph 集群中的多个 OSD 中。

2. 块设备与 Ceph 的联系

RADOS 块设备提供可靠的分布式和高性能块存储磁盘给客户端。RADOS 块设备使用 Librbd 库，把一个块数据以顺序条带化的形式存放在 Ceph 集群的多个 OSD 上。RBD 是建立在 Ceph 的 RADOS 层之上的，因此每一个块设备都会分布在多个 Ceph 节点上，以提供高性能和高可靠性。Linux 内核原生支持 RBD，这意味着在过去几年中 RBD 驱动已经完美地集成在 Linux 内核中了。除了可靠性和性能，RBD 还提供了企业特性，如完整和增量快照、自动精简配置、写时复制克隆、动态调整大小等。RBD 还支持内存内缓存，从而大大提升了性能。

3. OSD 存储数据的方式

OSD 其实是建立在文件系统之上的，当使用一个块设备部署 OSD 节点时，部署工具会默认格式化 OSD 为 XFS，当然也可以预先格式化为想要的文件系统（如 EXT4 等）。数据到了 OSD 层时会把数据请求变成一个文件的操作，然后交给 XFS 文件系统，最终组织到磁盘上。

7.3.2 Ceph 块存储的部署与使用

1. 安装 client 操作系统

1）虚拟机基础设置。创建一个虚拟机，操作系统为 CentOS-7-x86_64-Minimal-1908，硬盘大小为 20GB，设置网络为 NAT 模式，

7-2 Ceph 块存储的部署与使用

如图 7-5 所示。

图 7-5　虚拟机配置

2）虚拟机网络设置。为虚拟机配置主机名 client，配置 IP 地址为 192.168.100.100，子网掩码为 255.255.255.0，默认网关为 192.168.100.2，DNS 服务器为 192.168.100.2，使虚拟机可以访问 Internet。

2. 配置 Ceph Client

1）配置主机文件。配置 ceph-1 节点的/etc/hosts 文件，将 client 节点添加进去。

```
[root@ceph-1 ~]# vi /etc/hosts
127.0.0.1   localhost localhost.localdomain localhost4 localhost4.localdomain4
::1         localhost localhost.localdomain localhost6 localhost6.localdomain6
192.168.100.100 client
192.168.100.101 ceph-1
192.168.100.102 ceph-2
192.168.100.103 ceph-3
```

2）配置 SSH 免密登录。在 ceph-1 节点上，将 SSH 公钥上传到 client 节点，配置 SSH 免密登录。

```
[root@ceph-1 ~]# ssh-copy-id root@client
```

3）创建 YUM 源文件。在 client 节点上删除原有软件源配置文件，上传新的 YUM 文件。

```
[root@client ~]# cd /etc/yum.repos.d
[root@client yum.repos.d]# rm -f *
```

将 CentOS7-Base-163.repo 通过 SFTP 复制到/etc/yum.repos.d 中。

```
[root@client yum.repos.d]# ls
CentOS7-Base-163.repo
```

4）配置 YUM 源文件。在 client 节点上添加 ceph 软件源配置文件。

```
[root@client yum.repos.d]# vi ceph.repo
（内容与 7.2.2 节中的 ceph.repo 相同）
[root@client ~]# yum clean all
[root@client ~]# yum makecache
```

5）安装 ceph 软件包。在 ceph-1 节点上使用 ceph-deploy 工具将 ceph 软件包安装到 client 节点上，并指定安装的版本为 Nautilus。

```
[root@ceph-1 ~]# cd /opt/osd
[root@ceph-1 osd]# ceph-deploy install --release=nautilus client
```

6）配置 client 节点的文件。在 ceph-1 节点上将 ceph 配置文件复制到 client 节点。

```
[root@ceph-1 osd]# ceph-deploy config push client
```

7）创建 Ceph 用户。在 ceph-1 节点上创建 Ceph 用户 client.rbd，它拥有访问 rbd 存储池的权限。

```
[root@ceph-1 osd]# ceph auth get-or-create client.rbd mon 'allow r' osd 'allow class-read object_prefix rbd_children, allow rwx pool=rbd'
```

8）配置用户密钥。在 ceph-1 节点上为 client 节点上的 client.rbd 用户添加密钥。

```
[root@ceph-1 osd]# ceph auth get-or-create client.rbd | ssh root@client tee /etc/ceph/ceph.client.rbd.keyring
```

9）创建 keyring。在 client 节点上创建 keyring。

```
[root@client ~]# cat /etc/ceph/ceph.client.rbd.keyring >> /etc/ceph/keyring
```

10）检查集群状态。通过提供用户名和密钥在 client 节点上检查 ceph 集群的状态。

```
[root@client ~]# ceph -s --name client.rbd
  cluster:
    id:      68ecba50-862d-482e-afe2-f95961ec3323
    health:  HEALTH_OK
...
```

3．创建和使用 ceph 块设备

创建块设备的顺序是：在 client 节点上使用"rbd create"命令创建一个块设备 image，然后用"rbd map"命令把 image 映射为块设备，最后将映射出来的/dev/rbd0 格式化并挂载，就可以当成普通块设备使用了。

1）查看 Ceph 存储池。在 ceph-1 节点查看 ceph 存储池。

```
[root@ceph-1 osd]# ceph osd lspools
```

可以看见目前没有任何存储池。

2）创建 rbd 存储池。使用以下命令在 ceph-1 节点创建 rbd 存储池。

```
[root@ceph-1 osd]# ceph osd pool create rbd 128
```

3）配置块存储。在 ceph-1 节点为存储池 rbd 指定应用为块存储 rbd。

```
[root@ceph-1 osd]# ceph osd pool application enable rbd rbd
```

此时可以看见 rbd 存储池。

```
[root@ceph-1 osd]# ceph osd lspools
1 rbd
```

4）创建块设备。在 client 节点上创建一个 10GB 大小的 Ceph 块设备，取名为 rbd0。

```
[root@client ~]# rbd create rbd0 --size 10240 --name client.rbd
```

5）检查块设备。列出创建的 rbd 镜像，以下是三种列出 rbd 镜像的方法。

```
[root@client ~]# rbd ls --name client.rbd
rbd0
[root@client ~]# rbd ls -p rbd --name client.rbd
```

```
rbd0
[root@client ~]# rbd list --name client.rbd
rbd0
```

使用以下命令检查 rbd 镜像的详细信息。

```
[root@client ~]# rbd info --image rbd0 --name client.rbd
rbd image 'rbd0':
        size 10 GiB in 2560 objects
        order 22 (4 MiB objects)
        snapshot_count: 0
        id: 374a107ae7e3
        block_name_prefix: rbd_data.374a107ae7e3
        format: 2
        features: layering, exclusive-lock, object-map, fast-diff, deep-flatten
        op_features:
        flags:
        create_timestamp: Sun Jul 11 19:37:22 2021
        access_timestamp: Sun Jul 11 19:37:22 2021
        modify_timestamp: Sun Jul 11 19:37:22 2021
```

6）配置镜像特性。在 ceph-1 节点使用以下命令禁用 rbd0 镜像的部分特性。

```
[root@ceph-1 osd]# rbd feature disable rbd0 object-map fast-diff deep-flatten
```

7）配置镜像映射。在 client 节点使用 "rbd map" 命令将 rbd 镜像映射到 /dev 目录下。

```
[root@client ~]# rbd map --image rbd0 --name client.rbd
/dev/rbd0
```

8）检查块设备。使用以下命令检查被映射的块设备。

```
[root@client ~]# rbd showmapped --name client.rbd
id pool namespace image snap device
0  rbd            rbd0  -    /dev/rbd0
```

结果显示映射是正常的。

9）设置块设备。使用 fdisk 将块设备进行分区。格式化 RBD 块设备，最后并挂载到特定目录中。

```
[root@client ~]# fdisk /dev/rbd0
Welcome to fdisk (util-linux 2.23.2).

Changes will remain in memory only, until you decide to write them.
Be careful before using the write command.

Device does not contain a recognized partition table
Building a new DOS disklabel with disk identifier 0x6b1adeb6.

Command (m for help): n（创建新分区）
Partition type:
   p   primary (0 primary, 0 extended, 4 free)
   e   extended
Select (default p): p（创建主分区）
Partition number (1-4, default 1): 1（创建 1 号分区）
First sector (8192-20971519, default 8192):（直接按〈Enter〉键）
Using default value 8192
```

```
Last sector, +sectors or +size{K,M,G} (8192-20971519, default 20971519): +5G
（设置分区大小为5GB）
Partition 1 of type Linux and of size 5 GiB is set

Command (m for help): n（创建新分区）
Partition type:
   p   primary (1 primary, 0 extended, 3 free)
   e   extended
Select (default p): p（创建主分区）
Partition number (2-4, default 2): 2（创建2号分区）
First sector (10493952-20971519, default 10493952): （直接按〈Enter〉键）
Using default value 10493952
Last sector, +sectors or +size{K,M,G} (10493952-20971519, default 20971519):
（直接按〈Enter〉键）
Using default value 20971519
Partition 2 of type Linux and of size 5 GiB is set

Command (m for help): w（保存分区）
The partition table has been altered!

Calling ioctl() to re-read partition table.
Syncing disks.

[root@client ~]# fdisk -l /dev/rbd0
...
     Device Boot      Start         End      Blocks   Id  System
/dev/rbd0p1            8192    10493951     5242880   83  Linux
/dev/rbd0p2        10493952    20971519     5238784   83  Linux

[root@client ~]# mkfs -t xfs /dev/rbd0p1
[root@client ~]# mkfs -t ext4 /dev/rbd0p2
[root@client ~]# mkdir /media/xfs
[root@client ~]# mkdir /media/ext4
[root@client ~]# mount -t xfs /dev/rbd0p1 /media/xfs
[root@client ~]# mount -t ext4 /dev/rbd0p2 /media/ext4
[root@client ~]# mount | grep rbd
/dev/rbd0p1 on /media/xfs type xfs (rw,relatime,seclabel,attr2,inode64,sunit=8192,
swidth=8192,noquota)
/dev/rbd0p2 on /media/ext4 type ext4 (rw,relatime,seclabel,stripe=1024,data=
ordered)
```

10）扩容镜像大小。Ceph 块设备映像是精简配置，只有写入数据后才会占用物理空间。然而，它们都有最大容量，即设置的"--size"选项的值。如果想增加（或减小）Ceph 块设备映像的最大尺寸，可以执行"rbd resize"命令。此处将之前创建的 rbd 镜像增加到20GB，并查验。

```
[root@client ~]# rbd resize --image rbd0 --size 20480 --name client.rbd
[root@client ~]# rbd info --image rbd0 --name client.rbd
rbd image 'rbd0':
        size 20 GiB in 5120 objects
...
```

可以使用 fdisk 对/dev/rbd0 设备继续进行分区。

```
[root@client ~]# fdisk /dev/rbd0
Welcome to fdisk (util-linux 2.23.2).

Changes will remain in memory only, until you decide to write them.
Be careful before using the write command.
Command (m for help): n（创建新分区）
Partition type:
   p   primary (2 primary, 0 extended, 2 free)
   e   extended
Select (default p): p（创建主分区）
Partition number (3,4, default 3): 3（创建 3 号分区）
First sector (20971520-41943039, default 20971520)：（直接按〈Enter〉键）
Using default value 20971520
Last sector, +sectors or +size{K,M,G} (20971520-41943039, default 41943039):
（直接按〈Enter〉键）
Using default value 41943039
Partition 3 of type Linux and of size 10 GiB is set
Command (m for help): w（保存）
The partition table has been altered!
Calling ioctl() to re-read partition table.
WARNING: Re-reading the partition table failed with error 16: Device or resource busy.
The kernel still uses the old table. The new table will be used at
the next reboot or after you run partprobe(8) or kpartx(8)
Syncing disks.
[root@client ~]# partprobe -s
[root@client ~]# fdisk -l /dev/rbd0
...
   Device Boot      Start         End      Blocks   Id  System
/dev/rbd0p1          8192    10493951     5242880   83  Linux
/dev/rbd0p2      10493952    20971519     5238784   83  Linux
/dev/rbd0p3      20971520    41943039    10485760   83  Linux
```

任务 7.4　Ceph 对象存储

7.4.1　Ceph 对象存储的基本概念

1. 什么是对象存储

对象存储是一种将数据作为对象进行管理的数据存储体系结构。每个数据对应着一个唯一的 ID，在对象存储中，没有类似文件系统的目录层级结构，而是完全扁平化存储，即可以根据对象的 ID 直接定位到数据的位置。

Ceph 对象存储使用 Ceph 对象网关守护进程（RadosGW）进行工作，它是一个与 Ceph 存储集群交互的 FastCGI 模块，它提供了与 OpenStack Swift 和 Amazon S3 兼容的接口。Ceph 对象网关可与 Ceph FS 客户端或 Ceph 块设备客户端共用一个存储集群。S3 和 Swift 接口共用一个通用命名空间，所以可以用一个接口写入数据，用另一个接口读取数据，如图 7-6 所示。

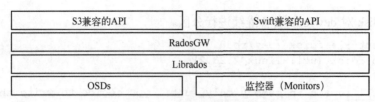

图 7-6 对象存储架构图

Ceph 对象网关是一个构建在 Librados 之上的对象存储接口，它为应用程序访问 Ceph 存储集群提供了一个 RESTful 风格的网关。Ceph 对象存储支持两种接口。

- 兼容 S3：提供了对象存储接口，兼容亚马逊 S3 RESTful 接口的一个大子集。
- 兼容 Swift：提供了对象存储接口，兼容 OpenStack Swift 接口的一个大子集。

2．为什么需要对象存储

一个文件包含属性（即 Metadata，元数据，如该文件的大小、修改时间、存储路径等）以及内容（简称数据）。在 FAT32 文件系统中，存储是链表的形式。而对象存储则将元数据独立了出来，控制节点叫元数据服务器（服务器+对象存储管理软件），里面主要负责存储对象的属性，而其他负责存储数据的分布式服务器叫作 OSD，主要负责存储文件的数据部分。当用户访问对象时，会先访问元数据服务器，元数据服务器只负责反馈对象存储在哪些 OSD 中。假设文件 A 存储在 B、C、D 3 台 OSD 中，那么用户就会直接访问 3 台 OSD 服务器去读取数据。这时候由于是 3 台 OSD 同时对外传输数据，因此传输的速度就加快了。当 OSD 服务器数量越多，这种读写速度的提升就越大，通过此种方式，实现了读写速度加快的目的。

另一方面，对象存储软件有专门的文件系统，所以 OSD 对外又相当于文件服务器，那么就不存在文件共享方面的困难了，也解决了文件共享方面的问题。所以对象存储的出现，很好地结合了块存储与文件存储的优点。

3．对象存储的优势

对象存储和常见的块和文件系统等存储形态不同，它提供了 RESTful API 数据读写接口及丰富的 SDK 接口，并且常以网络服务的形式提供数据的访问。可以这样简单理解，对象存储类似酒店的代客泊车。顾客（前端应用）把车钥匙交给服务生，换来一张收据（对象的标识符）。顾客不用关心车（数据）具体停在哪个车位，省时省力。一个存储对象的唯一标识符就代表顾客的收据。

对象存储更适合 Web 类应用，基于 URL 访问地址提供一个海量的桶存储空间，能够存储各种类型的文件对象，对象存储是一个扁平架构，无须维护复杂的文件目录，无须考虑存储空间的限制，一个桶支持近乎无限大的存储空间。

7.4.2　Ceph 对象存储的部署与使用

1．安装 client 操作系统

1）虚拟机基础设置。创建一台虚拟机，操作系统为 CentOS-7-x86_64-Minimal-1908，硬盘大小为 20GB，设置网络为 NAT 模式，如图 7-5 所示。

7-3 Ceph 对象存储的部署与使用 1

2）虚拟机网络设置。为虚拟机配置主机名为 client，配置 IP 地址为 192.168.100.100，子网掩码为 255.255.255.0，默认网关为 192.168.100.2，DNS 服务器为 192.168.100.2，使虚拟机可以访问 Internet。

2. 配置 Ceph 对象存储

1）在 ceph-1 节点上安装 Ceph 对象网关软件包。Ceph 对象存储使用 Ceph 对象网关守护进程（RadosGW），所以在使用对象存储之前，需要先安装配置对象网关 RGW。

Ceph RGW 的 FastCGI 支持多种 Web 服务器作为前端，例如 Nginx、Apache2 等。从 Ceph Hammer 版本开始，使用 ceph-deploy 部署时将会默认使用内置的 Civetweb 作为前端，区别在于配置的方式不同，这里采用默认的 Civetweb 方式安装配置 RGW。

```
[root@ceph-1 ~]# cd /opt/osd
[root@ceph-1 osd]# ceph-deploy rgw create ceph-1
```

2）编辑 pool 文件。

```
[root@ceph-1 osd]# vi /root/pool
.rgw
.rgw.root
.rgw.control
.rgw.gc
.rgw.buckets
.rgw.buckets.index
.rgw.buckets.extra
.log
.intent-log
.usage
.users
.users.email
.users.swift
.users.uid
```

3）编辑创建和配置 Pool 的脚本文件。

此处可以通过脚本一键创建对象存储需要使用的 Pool。

```
[root@ceph-1 osd]# vi /root/create_pool.sh
#!/bin/bash
PG_NUM=8
PGP_NUM=8
SIZE=3
for i in `cat /root/pool`
    do
    ceph osd pool create $i $PG_NUM
    ceph osd pool set $i size $SIZE
    done
for i in `cat /root/pool`
    do
    ceph osd pool set $i pgp_num $PGP_NUM
    done
```

4）运行脚本文件，创建对象存储所使用的所有 Pool。

```
[root@ceph-1 osd]# chmod +x /root/create_pool.sh
[root@ceph-1 osd]# /root/create_pool.sh
```

5）测试是否能访问 Ceph 集群。在使用脚本一键创建好所需要的 Pool 之后，需要进行 Ceph 集群的测试，防止实验过程中出现错误。

```
[root@ceph-1 osd]# cp /var/lib/ceph/radosgw/ceph-rgw.ceph-1/keyring /etc/ceph/ceph.client.rgw.ceph-1.keyring
[root@ceph-1 osd]# ceph -s -k /var/lib/ceph/radosgw/ceph-rgw.ceph-1/keyring --name client.rgw.ceph-1
  cluster:
    id:     4a0931fb-a1b7-4efc-b738-50fbc0c8150b
    health: HEALTH_WARN
            1 pools have pg_num > pgp_num
```

这里有一个健康警告，1 个 Pool 的 pg_num 大于 pgp_num，需要把这个 Pool 的 pg_num 和 pgp_num 设置为相同。首先查看健康状态的详细信息。

```
[root@ceph-1 osd]# ceph health detail
HEALTH_WARN 1 pools have pg_num > pgp_num
SMALLER_PGP_NUM 1 pools have pg_num > pgp_num
    pool .rgw.root pg_num 32 > pgp_num 8
```

然后运行以下命令将 pool .rgw.root 的 pg_num 设置为 8。

```
[root@ceph-1 osd]# ceph osd pool set .rgw.root pg_num 8
set pool 1 pg_num to 8
```

最后再次运行 ceph -s。

```
[root@ceph-1 osd]# ceph -s -k /var/lib/ceph/radosgw/ceph-rgw.ceph-1/keyring --name client.rgw.ceph-1
  cluster:
    id:     4a0931fb-a1b7-4efc-b738-50fbc0c8150b
    health: HEALTH_OK
  services:
    mon: 1 daemons, quorum ceph-1 (age 19m)
    mgr: ceph-1(active, since 18m)
    osd: 6 osds: 6 up (since 15m), 6 in (since 18h)
    rgw: 1 daemon active (ceph-1)
  task status:
  data:
    pools:   17 pools, 231 pgs
    objects: 187 objects, 1.2 KiB
    usage:   6.1 GiB used, 594 GiB / 600 GiB avail
    pgs:     2.597% pgs not active
             225 active+clean
             6   peering
  io:
    recovery: 22 B/s, 0 objects/s
```

7-4 Ceph 对象存储的部署与使用 2

3．使用 S3 API 访问 Ceph 对象存储

1）在 ceph-1 节点创建 radosgw 用户。

```
[root@ceph-1 osd]# radosgw-admin user create --uid=radosgw --display-name="radosgw"
...
    "keys": [
        {
```

```
            "user": "radosgw",
            "access_key": "UJ46DXCA4L21WSECA3B6",
            "secret_key": "f9K0BfK3YgUGgMG2BCk5AnUWq9TiA0mbmXjdMLkA"
        }
    ],
...
```

记录这里的 access_key 和 secret_key。

2）在 client 节点安装 bind。

```
[root@client ~]# cd /etc/yum.repos.d
[root@client yum.repos.d]# rm -f *
```

将 CentOS7-Base-163.repo 通过 SFTP 复制到 client 节点的/etc/yum.repos.d 目录中。

```
[root@client yum.repos.d]# ls
CentOS7-Base-163.repo
[root@client yum.repos.d]# yum clean all
[root@client yum.repos.d]# yum makecache
[root@client yum.repos.d]# yum -y install bind
```

3）编辑 bind 主配置文件。

```
[root@client ~]# vi /etc/named.conf
```

修改以下配置。

```
listen-on port 53 { 127.0.0.1;192.168.100.100; };
allow-query     { localhost;192.168.100.0/24; };
```

添加 lab.net 域的解析。

```
zone "." IN {
     type hint;
     file "named.ca";
};
```

在这里添加以下配置。

```
zone "lab.net" IN {
     type master;
     file "db.lab.net";
     allow-update { none; };
};
```

添加完毕。

```
include "/etc/named.rfc1912.zones";
include "/etc/named.root.key";
```

4）编辑域 lab.net 的区域配置文件。

```
[root@client ~]# vi /var/named/db.lab.net
@ 86400 IN SOA lab.net. root.lab.net. (
       20191120
       10800
       3600
       3600000
       86400 )
@ 86400 IN NS lab.net.
```

```
@ 86400 IN A 192.168.100.101
* 86400 IN CNAME @
```

5) 检查配置文件。

```
[root@client ~]# named-checkconf /etc/named.conf
[root@client ~]# named-checkzone lab.net /var/named/db.lab.net
zone lab.net/IN: loaded serial 20191120
OK
```

6) 启动 bind 服务。

```
[root@client ~]# systemctl start named
[root@client ~]# systemctl enable named
```

7) 编辑网卡配置文件。在网卡配置文件中，将 DNS 服务器指向 client 自己的 IP 地址。

```
[root@client ~]# vi /etc/sysconfig/network-scripts/ifcfg-ens32
DNS1=192.168.100.100
```

8) 编辑/etc/resolv.conf。在系统 DNS 服务器配置文件中，将 DNS 服务器指向 client 自己的 IP 地址。

```
[root@client ~]# vi /etc/resolv.conf
nameserver 192.168.100.100
```

9) 安装 nslookup 并测试 DNS 配置。

```
[root@client ~]# yum -y install bind-utils
[root@client ~]# nslookup
> ceph-1.lab.net
Server:         192.168.100.100
Address:        192.168.100.100#53

ceph-1.lab.net  canonical name = lab.net.
Name:   lab.net
Address: 192.168.100.101
> exit
```

10) 安装 s3cmd。访问https://s3tools.org/download，下载 s3cmd 的 2.1.0 版本。将 s3cmd-2.1.0.zip 上传到 client 节点的/root 目录。

```
[root@client ~]# ls
anaconda-ks.cfg  s3cmd-2.1.0.zip
[root@client ~]# yum -y install unzip python-dateutil
[root@client ~]# unzip s3cmd-2.1.0.zip
```

11) 配置 s3cmd。

```
[root@client ~]# cd s3cmd-2.1.0
[root@client s3cmd-2.1.0]# ./s3cmd --configure
Enter new values or accept defaults in brackets with Enter.
Refer to user manual for detailed description of all options.

Access key and Secret key are your identifiers for Amazon S3. Leave them empty for using the env variables.
 Access Key: UJ46DXCA4L21WSECA3B6（输入 ceph-1 节点显示的 access_key）
 Secret Key: f9K0BfK3YgUGgMG2BCk5AnUWq9TiA0mbmXjdMLkA（输入 ceph-1 节点显示的 secret_key）
 Default Region [US]：（直接按〈Enter〉键）
```

Use "s3.amazonaws.com" for S3 Endpoint and not modify it to the target Amazon S3.
　　S3 Endpoint [s3.amazonaws.com]: ceph-1.lab.net:7480（输入 Ceph 的 Endpoint）
　　Use "%(bucket)s.s3.amazonaws.com" to the target Amazon S3. "%(bucket)s" and "%(location)s" vars can be used
　　if the target S3 system supports dns based buckets.
　　DNS-style bucket+hostname:port template for accessing a bucket [%(bucket).s3.amazonaws.com]: %(bucket).ceph-1.lab.net:7480（输入容器路径）
　　Encryption password is used to protect your files from reading
　　by unauthorized persons while in transfer to S3
　　Encryption password:（直接按〈Enter〉键）
　　Path to GPG program [/usr/bin/gpg]:（直接按〈Enter〉键）
　　When using secure HTTPS protocol all communication with Amazon S3
　　servers is protected from 3rd party eavesdropping. This method is
　　slower than plain HTTP, and can only be proxied with Python 2.7 or newer
　　Use HTTPS protocol [Yes]: No（不使用 HTTPS）
　　On some networks all internet access must go through a HTTP proxy.
　　Try setting it here if you can't connect to S3 directly
　　HTTP Proxy server name:（直接按〈Enter〉键）
　　New settings:
　　　Access Key: UJ46DXCA4L21WSECA3B6
　　　Secret Key: f9K0BfK3YgUGgMG2BCk5AnUWq9TiA0mbmXjdMLkA
　　　Default Region: US
　　　S3 Endpoint: ceph-1.lab.net:7480
　　　DNS-style bucket+hostname:port template for accessing a bucket: %(bucket).ceph-1.lab.net:7480
　　　Encryption password:
　　　Path to GPG program: /usr/bin/gpg
　　　Use HTTPS protocol: False
　　　HTTP Proxy server name:
　　　HTTP Proxy server port: 0
　　Test access with supplied credentials? [Y/n] n（不进行测试）
　　Save settings? [y/N] y（保存配置）
　　Configuration saved to '/root/.s3cfg'

12）显示存储桶。

```
[root@client s3cmd-2.1.0]# ./s3cmd ls
```

如果出现 RequestTimeTooSkewed 错误，则在 client 节点安装 NTP 服务器，将 ceph-1 配置为上游服务器，重启 NTP 服务器即可。

13）创建存储桶 bucket。

```
[root@client s3cmd-2.1.0]# ./s3cmd mb s3://bucket
Bucket 's3://bucket/' created
[root@client s3cmd-2.1.0]# ./s3cmd ls
2019-11-23 07:45  s3://bucket
```

14）上传文件到存储桶。

```
[root@client s3cmd-2.1.0]# ./s3cmd put /etc/hosts s3://bucket
WARNING: Module python-magic is not available. Guessing MIME types based on file extensions.
```

```
upload: '/etc/hosts' -> 's3://bucket/hosts'  [1 of 1]
 158 of 158   100% in    1s   107.77 B/s  done
[root@client s3cmd-2.1.0]# ./s3cmd ls s3://bucket
2019-11-23 07:46       158   s3://bucket/hosts
```

4. 使用 Swift API 访问 Ceph 对象存储

1）创建 Swift 用户。要通过 Swift 访问对象网关，需要 Swift 子用户，在这里创建 radosgw:swift 作为子用户。运行以下命令在 ceph-1 节点创建 radosgw 用户的子用户 radosgw:swift。

```
[root@ceph-1 osd]# radosgw-admin subuser create --uid=radosgw --subuser=radosgw:swift --display-name="radosgw-sub" --access=full
...
    "swift_keys": [
        {
            "user": "radosgw:swift",
            "secret_key": "8TJ9FMkXlKn2B6cHk7IE9feFhuIpdBEapmflaeoY"
        }
    ],
...
```

> **注意**：返回的 Json 值中，要记住 swift_keys 中的 secret_key，稍后测试访问 Swift 接口时需要使用。

2）在 client 节点安装 swift 客户端。

```
[root@client ~]# yum -y install epel-release
[root@client ~]# yum -y install python-pip
[root@client ~]# pip install --upgrade python-swiftclient
```

3）使用 swift 列出容器（存储桶）列表。

```
[root@client ~]# swift -A http://192.168.100.101:7480/auth/1.0 -U radosgw:swift -K 8TJ9FMkXlKn2B6cHk7IE9feFhuIpdBEapmflaeoY list
bucket
```

密钥 Key 为上边返回值中的 secret_key。

4）创建容器 container。

```
[root@client ~]# swift -A http://192.168.100.101:7480/auth/1.0 -U radosgw:swift -K 8TJ9FMkXlKn2B6cHk7IE9feFhuIpdBEapmflaeoY post container
[root@client ~]# swift -A http://192.168.100.101:7480/auth/1.0 -U radosgw:swift -K 8TJ9FMkXlKn2B6cHk7IE9feFhuIpdBEapmflaeoY list
bucket
container
```

5）将 anaconda-ks.cfg 文件上传到容器 container 中。

```
[root@client ~]# swift -A http://192.168.100.101:7480/auth/1.0 -U radosgw:swift -K 8TJ9FMkXlKn2B6cHk7IE9feFhuIpdBEapmflaeoY upload container anaconda-ks.cfg
anaconda-ks.cfg
[root@client ~]# swift -A http://192.168.100.101:7480/auth/1.0 -U radosgw:swift -K 8TJ9FMkXlKn2B6cHk7IE9feFhuIpdBEapmflaeoY list container
anaconda-ks.cfg
```

6）修改端口。

如果想修改 7480 端口为其他值，可以通过修改 Ceph 配置文件更改默认端口，然后重启

Ceph 对象网关即可。例如，在这里修改端口为 80。

修改 Ceph 配置文件。

```
# vi /etc/ceph/ceph.conf
```

在[global]部分下增加以下配置。

```
[client.rgw.admin]
rgw_frontends = "civetweb port=80"
```

重新启动服务。

```
# systemctl restart ceph-radosgw.service
```

7.4.3 使用 Ceph 和 Owncloud 搭建网盘服务

1．初识 Owncloud

7-5 使用 Ceph 和 Owncloud 搭建网盘服务

Owncloud 是一个开源的云存储解决方案，包括两个部分：服务器和客户端。Owncloud 在客户端可通过浏览器或者安装专用的客户端软件来使用。除了云存储之外，Owncloud 也可用于同步日历、电子邮件联系人、网页浏览器的书签，此外还有多人在线文件同步协作的功能（类似 Google Documents 或 Duddle 等）。

利用 Owncloud，IT 管理员能在已有数据中心中部署网盘服务，企业内部人员可以在任何时间、任何地点、任何设备上访问公司的文件。而 IT 管理员也能非常方便地控制、管理、审计，确保了数据安全。

2．部署 LAMP 环境

1）安装最新源。在 client 节点安装 webtatic 软件源，以支持 PHP 7.2。

```
[root@client ~]# rpm -ivh https://mirror.webtatic.com/yum/el7/webtatic-release.rpm
[root@client ~]# yum makecache
```

2）安装 LAMP。在 client 节点安装 Owncloud 所需的 LAMP 环境软件包。

```
[root@client ~]# yum -y install httpd php72w mariadb-server php72w-mysql php72w-gd php72w-xml php72w-intl php72w-mbstring
```

3）启动数据库。Owncloud 需要用到数据库，在上一步已经安装了 MariaDB 数据库，此处需要启用并启动 MariaDB 数据库服务。

```
[root@client ~]# systemctl start mariadb
[root@client ~]# systemctl enable mariadb
```

4）启动 Apache 服务。启动和启用 Apache Web 服务

```
[root@client ~]# systemctl start httpd
[root@client ~]# systemctl enable httpd
```

5）关闭防火墙。

```
[root@client ~]# systemctl stop firewalld
[root@client ~]# systemctl disable firewalld
```

6）关闭 SElinux。将 SELinux 模式设置为 permissive。

```
[root@client ~]# setenforce 0
[root@client ~]# sed -i 's/SELINUX=enforcing/SELINUX=permissive/g' /etc/selinux/config
```

3. 配置 Owncloud

1）上传 Owncloud 压缩包。将 owncloud-10.0.10.tar.bz2 通过 SFTP 传输到 client 节点的 /root 目录。

2）解压 Owncloud。

```
[root@client ~]# yum -y install bzip2
[root@client ~]# tar -jxf owncloud-10.0.10.tar.bz2
```

3）更新 Web 文件。将 Owncloud 文件复制到 Web 服务器默认网站的主目录中。

```
[root@client ~]# cd owncloud
[root@client owncloud-10.0.9]# cp -rf * /var/www/html
```

4）设置目录权限。

```
[root@client owncloud-10.0.9]# cd /var/www/html
[root@client html]# chmod -R 777 config
[root@client html]# mkdir data
[root@client html]# chown -R apache:apache data
```

5）设置数据库密码。在这里设置 MariaDB 数据库 root 用户的密码为 123456。

```
[root@client html]# mysqladmin -u root password '123456'
```

6）创建 owncloud 数据库。登录 MariaDB 数据库服务器并创建 owncloud 数据库，作为后端的数据存储。

```
[root@client html]# mysql -uroot -p123456
MariaDB [(none)]> CREATE DATABASE owncloud;
MariaDB [(none)]> exit
```

7）初始化 owncloud 网页。

在初始化 owncloud 的页面中需要进行一些设置，比如用户、密码和数据库等。选择数据库时千万要注意几点：首先，数据库类型要选择 MySQL/MariaDB，SQLite 的性能较差，后面在 owncloud 的设置页面中也会有提示。其次，然后就是如果服务器创建过用户名和密码，那么在选择好数据库类型后，需要配置的用户名和密码就是之前的用户名和密码。

使用浏览器访问 client 节点的 IP 地址，创建管理员账号 admin，为 admin 用户设置密码，配置数据库使用 MySQL/MariaDB，如图 7-7 所示。

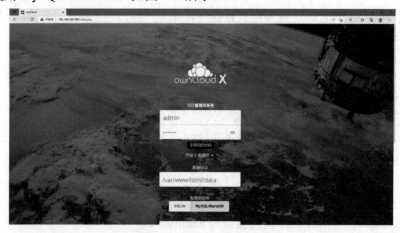

图 7-7 初始化 owncloud

8）安装 owncloud。输入数据库用户名 root、密码 123456、数据库名 owncloud，数据库服务器为默认的 localhost，单击"安装完成"，如图 7-8 所示。

图 7-8　安装 owncloud

9）登录 owncloud。使用 admin 账户登录 Owncloud，如图 7-9 所示。

图 7-9　登录 owncloud

如果登录时出现"您的登录花费时间过长"的提示，在 client 节点输入以下命令，设置 php 文件的权限为可读可写可执行。

```
[root@client ~]# chmod -R 777 /var/lib/php/session
```

10）配置外部存储。单击页面右上角的"admin"→"设置"→"管理"→"存储"，选中"启用外部存储"。输入目录名称"s3"，选择外部存储"Amazon S3"，输入存储桶"bucket"，主机名为"ceph-1.lab.net"，端口号为 7480，地区为 US，勾选"启用 Path Style"，输入 Access Key 和 Secret Key。当看到前面出现绿色圆圈时，表示外部存储配置成功，如图 7-10 所示。

图 7-10　配置外部存储

11）查看 S3 目录。通过主界面可以看到之前创建的 s3 目录，如图 7-11 所示。

图 7-11　s3 外部存储

12）测试网盘。此时单击 s3 可以进入 s3 目录，并且可以看到之前使用 s3cmd 上传的文件。可以在 Web 界面上传文件或下载文件，如图 7-12 所示。

图 7-12　测试网盘

任务 7.5　Ceph 文件系统

任务 7.5

详细内容扫描二维码即可查看。

任务 7.6　将 Ceph 集成到 OpenStack Rocky

7.6.1　部署 Ceph 集群和 OpenStack 系统

1）部署 Ceph 集群。在三台主机 ceph-1、ceph-2、ceph-3 上部署 Ceph Nautilus 集群，三台主机的 IP 地址为：192.168.100.101、192.168.100.102、192.168.100.103，子网掩码为 255.255.255.0，默认网关为 192.168.100.2，DNS 服务器为 192.168.100.2。

2）部署两个节点的 OpenStack。OpenStack Rocky 由 controller 和 compute1 两个节点组成，每个节点都有两个网卡，第一个网卡连接到管理网络，第二个网卡连接到云主机外部网络。controller 节点管理网络的 IP 地址为 192.168.100.10/24，compute1 节点管理网络的 IP 地址为 192.168.100.20/24，云主机外部网络的网络地址为 192.168.200.0/24。

OpenStack 系统至少要安装以下组件：基本环境、Keystone、Glance、Nova、Neutron、Horizon、Cinder，Ceph 将作为 Glance、Cinder、Nova 组件的后端存储，将云主机镜像、云硬盘、云主机保存在 Ceph 存储中。

7.6.2 将 Ceph 集成到 OpenStack Rocky

1. 配置 OpenStack 为 Ceph 客户端

1）创建 RBD Pools。在 ceph-1 节点为 Glance、Cinder、Nova 创建专用的 RBD Pools。

7-7 配置 OpenStack 为 Ceph 客户端

```
[root@ceph-1 ~]# ceph osd pool create images 64
[root@ceph-1 ~]# rbd pool init images
[root@ceph-1 ~]# ceph osd pool create volumes 64
[root@ceph-1 ~]# rbd pool init volumes
[root@ceph-1 ~]# ceph osd pool create vms 64
[root@ceph-1 ~]# rbd pool init vms
```

2）在 ceph-1 节点配置 hosts。

```
[root@ceph-1 ~]# vi /etc/hosts
192.168.100.10 controller
192.168.100.20 compute1
192.168.100.101 ceph-1
192.168.100.102 ceph-2
192.168.100.103 ceph-3
```

3）配置公钥。将 ceph-1 节点的 SSH 公钥复制到 controller 和 compute1 节点。

```
[root@ceph-1 ~]# ssh-copy-id root@controller
[root@ceph-1 ~]# ssh-copy-id root@compute1
```

4）配置 YUM 源文件。分别在 controller 和 compute1 节点编辑 YUM 软件源配置文件，此处以 controller 节点为例。

```
[root@controller ~]# cd /etc/yum.repos.d
[root@controller yum.repos.d]# vi ceph.repo
（内容与 7.2.2 节的 ceph.repo 相同）
[root@controller yum.repos.d]# yum makecache
```

5）安装 Ceph 客户端。在 ceph-1 节点上为 controller 和 compute1 节点安装 Ceph 客户端。

```
[root@ceph-1 ~]# ceph-deploy install --release=nautilus controller compute1
```

6）配置 admin key。配置 admin key 到 controller 和 compute1 节点。

```
[root@ceph-1 ~]# cd /opt/osd
[root@ceph-1 osd]# ceph-deploy --overwrite-conf admin controller compute1
```

7）检查集群状态。分别在 controller 和 compute1 节点检查 Ceph 集群状态，此处以 controller 节点为例。

```
[root@controller ~]# ceph -s
  cluster:
    id:     02698e02-3031-413d-979b-2fe56c302d5a
    health: HEALTH_OK
  services:
    mon: 1 daemons, quorum ceph-1 (age 19m)
    mgr: ceph-1(active, since 18m)
    osd: 6 osds: 6 up (since 18m), 6 in (since 25h)
  data:
    pools:   3 pools, 192 pgs
    objects: 3 objects, 57 B
    usage:   6.0 GiB used, 594 GiB / 600 GiB avail
    pgs:     192 active+clean
```

8）创建用户。在 ceph-1 节点通过 cephx 为 Glance、Cinder 创建用户。

```
[root@ceph-1 osd]# ceph auth get-or-create client.glance mon 'profile rbd' osd 'profile rbd pool=images'
[root@ceph-1 osd]# ceph auth get-or-create client.cinder mon 'profile rbd' osd 'profile rbd pool=volumes, profile rbd pool=vms, profile rbd pool=images'
```

9）配置 keyring 文件。为新建用户 client.cinder 和 client.glance 创建 keyring 文件，允许以 OpenStack Cinder、Glance 用户访问 Ceph 集群。

```
[root@ceph-1 osd]# ceph auth get-or-create client.glance | ssh root@controller sudo tee /etc/ceph/ceph.client.glance.keyring
[root@ceph-1 osd]# ssh root@controller sudo chown glance:glance /etc/ceph/ceph.client.glance.keyring
[root@ceph-1 osd]# ceph auth get-or-create client.cinder | ssh root@controller sudo tee /etc/ceph/ceph.client.cinder.keyring
[root@ceph-1 osd]# ssh root@controller sudo chown cinder:cinder /etc/ceph/ceph.client.cinder.keyring
[root@ceph-1 osd]# ceph auth get-or-create client.cinder | ssh root@compute1 sudo tee /etc/ceph/ceph.client.cinder.keyring
```

10）生成 UUID。

```
[root@ceph-1 osd]# uuidgen
a39ba0fd-2d3e-4453-b20a-baa111ff845d
[root@ceph-1 osd]# ceph auth get-key client.cinder | ssh root@compute1 tee /tmp/client.cinder.key
AQAmvOFd3noDLBAAQ6jFObPUYRDlMEB9ZMV8Sg==
[root@ceph-1 osd]# ceph auth get-key client.cinder | ssh root@controller tee /tmp/client.cinder.key
AQAmvOFd3noDLBAAQ6jFObPUYRDlMEB9ZMV8Sg==
```

11）安装虚拟化。

① 如果 nova-compute 服务只在 compute1 节点运行，那么只需要在 compute1 节点上按下面的步骤操作。如果 nova-compute 服务在 controller 和 compute1 节点上都在运行，那么两个节点上都需要按下面的步骤操作。

```
[root@compute1 ~]# vi /tmp/secret.xml
<secret ephemeral='no' private='no'>
  <uuid>a39ba0fd-2d3e-4453-b20a-baa111ff845d</uuid>
  <usage type='ceph'>
    <name>client.cinder secret</name>
```

```
    </usage>
</secret>
```

② 定义一个 Libvirt 秘钥。

```
[root@compute1 ~]# yum install -y qemu-kvm libvirt
[root@compute1 ~]# virsh secret-define --file /tmp/secret.xml
Secret a39ba0fd-2d3e-4453-b20a-baa111ff845d created
```

③ 设置密钥的值，值为 Ceph client.cinder 用户的 key，Libvirt 凭此 key 就可以用 Cinder 的用户访问 Ceph 集群。

```
[root@compute1 ~]# virsh secret-set-value --secret a39ba0fd-2d3e-4453-b20a-baa111ff845d --base64 $(cat /tmp/client.cinder.key)
[root@compute1 ~]# virsh secret-list
 UUID                                  Usage
--------------------------------------------------------------------------------
 a39ba0fd-2d3e-4453-b20a-baa111ff845d  ceph client.cinder secret
```

2. 配置 Ceph 作为 Glance 的后端存储

1）配置 Glance 文件。在 controller 节点编辑 Glance 的配置文件 /etc/glance/glance-api.conf。

7-8 Ceph 作为 Glance 的后端存储

```
[root@controller ~]# vi /etc/glance/glance-api.conf
[default]
show_image_direct_url = True

[glance_store]
（删除原有配置）
stores = rbd
default_store = rbd
rbd_store_pool = images
rbd_store_user = glance
rbd_store_ceph_conf = /etc/ceph/ceph.conf
rbd_store_chunk_size = 8
```

2）重启 openstack-glance-api 服务。

```
[root@controller ~]# systemctl restart openstack-glance-api
```

3）上传文件。将 cirros-0.3.3-x86_64-disk.img 通过 SFTP 传输到 controller 节点的 /root 目录。

```
[root@controller ~]# file cirros-0.3.3-x86_64-disk.img
cirros-0.3.3-x86_64-disk.img: QEMU QCOW Image (v2), 41126400 bytes
```

4）转换镜像格式。通过命令将 cirros-0.3.3-x86_64-disk.img 从 QCOW2 格式转换为 RAW 格式。

```
[root@controller ~]# qemu-img convert -f qcow2 -O raw cirros-0.3.3-x86_64-disk.img cirros-0.3.3-x86_64-disk.raw
[root@controller ~]# file cirros-0.3.3-x86_64-disk.raw
cirros-0.3.3-x86_64-disk.raw: x86 boot sector; GRand Unified Bootloader, stage1 version 0x3, stage2 address 0x2000, stage2 segment 0x200; partition 1: ID=0x83, active, starthead 0, startsector 16065, 64260 sectors, code offset 0x48
```

5）创建镜像。从 cirros-0.3.3-x86_64-disk.raw 创建 Glance 镜像。

```
[root@controller ~]# source admin-openrc
[root@controller ~]# openstack image create --container-format bare --disk-format raw --file cirros-0.3.3-x86_64-disk.raw --unprotected --public cirros_raw
```

6）查看镜像。在 ceph-1 节点查看 RBD 镜像。

```
[root@ceph-1 osd]# rbd ls images
bfd0093c-828d-44e1-92c2-307bd69fe3ec
[root@ceph-1 osd]# rbd info images/bfd0093c-828d-44e1-92c2-307bd69fe3ec
rbd image 'bfd0093c-828d-44e1-92c2-307bd69fe3ec':
        size 39 MiB in 5 objects
        order 23 (8 MiB objects)
        snapshot_count: 1
        id: 5ea738d51e3b
        block_name_prefix: rbd_data.5ea738d51e3b
        format: 2
        features: layering, exclusive-lock, object-map, fast-diff, deep-flatten
        op_features:
        flags:
        create_timestamp: Fri Nov 29 20:07:40 2019
        access_timestamp: Fri Nov 29 20:07:40 2019
        modify_timestamp: Fri Nov 29 20:07:40 2019
[root@ceph-1 osd]# rados ls -p images
rbd_data.5ea738d51e3b.0000000000000003
rbd_directory
rbd_object_map.5ea738d51e3b
rbd_id.bfd0093c-828d-44e1-92c2-307bd69fe3ec
rbd_data.5ea738d51e3b.0000000000000001
rbd_info
rbd_data.5ea738d51e3b.0000000000000002
rbd_data.5ea738d51e3b.0000000000000004
rbd_object_map.5ea738d51e3b.0000000000000004
rbd_header.5ea738d51e3b
rbd_data.5ea738d51e3b.0000000000000000
```

7-9 Ceph 作为 Cinde 的后端存储

3. 配置 Ceph 作为 Cinder 的后端存储

1）配置 Cinder 文件。在 compute1（运行 cinder-volume 服务）节点编辑 Cinder 的配置文件。

```
[root@compute1 ~]# vi /etc/cinder/cinder.conf
[DEFAULT]
enabled_backends = lvm,ceph
glance_api_version = 2
glance_api_servers = http://controller:9292
[lvm]
volume_driver = cinder.volume.drivers.lvm.LVMVolumeDriver
volume_backend_name = lvm
volume_group = cinder-volumes
iscsi_protocol = iscsi
iscsi_helper = lioadm
[ceph]
volume_driver = cinder.volume.drivers.rbd.RBDDriver
volume_backend_name = ceph
rbd_pool = volumes
```

```
rbd_ceph_conf = /etc/ceph/ceph.conf
rbd_flatten_volume_from_snapshot = false
rbd_max_clone_depth = 5
rbd_store_chunk_size = 4
rados_connect_timeout = -1
rbd_user = cinder
rbd_secret_uuid = a39ba0fd-2d3e-4453-b20a-baa111ff845d
```

2）重新启动 openstack-cinder-volume 服务。

```
[root@compute1 ~]# systemctl restart openstack-cinder-volume
```

3）创建卷。在 controller 节点创建一个 RBD 类型的卷。

```
[root@controller ~]# openstack volume type create --public --property volume_backend_name="ceph" ceph_rbd
[root@controller ~]# openstack volume type create --public --property volume_backend_name="lvm" local_lvm
[root@controller ~]# openstack volume create --type ceph_rbd --size 1 ceph_rbd_vol01
```

4）查看镜像。在 ceph-1 节点查看 RBD 镜像。

```
[root@controller ~]# rbd ls volumes
volume-7119f43d-4b1d-4d40-b6da-33af8b699bc8
[root@controller ~]# rbd info volumes/volume-7119f43d-4b1d-4d40-b6da-33af8b699bc8
rbd image 'volume-7119f43d-4b1d-4d40-b6da-33af8b699bc8':
        size 1 GiB in 256 objects
        order 22 (4 MiB objects)
        snapshot_count: 0
        id: 5ebb883d48f0
        block_name_prefix: rbd_data.5ebb883d48f0
        format: 2
        features: layering, exclusive-lock, object-map, fast-diff, deep-flatten
        op_features:
        flags:
        create_timestamp: Sat Nov 30 09:14:33 2019
        access_timestamp: Sat Nov 30 09:14:33 2019
        modify_timestamp: Sat Nov 30 09:14:33 2019
[root@controller ~]# rados ls -p volumes
rbd_id.volume-7119f43d-4b1d-4d40-b6da-33af8b699bc8
rbd_directory
rbd_header.5ebb883d48f0
rbd_info
rbd_object_map.5ebb883d48f0
```

7-10 Ceph 作为 Nova 的后端存储

4. 配置 Ceph 作为 Nova 的后端存储

1）配置 Nova 文件。如果 nova-compute 服务只在 compute1 节点运行，那么只需要在 compute1 节点上按照下面的步骤操作。如果 nova-compute 服务在 controller 和 compute1 节点上都在运行，那么两个节点上都需要按照下面的步骤操作。

在运行 nova-compute 服务的节点上编辑 Nova 的配置文件。

```
[root@compute1 ~]# vi /etc/nova/nova.conf
[libvirt]
virt_type = qemu
```

```
images_type = rbd
images_rbd_pool = vms
images_rbd_ceph_conf = /etc/ceph/ceph.conf
rbd_user = cinder
rbd_secret_uuid = a39ba0fd-2d3e-4453-b20a-baa111ff845d
disk_cachemodes = "network=writeback"
inject_password = false
inject_key = false
inject_partition = -2
live_migration_flag="VIR_MIGRATE_UNDEFINE_SOURCE,VIR_MIGRATE_PEER2PEER,VIR_MIGRATE_LIVE,VIR_MIGRATE_PERSIST_DEST"
```

2）重新启动 openstack-nova-compute 服务。

```
[root@compute1 ~]# systemctl restart openstack-nova-compute
```

3）创建云主机。登录 OpenStack Web 管理界面后，使用 cirros_raw 镜像创建云主机，如图 7-13 所示。

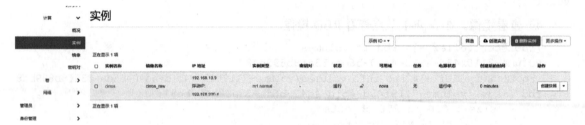

图 7-13　创建云主机

4）查看镜像。在 ceph-1 节点查看 RBD 镜像。

```
[root@ceph-1 osd]# rbd ls vms
e25d529f-96c9-443f-b648-f1933d6927bd_disk
[root@ceph-1 osd]# rbd info vms/e25d529f-96c9-443f-b648-f1933d6927bd_disk
rbd image 'e25d529f-96c9-443f-b648-f1933d6927bd_disk':
        size 1 GiB in 128 objects
        order 23 (8 MiB objects)
        snapshot_count: 0
        id: 5f30350aa565
        block_name_prefix: rbd_data.5f30350aa565
        format: 2
        features: layering, exclusive-lock, object-map, fast-diff, deep-flatten
        op_features:
        flags:
        create_timestamp: Fri Nov 29 20:22:17 2019
        access_timestamp: Fri Nov 29 20:22:17 2019
        modify_timestamp: Fri Nov 29 20:22:17 2019
        parent: images/bfd0093c-828d-44e1-92c2-307bd69fe3ec@snap
        overlap: 39 MiB
[root@ceph-1 osd]# rados ls -p vms
rbd_directory
rbd_data.5f30350aa565.0000000000000002
rbd_children
rbd_info
rbd_object_map.5f30350aa565
rbd_header.5f30350aa565
```

```
rbd_data.5f30350aa565.0000000000000001
rbd_data.5f30350aa565.0000000000000000
rbd_data.5f30350aa565.0000000000000003
rbd_id.e25d529f-96c9-443f-b648-f1933d6927bd_disk
```

项目总结

管理员了解了分布式存储 Ceph 的基本概念和生态系统，使用 Nautilus 版本部署了一个三节点的 Ceph 集群，每个节点一块系统盘、两块数据盘。并基于 Ceph 集群练习了 Ceph 块存储、Ceph 对象存储和 Ceph 文件系统的部署和运维。在掌握了 Ceph 的基本操作后，管理员又部署了基于 Ceph 和 Owncloud 的网盘服务；以及将 Ceph 集成到了 OpenStack 中，使 OpenStack 的 Glance 镜像、Cinder 云硬盘和 Nova 云主机都保存在 Ceph 中。所有任务都利用开源平台完成，该项目提供了较高的项目性价比。

练习题

1. 简述 Ceph 的架构和组件。
2. 简述 Ceph 的生态系统。
3. Ceph 的优点是什么？
4. Ceph 块存储、Ceph 对象存储和 Ceph 文件系统的概念和区别是什么？
5. 综合实战 1：
1）部署三节点 Ceph 集群。
2）创建 client 主机。
3）基于 Ceph 和 Owncloud 部署网盘服务。
6. 综合实战 2：
1）部署三节点 Ceph 集群。
2）部署双节点 OpenStack Rocky 系统。
3）将 Ceph 配置为 Glance、Cinder 和 Nova 的后端存储。

参 考 文 献

[1] 何坤源. VMware vSphere 6.7 虚拟化架构实战指南[M]. 北京：人民邮电出版社，2019.
[2] 肖力，等. 深度实践 KVM[M]. 北京：机械工业出版社，2015.
[3] POULTON N. 深入浅出 Docker[M]. 李瑞丰，刘康，译. 北京：人民邮电出版社，2019.
[4] 龚正，等. Kubernetes 权威指南：从 Docker 到 Kubernetes 实践全接触[M]. 5 版. 北京：电子工业出版社，2021.
[5] SINGH K. Ceph Cookbook[M]. Ceph 中国社区，译. 北京：电子工业出版社，2016.